Rainer Franz / Fried Wörsdörfer / Michael Waibel

Kommentar zur VOB Teil C
DIN 18363 Maler- und Lackierarbeiten

Kommentar zur VOB Teil C
Allgemeine Technische
Vertragsbedingungen
für Bauleistungen (ATV) –
Maler- und Lackierarbeiten DIN 18 363

Rainer Franz
Dipl.-Ing., Ministerialdirigent in der Obersten Baubehörde im Bayerischen Staatsministerium des Inneren, Vorsitzender des Hauptausschusses Hochbau im Deutschen Verdingungsausschuß, München

Fried Wörsdörfer †
Maler- und Lackierermeister, Vorsitzender des Ausschusses für Werkstoff und Technik im Hauptverband des deutschen Maler- und Lackiererhandwerks, öffentlich bestellter und vereidigter Sachverständiger, Köln

Michael Waibel
Ehrenmeister des deutschen Maler- und Lackiererhandwerks, Memmingen

Deutsche Verlags-Anstalt · Stuttgart
Julius Hoffmann

Unter Mitarbeit von

Otto Stich, Dipl.-Ing. (FH), Oberamtsrat in der Obersten Baubehörde im Bayerischen Staatsministerium des Innern, Geschäftsführer des Hauptausschusses Hochbau im Deutschen Verdingungsausschuß, München

Leo Keskari, Maler- und Lackierermeister, Maurermeister, Beton- und Stahlbetonbauermeister, öffentlich bestellter und vereidigter Sachverständiger, Offenbach/Main

Hans Lowey, Lacktechniker, Leiter der Fachtechnischen Beratungsstelle beim Maler- und Lackiererinnungsverband Nordrhein, Köln

Otto Sieber, Dipl.-Ing. (FH), Maler- und Lackierermeister, Technischer Geschäftsführer des Hauptverbandes des deutschen Maler- und Lackiererhandwerks, Frankfurt/Main

Die Deutsche Bibliothek – CIP-Einheitsaufnahme
Kommentar zur VOB, Teil C :
allgemeine technische Vertragsbedingungen für
Bauleistungen (ATV). –
Stuttgart : Deutsche Verlags-Anstalt ; Stuttgart ; Hoffmann.
  Teilw. nur in der Deutschen Verlags-Anstalt, Stuttgart
Maler- und Lackierarbeiten DIN 18363 / Rainer Franz...
  [Unter Mitarb. von Otto Stich...]. – 4. Aufl. – 1995
  ISBN 3-421-02977-6
NE: Franz, Rainer

4. Auflage 1995
© 1990 Deutsche Verlags-Anstalt GmbH, Stuttgart
Alle Rechte vorbehalten
Lektorat: Renate Jostmann
Umschlagentwurf: Brigitte und Hans Peter Willberg, Eppstein
Gesamtherstellung: Ludwig Auer GmbH, Donauwörth
Printed in Germany
ISBN 3-421-02977-6

Inhalt

Vorwort 7

VOB Verdingungsordnung für Bauleistungen
Teil C: Allgemeine Technische Vertragsbedingungen für Bauleistungen (ATV)
Allgemeine Regelungen für Bauarbeiten jeder Art – **DIN 18 299** 10

Kommentar zur ATV
Allgemeine Regelungen für Bauarbeiten jeder Art – **DIN 18 299** 19

VOB Verdingungsordnung für Bauleistungen
Teil C: Allgemeine Technische Vertragsbedingungen für Bauleistungen (ATV)
Maler- und Lackierarbeiten – **DIN 18 363** 63

Kommentar zur ATV
Maler- und Lackierarbeiten – **DIN 18 363** 102

Anhang
Zusammenstellungen von DIN-Normen 256
Technische Richtlinien und Merkblätter 258
Hinweise auf wichtige Gesetze und Verordnungen 259
DIN 55 945 Beschichtungsstoffe Titel (Lacke, Anstrichstoffe und
ähnliche Stoffe, Begriffe) 261
Stichwortverzeichnis 278

Die DIN 18 299 und 18 363 wurden wiedergegeben mit Erlaubnis des DIN Deutsches Institut für Normung e.V. Maßgebend für das Anwenden der Norm ist deren Fassung mit dem neuesten Ausgabedatum, die bei der Beuth Verlag GmbH, Burggrafenstraße 6, Berlin, erhältlich ist.

Vorwort

Nach 15 Jahren Anwendung war infolge der technischen Weiterentwicklung auf dem Bausektor, neuartiger Werkstoffe und Arbeitsweisen eine völlige Überarbeitung der ATV DIN 18 363 – Maler- und Lackiererarbeiten – notwendig. Die Umstellung der Systematik der VOB 1988 in Teil C und das Zusammenfassen von bisher in vielen oder in allen ATV DIN 18 300 ff. enthaltenen Regelungen gleicher Art in der ATV DIN 18 299 »Allgemeine Regelungen für Bauarbeiten jeder Art« forderte eine vollständige Neubearbeitung des Kommentars.
In dem Kommentar zur ATV DIN 18 363 sind deshalb zunächst die Abschnitte aus der ATV DIN 18 299, soweit sie für Maler- und Lackiererarbeiten bedeutsam sind, erläutert.
Die ATV DIN 18 363 gilt für die Oberflächenbehandlung von Bauten und Bauteilen mit Stoffen nach DIN 55 945 und mit anderen Stoffen. Zur weiteren Erläuterung ist die DIN 55 945 »Beschichtungsstoffe (Lacke, Anstrichstoffe und ähnliche Stoffe), Begriffe« in der Fassung Dezember 1988 als Anhang zu diesem Kommentar beigefügt.
Die Kommentierung der ATV DIN 18 363 ist entsprechend der neuen Systematik der VOB/C neu gegliedert und vollkommen überarbeitet worden.
Abschnitt 0 der ATV DIN 18 363 ist wesentlich gestrafft. In diesem Abschnitt wird der Auftraggeber auf Regelungen hingewiesen, die er beim Aufstellen der Leistungsbeschreibung zu berücksichtigen hat, um einen eindeutigen Vertrag zu gestalten.
In Abschnitt 0.5 sind Abrechnungseinheiten vorgesehen, nach denen praxisgerecht verfahren werden kann. Sie sind in der Leistungsbeschreibung für jeden Einzelfall anzugeben.
Abschnitt 2, Stoffe, ist der technischen Entwicklung angepaßt. Er wurde vollständig neu gefaßt.
Abschnitt 3, Ausführung, unterscheidet nunmehr zwischen Erstbeschichtung, Überholungsbeschichtung und Erneuerungsbeschichtung. Diese Unterteilung wurde vorgenommen unter dem Aspekt, daß die Überholungsbeschichtung in der Ausführung immer breiteren Raum einnimmt.
Die in diesem Abschnitt vorgeschriebenen Ausführungstechniken sind Stan-

dardleistungen. Darüber hinausgehende Anforderungen sind in der Ausschreibung besonders anzugeben.

Abschnitt 4, Nebenleistungen, Besondere Leistungen, enthält nicht mehr den Abschnitt »Leistungen sind Nebenleistungen, wenn sie nicht durch besondere Ansätze in der Leistungsbeschreibung erfaßt sind«. Die Aufstellung in der ATV ist unvollständig.

Nebenleistungen im Sinne des Abschnittes 4.1 setzen voraus, daß sie für die Vertragsleistung des Auftragnehmers erforderlich werden.

Anders als die Nebenleistungen werden Besondere Leistungen nur dann zum Vertragsinhalt, wenn sie in der Leistungsbeschreibung ausdrücklich aufgeführt sind.

Sind sie nicht aufgeführt, so sind sie Zusätzliche Leistungen. Für die Leistungspflicht und die Vereinbarung der Vergütung gelten VOB/B § 1 Nr. 4 Satz 1 und VOB/B § 2 Nr. 6.

Abschnitt 5, Abrechnung, ist vollständig geändert.

Im Unterschied zu der bisherigen Festlegung, nach Konstruktionsmaßen abzurechnen, ist nunmehr unterschieden zwischen Abrechnung
- nach Zeichnung
  im Innenbereich nach dem bisher verwendeten Konstruktionsmaß, jedoch in der neuen Formulierung begrenzende und nicht begrenzende Bauteile
  im Außenbereich nach den Fertigmaßen sowie
- nach Aufmaß nach den Maßen der fertigen Bauteile.

Darüber hinaus wurden die Übermessungsgrößen vereinheitlicht für
- Öffnungen und Aussparungen bei Abrechnung nach Flächenmaß von bisher 4 m^2 mit behandelten Leibungen und 1 m^2 ohne behandelte Leibungen auf nunmehr 2,5 m^2 in Decken und Wänden.
- Öffnungen in Böden sind bis zu 0,5 m^2 zu übermessen.

Bei Abrechnung nach Längenmaß werden Unterbrechungen über 1 m Einzellänge abgezogen.

Wenn einem Vertrag über die Ausführung von Bauleistungen die VOB zugrunde liegt, sind die ATV Vertragsbestandteil. Sie können durch zusätzliche technische Vorschriften ergänzt werden.

Es ist Aufgabe des vorliegenden Kommentars, Auftraggebern und Auftragnehmern die Anwendung der ATV DIN 18 363 in Verbindung mit der ATV DIN 18 299 zu erleichtern.

Ebenso wie die Verdingungsordnung für Bauleistungen (VOB), sind die Allgemeinen Technischen Vertragsbedingungen für Bauleistungen (ATV) nicht einseitig von einer Interessengruppe zusammengestellt.

Sie wurden im Hauptausschuß Hochbau im Deutschen Verdingungsausschuß für Bauleistungen, dem Vertreter aus Auftraggeber- und Auftragnehmerseite paritätisch angehören, erarbeitet. Auch dieser Kommentar beruht auf einer Gemeinschaftsarbeit.

Ihm liegt das Ziel zugrunde, allen am Bau Beteiligten zu helfen, indem zur ATV DIN 18363 – Maler- und Lackierarbeiten – eindeutige Auslegungen gegeben werden. Wir danken allen Autoren, allen Experten, die an diesem Kommentar in hervorragender und selbstloser Weise mitgewirkt haben. Für Hinweise auf Verbesserungs- und Ergänzungsmöglichkeiten sind wir immer dankbar.

München, September 1989   Köln, September 1989

Rainer Franz   **Fried Wörsdörfer**

VOB Verdingungsordnung für Bauleistungen
Teil C: Allgemeine Technische Vertragsbedingungen
für Bauleistungen (ATV)

DIN 18299
Allgemeine Regelungen für Bauarbeiten jeder Art
Ausgabe Dezember 1992

Inhalt

0 Hinweise für das Aufstellen der Leistungsbeschreibung
1 Geltungsbereich
2 Stoffe, Bauteile
3 Ausführung
4 Nebenleistungen, Besondere Leistungen
5 Abrechnung

0 Hinweise für das Aufstellen der Leistungsbeschreibung

Diese Hinweise für das Aufstellen der Leistungsbeschreibung gelten für Bauarbeiten jeder Art; sie werden ergänzt durch die auf die einzelnen Leistungsbereiche bezogenen Hinweise in den Abschnitten 0 der ATV DIN 18 300 ff. Die Beachtung dieser Hinweise ist Voraussetzung für eine ordnungsgemäße Leistungsbeschreibung gemäß A § 9.
Die Hinweise werden nicht Vertragsbestandteil.
In der Leistungsbeschreibung sind nach den Erfordernissen des Einzelfalls insbesondere anzugeben:

0.1　**Angaben zur Baustelle**

0.1.1　Lage der Baustelle, Umgebungsbedingungen, Zufahrtsmöglichkeiten und Beschaffenheit der Zufahrt sowie etwaige Einschränkungen bei ihrer Benutzung.

0.1.2　Art und Lage der baulichen Anlagen, z. B. auch Anzahl und Höhe der Geschosse.

0.1.3	Verkehrsverhältnisse auf der Baustelle, insbesondere Verkehrsbeschränkungen.
0.1.4	Für den Verkehr freizuhaltende Flächen.
0.1.5	Lage, Art, Anschlußwert und Bedingungen für das Überlassen von Anschlüssen für Wasser, Energie und Abwasser.
0.1.6	Lage und Ausmaß der dem Auftragnehmer für die Ausführung seiner Leistungen zur Benutzung oder Mitbenutzung überlassenen Flächen, Räume.
0.1.7	Bodenverhältnisse, Baugrund und seine Tragfähigkeit. Ergebnisse von Bodenuntersuchungen.
0.1.8	Hydrologische Werte von Grundwasser und Gewässern. Art, Lage, Abfluß, Abflußvermögen und Hochwasserverhältnisse von Vorflutern. Ergebnisse von Wasseranalysen.
0.1.9	Besondere wasserrechtliche Vorschriften.
0.1.10	Besondere Vorgaben für die Entsorgung, z. B. besondere Beschränkungen für die Beseitigung von Abwasser und Abfall.
0.1.11	Schutzgebiete oder Schutzzeiten im Bereich der Baustelle, z. B. wegen Forderungen des Gewässer-, Boden-, Natur-, Landschafts- oder Immissionsschutzes; vorliegende Fachgutachten o. ä.
0.1.12	Art und Umfang des Schutzes von Bäumen, Pflanzenbeständen, Vegetationsflächen, Verkehrsflächen, Bauteilen, Bauwerken, Grenzsteinen u. ä. im Bereich der Baustelle.
0.1.13	Im Baugelände vorhandene Anlagen, insbesondere Abwasser- und Versorgungsleitungen.
0.1.14	Bekannte oder vermutete Hindernisse im Bereich der Baustelle, z. B. Leitungen, Kabel, Dräne, Kanäle, Bauwerksreste, und, soweit bekannt, deren Eigentümer.
0.1.15	Besondere Anordnungen, Vorschriften und Maßnahmen der Eigentümer (oder der anderen Weisungsberechtigten) von Leitungen, Kabeln, Dränen, Kanälen, Straßen, Wegen, Gewässern, Gleisen, Zäunen und dergleichen im Bereich der Baustelle.
0.1.16	Art und Umfang von Schadstoffbelastungen, z. B. des Bodens, der Gewässer, der Luft, der Stoffe und Bauteile; vorliegende Fachgutachten o. ä.

0.1.17	Art und Zeit der vom Auftraggeber veranlaßten Vorarbeiten.
0.1.18	Arbeiten anderer Unternehmer auf der Baustelle.

0.2 Angaben zur Ausführung

0.2.1	Vorgesehene Arbeitsabschnitte, Arbeitsunterbrechungen und -beschränkungen nach Art, Ort und Zeit.
0.2.2	Besondere Erschwernisse während der Ausführung, z. B. Arbeiten in Räumen, in denen der Betrieb weiterläuft, oder bei außergewöhnlichen äußeren Einflüssen.
0.2.3	Besondere Anforderungen für Arbeiten in kontaminierten Bereichen.
0.2.4	Besondere Anforderungen an die Baustelleneinrichtung und Entsorgungseinrichtungen, z. B. Behälter für die getrennte Erfassung.
0.2.5	Besonderheiten der Regelung und Sicherung des Verkehrs, gegebenenfalls auch, wieweit der Auftraggeber die Durchführung der erforderlichen Maßnahmen übernimmt.
0.2.6	Auf- und Abbauen sowie Vorhalten der Gerüste, die nicht Nebenleistung sind.
0.2.7	Mitbenutzung fremder Gerüste, Hebezeuge, Aufzüge, Aufenthalts- und Lagerräume, Einrichtungen und dergleichen durch den Auftragnehmer.
0.2.8	Wie lange, für welche Arbeiten und gegebenenfalls für welche Beanspruchung der Auftragnehmer seine Gerüste, Hebezeuge, Aufzüge, Aufenthalts- und Lagerräume, Einrichtungen und dergleichen für andere Unternehmer vorzuhalten hat.
0.2.9	Verwendung oder Mitverwendung von wiederaufbereiteten (Recycling-)Stoffen.
0.2.10	Anforderungen an wiederaufbereitete (Recycling-)Stoffe und an nicht genormte Stoffe und Bauteile.
0.2.11	Besondere Anforderungen an Art, Güte und Umweltverträglichkeit der Stoffe und Bauteile.
0.2.12	Art und Umfang der vom Auftraggeber verlangten Eignungs- und Gütenachweise.

0.2.13	Unter welchen Bedingungen auf der Baustelle gewonnene Stoffe verwendet werden dürfen bzw. müssen oder einer anderen Verwertung zuzuführen sind.
0.2.14	Art, Zusammensetzung und Menge der aus dem Bereich des Auftraggebers zu entsorgenden Böden, Stoffe und Bauteile; Art der Verwertung bzw. bei Abfall die Entsorgungsanlage; Anforderungen an die Nachweise über Transporte, Entsorgung und die vom Auftraggeber zu tragenden Entsorgungskosten.
0.2.15	Art, Menge, Gewicht der Stoffe und Bauteile, die vom Auftraggeber beigestellt werden, sowie Art, Ort (genaue Bezeichnung) und Zeit ihrer Übergabe.
0.2.16	In welchem Umfang der Auftraggeber Abladen, Lagern und Transport von Stoffen und Bauteilen übernimmt oder dafür dem Auftragnehmer Geräte oder Arbeitskräfte zur Verfügung stellt.
0.2.17	Leistungen für andere Unternehmer.
0.2.18	Benutzung von Teilen der Leistung vor der Abnahme.
0.2.19	Übertragung der Pflege und Wartung während der Dauer der Verjährungsfrist für die Gewährleistungsansprüche für maschinelle und elektrotechnische Anlagen, bei denen eine ordnungsgemäße Pflege und Wartung einen erheblichen Einfluß auf Funktionsfähigkeit und Zuverlässigkeit der Anlage haben, z. B. Aufzugsanlagen, Fahrtreppen, Meß-, Steuer- und Regelungseinrichtungen, Anlagen der Gebäudeleittechnik, Gefahrenmeldeanlagen, Feuerungsanlagen.
0.2.20	Abrechnung nach bestimmten Zeichnungen oder Tabellen.

0.3 Einzelangaben bei Abweichungen von den ATV

0.3.1	Wenn andere als die in den ATV DIN 18299 ff. vorgesehenen Regelungen getroffen werden sollen, sind diese in der Leistungsbeschreibung eindeutig und im einzelnen anzugeben.
0.3.2	Abweichende Regelungen von der ATV DIN 18299 können insbesondere in Betracht kommen bei Abschnitt 2.1.1, wenn die Lieferung von Stoffen und Bauteilen nicht zur Leistung gehören soll, Abschnitt 2.2, wenn nur ungebrauchte Stoffe und Bauteile vorgehalten werden dürfen, Abschnitt 2.3.1, wenn auch gebrauchte Stoffe und Bauteile geliefert werden dürfen.

0.4 Einzelangaben zu Nebenleistungen und Besonderen Leistungen

0.4.1 Nebenleistungen

Nebenleistungen (Abschnitt 4.1 aller ATV) sind in der Leistungsbeschreibung nur zu erwähnen, wenn sie ausnahmsweise selbständig vergütet werden sollen. Eine ausdrückliche Erwähnung ist geboten, wenn die Kosten der Nebenleistung von erheblicher Bedeutung für die Preisbildung sind. In diesen Fällen sind besondere Ordnungszahlen (Positionen) vorzusehen.
Dies kommt insbesondere in Betracht für
– das Einrichten und Räumen der Baustelle,
– Gerüste,
– besondere Anforderungen an Zufahrten, Lager- und Stellflächen.

0.4.2 Besondere Leistungen

Werden Besondere Leistungen (Abschnitt 4.2 aller ATV) verlangt, ist dies in der Leistungsbeschreibung anzugeben; gegebenenfalls sind hierfür besondere Ordnungszahlen (Positionen) vorzusehen.

0.5 Abrechnungseinheiten

Im Leistungsverzeichnis sind die Abrechnungseinheiten für die Teilleistungen (Positionen) gemäß Abschnitt 0.5 der jeweiligen ATV anzugeben.

1 Geltungsbereich

Die ATV »Allgemeine Regelungen für Bauarbeiten jeder Art« – DIN 18299 – gilt für alle Bauarbeiten, auch für solche, für die keine ATV in C – DIN 18300 ff. – bestehen.
Abweichende Regelungen in den ATV DIN 18300 ff. haben Vorrang.

2 Stoffe, Bauteile

2.1 Allgemeines

2.1.1
Die Leistungen umfassen auch die Lieferung der dazugehörigen Stoffe und Bauteile einschließlich Abladen und Lagern auf der Baustelle.

DIN 18 299	2.3.4

2.1.2 Stoffe und Bauteile, die vom Auftraggeber beigestellt werden, hat der Auftragnehmer rechtzeitig beim Auftraggeber anzufordern.

2.1.3 Stoffe und Bauteile müssen für den jeweiligen Verwendungszweck geeignet und aufeinander abgestimmt sein.

2.2 Vorhalten

Stoffe und Bauteile, die der Auftragnehmer nur vorzuhalten hat, die also nicht in das Bauwerk eingehen, dürfen nach Wahl des Auftragnehmers gebraucht oder ungebraucht sein.

2.3 Liefern

2.3.1 Stoffe und Bauteile, die der Auftragnehmer zu liefern und einzubauen hat, die also in das Bauwerk eingehen, müssen ungebraucht sein.
Wiederaufbereitete (Recycling-)Stoffe gelten als ungebraucht, wenn sie Abschnitt 2.1.3 entsprechen.

2.3.2 Stoffe und Bauteile, für die DIN-Normen bestehen, müssen den DIN-Güte- und -Maßbestimmungen entsprechen.

2.3.3 Stoffe und Bauteile, die nach den deutschen behördlichen Vorschriften einer Zulassung bedürfen, müssen amtlich zugelassen sein und den Zulassungsbedingungen entsprechen.

2.3.4 Stoffe und Bauteile, für die bestimmte technische Spezifikationen in der Leistungsbeschreibung nicht genannt sind, dürfen auch verwendet werden, wenn sie Normen, technischen Vorschriften oder sonstigen Bestimmungen anderer Staaten entsprechen, sofern das geforderte Schutzniveau in bezug auf Sicherheit, Gesundheit und Gebrauchstauglichkeit gleichermaßen dauerhaft erreicht wird.
Sofern für Stoffe und Bauteile eine Überwachungs-, Prüfzeichenpflicht oder der Nachweis der Brauchbarkeit, z. B. durch allgemeine bauaufsichtliche Zulassung, allgemein vorgesehen ist, kann von einer Gleichwertigkeit nur ausgegangen werden, wenn die Stoffe und Bauteile ein Überwachungs- oder Prüfzeichen tragen oder für sie der genannte Brauchbarkeitsnachweis erbracht ist.

3 Ausführung

3.1 Wenn Verkehrs-, Versorgungs- und Entsorgungsanlagen im Bereich des Baugeländes liegen, sind die Vorschriften und Anordnungen der zuständigen Stellen zu beachten.

3.2 Die für die Aufrechterhaltung des Verkehrs bestimmten Flächen sind freizuhalten. Der Zugang zu Einrichtungen der Versorgungs- und Entsorgungsbetriebe, der Feuerwehr, der Post und Bahn, zu Vermessungspunkten und dergleichen darf nicht mehr als durch die Ausführung unvermeidlich behindert werden.

3.3 Werden Schadstoffe angetroffen, z. B. in Böden, Gewässern oder Bauteilen, ist der Auftraggeber unverzüglich zu unterrichten. Bei Gefahr im Verzug hat der Auftragnehmer unverzüglich die notwendigen Sicherungsmaßnahmen zu treffen. Die weiteren Maßnahmen sind gemeinsam festzulegen. Die getroffenen und die weiteren Maßnahmen sind Besondere Leistungen (siehe Abschnitt 4.2.1).

4 Nebenleistungen, Besondere Leistungen

4.1 Nebenleistungen

Nebenleistungen sind Leistungen, die auch ohne Erwähnung im Vertrag zur vertraglichen Leistung gehören (B § 2 Nr. 1).
Nebenleistungen sind demnach insbesondere:

4.1.1 Einrichten und Räumen der Baustelle einschließlich der Geräte und dergleichen.

4.1.2 Vorhalten der Baustelleneinrichtung einschließlich der Geräte und dergleichen.

4.1.3 Messungen für das Ausführen und Abrechnen der Arbeiten einschließlich des Vorhaltens der Meßgeräte, Lehren, Absteckzeichen usw., des Erhaltens der Lehren und Absteckzeichen während der Bauausführung und des Stellens der Arbeitskräfte, jedoch nicht Leistungen nach B § 3 Nr. 2.

4.1.4 Schutz- und Sicherheitsmaßnahmen nach den Unfallverhütungsvorschriften und den behördlichen Bestimmungen.

4.1.5 Beleuchten, Beheizen und Reinigen der Aufenthalts- und Sanitärräume für die Beschäftigten des Auftragnehmers.

4.1.6 Heranbringen von Wasser und Energie von den vom Auftraggeber auf der Baustelle zur Verfügung gestellten Anschlußstellen zu den Verwendungsstellen.

4.1.7 Liefern der Betriebsstoffe.

4.1.8 Vorhalten der Kleingeräte und Werkzeuge.

4.1.9 Befördern aller Stoffe und Bauteile, auch wenn sie vom Auftraggeber beigestellt sind, von den Lagerstellen auf der Baustelle bzw. von den in der Leistungsbeschreibung angegebenen Übergabestellen zu den Verwendungsstellen und etwaiges Rückbefördern.

4.1.10 Sichern der Arbeiten gegen Niederschlagswasser, mit dem normalerweise gerechnet werden muß, und seine etwa erforderliche Beseitigung.

4.1.11 Entsorgen von Abfall aus dem Bereich des Auftragnehmers sowie Beseitigen der Verunreinigungen, die von den Arbeiten des Auftragnehmers herrühren.

4.1.12 Entsorgen von Abfall aus dem Bereich des Auftraggebers bis zu einer Menge von 1 m^3, soweit der Abfall nicht schadstoffbelastet ist.

4.2 Besondere Leistungen

Besondere Leistungen sind Leistungen, die nicht Nebenleistungen gemäß Abschnitt 4.1 sind und nur dann zur vertraglichen Leistung gehören, wenn sie in der Leistungsbeschreibung besonders erwähnt sind.
Besondere Leistungen sind z. B.:

4.2.1 Maßnahmen nach Abschnitt 3.3.

4.2.2 Beaufsichtigung der Leistungen anderer Unternehmer.

4.2.3 Sicherungsmaßnahmen zur Unfallverhütung für Leistungen anderer Unternehmer.

4.2.4 Besondere Schutzmaßnahmen gegen Witterungsschäden, Hochwasser und Grundwasser, ausgenommen Leistungen nach Abschnitt 4.1.10.

4.2.5	Versicherung der Leistung bis zur Abnahme zugunsten des Auftraggebers oder Versicherung eines außergewöhnlichen Haftpflichtwagnisses.
4.2.6	Besondere Prüfung von Stoffen und Bauteilen, die der Auftraggeber liefert.
4.2.7	Aufstellen, Vorhalten, Betreiben und Beseitigen von Einrichtungen zur Sicherung und Aufrechterhaltung des Verkehrs auf der Baustelle, z. B. Bauzäune, Schutzgerüste, Hilfsbauwerke, Beleuchtungen, Leiteinrichtungen.
4.2.8	Aufstellen, Vorhalten, Betreiben und Beseitigen von Einrichtungen außerhalb der Baustelle zur Umleitung und Regelung des öffentlichen und Anlieger-Verkehrs.
4.2.9	Bereitstellen von Teilen der Baustelleneinrichtung für andere Unternehmer oder den Auftraggeber.
4.2.10	Besondere Maßnahmen aus Gründen des Umweltschutzes, der Landes- und Denkmalpflege.
4.2.11	Entsorgen von Abfall über die Leistungen nach den Abschnitten 4.1.11 und 4.1.12 hinaus.
4.2.12	Besonderer Schutz der Leistung, der vom Auftraggeber für eine vorzeitige Benutzung verlangt wird, seine Unterhaltung und spätere Beseitigung.
4.2.13	Beseitigen von Hindernissen.
4.2.14	Zusätzliche Maßnahmen für die Weiterarbeit bei Frost und Schnee, soweit sie dem Auftragnehmer nicht ohnehin unterliegen.
4.2.15	Besondere Maßnahmen zum Schutz und zur Sicherung gefährdeter baulicher Anlagen und benachbarter Grundstücke.
4.2.16	Sichern von Leitungen, Kabeln, Dränen, Kanälen, Grenzsteinen, Bäumen, Pflanzen und dergleichen.

5 Abrechnung

Die Leistung ist aus Zeichnungen zu ermitteln, soweit die ausgeführte Leistung diesen Zeichnungen entspricht. Sind solche Zeichnungen nicht vorhanden, ist die Leistung aufzumessen.

Kommentar zur ATV
Allgemeine Regelungen für Bauarbeiten jeder Art –
DIN 18299

0 Hinweise für das Aufstellen der Leistungsbeschreibung

Diese Hinweise für das Aufstellen der Leistungsbeschreibung gelten für Bauarbeiten jeder Art; sie werden ergänzt durch die auf die einzelnen Leistungsbereiche bezogenen Hinweise in den Abschnitten 0 der ATV DIN 18 300 ff. Die Beachtung dieser Hinweise ist Voraussetzung für eine ordnungsgemäße Leistungsbeschreibung gemäß A § 9.
Die Hinweise werden nicht Vertragsbestandteil.
In der Leistungsbeschreibung sind nach den Erfordernissen des Einzelfalles insbesondere anzugeben:

Die Zusammenfassung und systematische Gliederung allgemein erforderlicher Angaben erleichtert die ordnungsgemäße Aufstellung der Leistungsbeschreibung, weil der Bearbeiter der Aufzählung eindeutig entnehmen kann, welche Angaben im Einzelfall erforderlich sind.
Die Bedeutung des Abschnittes 0, auch wenn dieser nicht Vertragsbestandteil wird, ist durch die Anmerkung, daß nur die Beachtung der Hinweise in Abschnitt 0 die Voraussetzung für eine ordnungsgemäße Leistungsbeschreibung beinhaltet, klar und eindeutig herausgestellt.
Die Leistungsbeschreibung muß als besonders wichtiger Teil jedes Bauwerkvertrages bezeichnet werden. Diese Feststellung wird unterstrichen durch die in VOB Teil B § 1 Nr. 2 getroffene Regelung, wonach bei Widersprüchen im Vertrag nacheinander gelten:
a) die Leistungsbeschreibung,
b) die Besonderen Vertragsbedingungen,
c) etwaige Zusätzliche Vertragsbedingungen,
d) etwaige Zusätzliche Technische Vertragsbedingungen,
e) die Allgemeinen Technischen Vertragsbedingungen für Bauleistungen,
f) die Allgemeinen Vertragsbedingungen für die Ausführung von Bauleistungen.
Die besondere Bedeutung der Leistungsbeschreibung verpflichtet

beide Parteien des Bauvertrages – den Ausschreibenden und den Bieter –, der Leistungsbeschreibung die nach der Verkehrssitte übliche Sorgfalt und Gewissenhaftigkeit zu widmen. Nach dem im gesamten Bauvertragsrecht geltenden Grundsatz von Treu und Glauben ist der Ausschreibende gehalten, seine Angaben nach bestem Wissen umfassend und erschöpfend zu machen. Er darf keine ihm bekannten oder vermuteten Umstände, die den Preis beeinflussen können, fahrlässig oder gar vorsätzlich verschweigen. Er muß alle für den Einzelfall seines Bauvorhabens geforderten Bauleistungen nach Art und Umfang so deutlich beschreiben, daß sie unmißverständlich erfaßt und von allen Bietern im Wettbewerb gleichermaßen verstanden werden können.

Während also der Auftraggeber in der Leistungsbeschreibung die für sein Bauvorhaben geforderten Bauleistungen nach Art und Umfang erschöpfend und unmißverständlich zu beschreiben hat, verpflichtet sich der Bieter, die Bauleistung nach den Angaben der Leistungsbeschreibung und zu den von ihm in der Leistungsbeschreibung eingesetzten Preisen auszuführen. Damit wird die Leistungsbeschreibung ein wesentlicher Vertragsbestandteil. Das zwingt den Bieter, die Preise gewissenhaft zu ermitteln und alle weiteren in der Leistungsbeschreibung etwa noch geforderten Erklärungen eindeutig abzugeben.

Die Hinweise für die Leistungsbeschreibung nach Abschnitt 0 werden, ebenso wie die Regelungen im Teil A der VOB, nicht Vertragsbestandteil. Dies bedeutet aber nicht, daß die Hinweise für die Leistungsbeschreibung rechtlich ohne Bedeutung sind. Mit dem Beginn von Vertragsverhandlungen, der in der Ausschreibung von Bauleistungen und der Abgabe von Angeboten zu sehen ist, entsteht zwischen dem Ausschreibenden und dem Bieter ein vertragsähnliches Vertrauensverhältnis, das für alle Beteiligten besondere Sorgfaltspflichten begründet.

Diese Sorgfaltspflichten verlangen vom Ausschreibenden, daß er die in Abschnitt 0 gegebenen Hinweise für die Leistungsbeschreibung beachtet und zu auskunftsbedürftigen Fragen eindeutig und erschöpfend Auskunft erteilt. Für den Bieter wiederum ergibt sich aus dieser Sorgfaltspflicht, daß er den Ausschreibenden auf Unklarheiten, Widersprüche oder Mißverständnisse in den Ausschreibungsunterlagen hinweist und um Klärung ersucht. Eine Verletzung dieser Sorgfaltspflichten kann zu Schadensersatzansprüchen führen.

Mit dem Vermerk unter der Überschrift »Hinweise für die Leistungsbeschreibung« wird zunächst auf VOB Teil A § 9 verwiesen, der folgenden Wortlaut hat:

§ 9 Leistungsbeschreibung

Allgemeines

1. Die Leistung ist eindeutig und so erschöpfend zu beschreiben, daß alle Bewerber die Beschreibung im gleichen Sinne verstehen müssen und ihre Preise sicher und ohne umfangreiche Vorarbeiten berechnen können.
2. Dem Auftragnehmer darf kein ungewöhnliches Wagnis aufgebürdet werden für Umstände und Ereignisse, auf die er keinen Einfluß hat und deren Einwirkung auf die Preise und Fristen er nicht im voraus schätzen kann.
3. (1) Um eine einwandfreie Preisermittlung zu ermöglichen, sind alle sie beeinflussenden Umstände festzustellen und in den Verdingungsunterlagen anzugeben.
   (2) Erforderlichenfalls sind auch der Zweck und die vorgesehene Beanspruchung der fertigen Leistung anzugeben.
   (3) Die für die Ausführung der Leistung wesentlichen Verhältnisse der Baustelle, z. B. Boden- und Wasserverhältnisse, sind so zu beschreiben, daß der Bewerber ihre Auswirkungen auf die bauliche Anlage und die Bauausführung hinreichend beurteilen kann.
   (4) Die »Hinweise für das Aufstellen der Leistungsbeschreibung« in Abschnitt 0 der Allgemeinen Technischen Vertragsbedingungen für Bauleistungen DIN 18299 ff. sind zu beachten.
4. (1) Bei der Beschreibung der Leistung sind die verkehrsüblichen Bezeichnungen zu beachten.
   (2) Die technischen Anforderungen sind in den Verdingungsunterlagen unter Bezugnahme auf gemeinschaftsrechtliche technische Spezifikationen festzulegen; das sind
   – in innerstaatlichen Normen übernommene europäische Normen,
   – europäische technische Zulassungen,
   – gemeinsame technische Spezifikationen.
   (3) Von der Bezugnahme auf eine gemeinschaftsrechtliche technische Spezifikation kann abgesehen werden, wenn
   – die gemeinschaftsrechtliche technische Spezifikation keine Regelungen zur Feststellung der Übereinstimmung der technischen Anforderungen an die Bauleistung, das Material oder das Bauteil enthält, z. B. weil keine geeignete Prüfnorm vorliegt oder der Nachweis nicht mit angemessenen Mitteln auf andere Weise erbracht werden kann.
   – der Auftraggeber zur Verwendung von Stoffen und Bauteilen gezwungen würde, die mit von ihm bereits benutzten Anlagen

inkompatibel sind oder deren Kompatibilität nur mit unverhältnismäßig hohen Kosten oder technischen Schwierigkeiten hergestellt werden könnte. Diese Abweichungsmöglichkeit darf nur im Rahmen einer klar definierten und schriftlich festgelegten Strategie mit der Verpflichtung zur Übernahme gemeinschaftsrechtlicher Spezifikationen innerhalb einer bestimmten Frist in Anspruch genommen werden.
– das betreffende Vorhaben von wirklich innovativer Art ist und die Anwendung der gemeinschaftsrechtlichen technischen Spezifikationen nicht angemessen wäre.
(4) Falls keine gemeinschaftsrechtliche Spezifikation vorliegt, gilt Anhang TS Nr. 2.
5. (1) Bestimmte Erzeugnisse oder Verfahren sowie bestimmte Ursprungsorte und Bezugsquellen dürfen nur dann ausdrücklich vorgeschrieben werden, wenn dies durch die Art der geforderten Leistung gerechtfertigt ist.
(2) Bezeichnungen für bestimmte Erzeugnisse oder Verfahren (z. B. Markennamen, Warenzeichen, Patente) dürfen ausnahmsweise, jedoch nur mit dem Zusatz »oder gleichwertiger Art«, verwendet werden, wenn eine Beschreibung durch hinreichend genaue, allgemeinverständliche Bezeichnungen nicht möglich ist.

Leistungsbeschreibung mit Leistungsverzeichnis

6. Die Leistung soll in der Regel durch eine allgemeine Darstellung der Bauaufgabe (Baubeschreibung) und ein in Teilleistungen gegliedertes Leistungsverzeichnis beschrieben werden.
7. Erforderlichenfalls ist die Leistung auch zeichnerisch oder durch Probstücke darzustellen oder anders zu erklären, z. B. durch Hinweise auf ähnliche Leistungen durch Mengen- oder statische Berechnungen. Zeichnungen und Proben, die für die Ausführung maßgebend sein sollen, sind eindeutig zu bezeichnen.
8. Leistungen, die nach den Vertragsbedingungen, den Technischen Vertragsbedingungen oder der gewerblichen Verkehrssitte zu der geforderten Leistung gehören (B §2 Nr.1), brauchen nicht besonders aufgeführt zu werden.
9. Im Leistungsverzeichnis ist die Leistung derart aufzugliedern, daß unter einer Ordnungszahl (Position) nur solche Leistungen aufgenommen werden, die nach ihrer technischen Beschaffenheit und für die Preisbildung als in sich gleichartig anzusehen sind. Ungleichartige Leistungen sollen unter einer Ordnungszahl (Sam-

Kommentar zur DIN 18 299

melposition) nur zusammengefaßt werden, wenn eine Teilleistung gegenüber einer anderen für die Bildung eines Durchschnittspreises ohne nennenswerten Einfluß ist.

Leistungsbeschreibung mit Leistungsprogrammen

10. Wenn es nach Abwägen aller Umstände zweckmäßig ist, abweichend von Nr. 6 zusammen mit der Bauausführung auch den Entwurf für die Leistung dem Wettbewerb zu unterstellen, um die technisch, wirtschaftlich und gestalterisch beste sowie funktionsgerechte Lösung der Bauaufgabe zu ermitteln, kann die Leistung durch ein Leistungsprogramm dargestellt werden.

11. (1) Das Leistungsprogramm umfaßt eine Beschreibung der Bauaufgabe, aus der die Bewerber alle für die Entwurfsbearbeitung und ihr Angebot maßgebenden Bedingungen und Umstände erkennen können und in der sowohl der Zweck der fertigen Leistung als auch die an sie gestellten technischen, wirtschaftlichen, gestalterischen und funktionsbedingten Anforderungen angegeben sind sowie gegebenenfalls ein Musterleistungsverzeichnis, in dem die Mengenangaben ganz oder teilweise offengelassen sind.
(2) Die Nummern 7 bis 9 gelten sinngemäß.

12. Von dem Bieter ist ein Angebot zu verlangen, das außer der Ausführung der Leistung den Entwurf nebst eingehender Erläuterung und eine Darstellung der Bauausführung sowie eine eingehende und zweckmäßig gegliederte Beschreibung der Leistung – gegebenenfalls mit Mengen- und Preisangaben für Teile der Leistung – umfaßt. Bei Beschreibung der Leistung mit Mengen- und Preisangaben ist vom Bieter zu verlangen, daß er

a) die Vollständigkeit seiner Angaben, insbesondere die von ihm selbst ermittelten Mengen, entweder ohne Einschränkung oder im Rahmen einer in den Verdingungsunterlagen anzugebenden Mengentoleranz vertritt und daß er

b) etwaige Annahmen, zu denen er in besonderen Fällen gezwungen ist, weil zum Zeitpunkt der Angebotsabgabe einzelne Teilleistungen nach Art und Menge noch nicht bestimmt werden können (z. B. Aushub-, Abbruch- oder Wasserhaltungsarbeiten) – erforderlichenfalls anhand von Plänen und Mengenermittlungen –, begründet.

In VOB Teil A § 9 sind damit die für die Leistungsbeschreibung aller Bauleistungen gleichermaßen geltenden Bestimmungen niedergelegt.

0.1   Kommentar zur DIN 18 299

In der Leistungsbeschreibung sind nach den Erfordernissen des Einzelfalls insbesondere anzugeben:

0.1 Angaben zur Baustelle

0.1.1 Lage der Baustelle und Umgebungsbedingungen, Zufahrtsmöglichkeiten und Beschaffenheit der Zufahrt sowie etwaige Einschränkungen bei ihrer Benutzung.

Für die sachgerechte Preiskalkulation muß der Bieter Angaben über die Lage der Baustelle und deren Umgebungsbedingungen, z. B. Verschmutzung der Außenluft, erhalten. Weiter gehören dazu auch Angaben über die Zufahrt.

Es empfiehlt sich, vor Angebotsabgabe eine Ortsbesichtigung durchzuführen.

0.1.2 Art und Lage der baulichen Anlagen, z. B. auch Anzahl und Höhe der Geschosse.

Auch die Anzahl der Geschosse in Hochhäusern, Gebäuden mit oder ohne Aufzug, die zusätzliche Wegezeiten erfordern, oder eine besondere Geschoßhöhe können Kostenfaktoren sein.

0.1.3 Verkehrsverhältnisse auf der Baustelle, insbesondere Verkehrsbeschränkungen.

Halteverbote in Wohngebieten können die Anlieferung von Material behindern.

Von Bedeutung ist, ob im Bereich der Baustelle für die Regelung und Sicherung des Verkehrs Erschwernisse bestehen. Dies kann z. B. dadurch gegeben sein, daß der Materialtransport nicht bis an die Einsatzstelle möglich ist.

Wenn im Bereich der Zufahrtswege Begrenzungen der Verkehrslasten oder Sperrzeiten zu beachten sind, muß die Leistungsbeschreibung entsprechende Angaben enthalten.

Werden für den Transport von Material innerhalb des Gebäudes, z. B. bei Hochhäusern, Zeiten vorgegeben, bedarf es entsprechender Hinweise.

0.1.4 Für den Verkehr freizuhaltende Flächen.

Für Maler- und Lackierarbeiten nur von geringer Bedeutung, da angeliefertes Material im allgemeinen nicht auf zum Verkehr bestimmten Flächen gelagert wird.

0.1.5 Lage, Art, Anschlußwert und Bedingungen für das Überlassen von Anschlüssen für Wasser, Energie und Abwasser.

Um das Heranbringen von Wasser und Energie (Strom, Gas) an die Verwendungsstellen kalkulatorisch richtig beurteilen zu können, sind die vorhandenen Anschlußstellen, Anschlußwerte und Entnahmemöglichkeiten anzugeben.

Wenn nichts anderes vereinbart ist, hat der Auftraggeber dem Auftragnehmer vorhandene Anschlüsse für Wasser, Abwasser und Energie gemäß VOB/B § 4 unentgeltlich zur Benutzung oder Mitbenutzung zu überlassen. Die Kosten für den Messer oder Zähler und den Verbrauch trägt der Auftragnehmer. Diese Entgelte müssen gemäß VOB Teil A § 10 Nr. 4 als Kalkulationsfaktoren angegeben sein.

0.1.6 Lage und Ausmaß der dem Auftragnehmer für die Ausführung seiner Leistungen zur Benutzung oder Mitbenutzung überlassenen Flächen, Räume.

Es kann vorkommen, daß der für die Maler- und Lackierarbeiten benötigte Platz begrenzt ist oder eine ungünstige Lage hat. In solchen Fällen sind Angaben zu machen, aus denen etwaige Erschwernisse hervorgehen, die bei der Kalkulation zu berücksichtigen sind.

Erschwernisse können sich auch aus einer ungünstigen Lage der zu streichenden Flächen ergeben, wenn diese nur schwierig oder umständlich erreichbar sind oder für das Aufstellen von Geräten und dgl. anliegende Räume benutzt werden müssen.

0.1.7 Bodenverhältnisse, Baugrund und seine Tragfähigkeit. Ergebnisse von Bodenuntersuchungen.

Hier ohne Bedeutung.

0.1.8 Hydrologische Werte von Grundwasser und Gewässern. Art, Lage, Abfluß, Abflußvermögen und Hochwasserverhältnisse von Vorflutern. Ergebnisse von Wasseranalysen.

Hier ohne Bedeutung.

0.1.9 Besondere wasserrechtliche Vorschriften.

Sind bei Entrostungs- und/oder Beschichtungsarbeiten an Gewässern, z. B. Brückengeländer, Brücken, Bauten, besondere Maßnahmen zum Schutz notwendig, sind die Aufwendungen hierfür vorzugeben.

Werden Beschichtungen in Räumen oder Auffangbecken ausgeführt, die zur Lagerung von Heizölen, Schwerölen, Lösemittel und dgl. dienen, ist in der Leistungsbeschreibung auf die Bestimmungen des Wasserhaushaltsgesetzes hinzuweisen.

0.1.10 **Besondere Vorgaben für die Entsorgung, z. B. besondere Beschränkungen für die Beseitigung von Abwasser und Abfall.**

Wenn Abwasser nicht in der üblichen Art beseitigt werden kann, bedarf es entsprechender Hinweise.

0.1.11 **Schutzgebiete oder Schutzzeiten im Bereich der Baustelle, z. B. wegen Forderungen des Gewässer-, Boden-, Natur-, Landschafts- oder Immissionsschutzes; vorliegende Fachgutachten o. ä.**

Liegt eine Baustelle in einem Schutzgebiet, so sind Angaben über Anforderungen und Auflagen in der Leistungsbeschreibung unerläßlich, insbesondere die für die Leistung zutreffenden Angaben aus Fachgutachten bekanntzugeben.

In Kurorten gibt es häufig zeitliche Beschränkungen für den Lärmschutz, z. B. in der Mittagszeit, die bekanntgegeben werden müssen.

0.1.12 **Art und Umfang des Schutzes von Bäumen, Pflanzenbeständen, Vegetationsflächen, Verkehrsflächen, Bauteilen, Bauwerken, Grenzsteinen u. ä. im Bereich der Baustelle.**

Sind Pflanzen, Verkehrsflächen, Bauteile usw. durch Schutzmaßnahmen des Auftragnehmers vor Beschädigungen zu bewahren, muß dieses in der Leistungsbeschreibung angegeben sein.

0.1.13 **Im Baugelände vorhandene Anlagen, insbesondere Abwasser- und Versorgungsleitungen.**

Hier ohne Bedeutung.

0.1.14 **Bekannte oder vermutete Hindernisse im Bereich der Baustelle, z. B. Leitungen, Kabel, Dräne, Kanäle, Bauwerksreste und, soweit bekannt, deren Eigentümer.**

Hier ohne Bedeutung.

0.1.15 **Besondere Anordnungen, Vorschriften und Maßnahmen der Eigentümer (oder der anderen Weisungsberechtigten) von Leitungen, Kabeln, Dränen, Kanälen, Straßen, Wegen, Gewässern, Gleisen, Zäunen und dergleichen im Bereich der Baustelle.**

Kommentar zur DIN 18 299

Der Ausschreibende hat über die Angaben nach VOB Teil A §9 Nr. 4 hinaus vorliegende besonderen Anordnungen und Vorschriften der Eigentümer oder anderen Weisungsberechtigten von Versorgungs- und Verkehrsanlagen in der Leistungsbeschreibung zu nennen, damit die Bieter die sich eventuell daraus ergebenden Mehraufwendungen richtig beurteilen und sicher berechnen können. Es kann zu Erschwernissen beim Aufstellen von Gerüsten und Leitern kommen oder zu zusätzlichen Wartezeiten, wenn z. B. Hochspannungsleitungen abgeschaltet werden müssen.

Neben dem Eigentümer und den von ihm beauftragten Personen können andere Weisungsberechtigte auch Behörden und deren Beauftragte sein.

0.1.16 Art und Umfang von Schadstoffbelastungen, z. B. des Bodens, der Gewässer, der Luft, der Stoffe und Bauteile; vorliegende Fachgutachten o. ä.

Ist mit Schadstoffen aus der Luft zu rechnen, die zu Schäden an den Beschichtungen führen können, z. B. Ruß, Staub, Dämpfe, sind in der Leistungsbeschreibung genaue Angaben zu machen, um die erforderlichen Maßnahmen vereinbaren zu können. Liegen Fachgutachten vor, sind diese der Ausschreibung beizulegen.

Untergründe, die mit Öl oder Silicon verseucht sind, Ruß- oder Nikotinrückstände u. ä. aufweisen, können zu erheblichen Beschichtungsschäden führen. Auf solche Untergründe ist besonders hinzuweisen.

0.1.17 Art und Zeit der vom Auftraggeber veranlaßten Vorarbeiten.

Alle vorbehandelten Flächen sind aus beschichtungstechnischer Sicht bautechnische Vorleistungen oder »vom Auftraggeber veranlaßte Vorarbeiten«. Dazu gehören auch die vom Auftraggeber veranlaßten Imprägnierungen oder Beschichtungen auf angelieferten Bauteilen. Angaben über Art und Beschaffenheit der zu behandelnden Flächen sind in der Leistungsbeschreibung für Beschichtungsarbeiten wichtig.

Weiter sind Angaben über den Zeitpunkt der vom Auftraggeber veranlaßten Vorleistungen für Terminplanungen wichtig. Aus beschichtungstechnischer Sicht ist es erforderlich zu wissen,

– wie lange Beton, Estrich oder Putz Zeit zum Austrocknen und Abbinden gehabt haben,

- zu welchem Zeitpunkt vorhandene Grundbeschichtungen ausgeführt wurden, um eventuelle Standzeiten nicht zu überschreiten,
- wann Verglasungsarbeiten mit Kitten oder Dichtstoffen, für die der Dichtstoffhersteller die Wartezeiten vorgibt, ausgeführt wurden,
- ob nicht zu beschichtende elastische Verfugungen ausgeführt werden oder wurden.

0.1.18 Arbeiten anderer Unternehmer auf der Baustelle.

Angaben über Arbeiten anderer Unternehmer auf der Baustelle sind für Beschichtungsarbeiten dann erforderlich, wenn dadurch zeitliche und damit kostenverursachende Behinderungen oder Störungen zu erwarten sind.

0.2 Angaben zur Ausführung.

0.2.1 Vorgesehene Arbeitsabschnitte, Arbeitsunterbrechungen und -beschränkungen nach Art, Ort und Zeit.

Wenn die Leistungen nicht kontinuierlich durchgeführt werden können, sind Unterbrechungen, Beschränkungen oder eine vorgesehene Aufteilung in Arbeitsabschnitte wichtige Kostenfaktoren, die die Bewerber kennen müssen. Es ist deshalb erforderlich, den Umfang (Zeit und Art) vorgesehener Arbeitsabschnitte anzugeben. Fehlen in der Leistungsbeschreibung Angaben über Beschränkungen oder Unterbrechungen der Ausführung, so gelten nach Vertragsabschluß die Allgemeinen Vertragsbedingungen gemäß VOB Teil B § 6 über »Behinderung und Unterbrechung der Ausführung«.

Werden bauseits bedingte Behinderungen, die eine übliche Arbeitsweise erheblich einschränken – z. B. die Beschichtung eines Flures oder Treppenhauses mit Publikumsverkehr, die Arbeitsausführung in genutzten Räumen –, in der Leistungsbeschreibung nicht angegeben und treten solche Behinderungen nach Vertragsabschluß auf, so soll über den Mehraufwand entsprechend der VOB Teil B § 2 Nr. 5 vor Ausführung – mindestens jedoch, sobald eine derartige Behinderung erkennbar wird – eine Vereinbarung mit dem Auftraggeber getroffen werden.

0.2.2 Besondere Erschwernisse während der Ausführung, z. B. Arbeiten in Räumen, in denen der Betrieb weiterläuft, oder bei außergewöhnlichen äußeren Einflüssen.

Besondere Erschwernisse sind vor allem Verhältnisse auf der Baustelle während der Beschichtungsarbeiten, die kostenverursachende zusätzliche Maßnahmen des Auftragnehmers erforderlich machen. Beschichtungsarbeiten in Räumen, in denen der Betrieb weiterläuft, können besondere Schutzmaßnahmen und Maßnahmen zum Schutz und zur Sicherheit von Personen erforderlich machen. Hierzu rechnen auch Einschränkungen oder zusätzliche Erschwernisse beim Aufstellen der Gerüste.

Beschichtungsarbeiten bei außergewöhnlicher Hitze oder Kälte können zu Schwierigkeiten und/oder Qualitätsminderung führen. Beschichtungsstoffe dürfen in der Regel nur bei »normalen« Temperaturen verarbeitet werden. Die untere Grenze liegt etwa bei +5°C, die obere bei etwa +30°C, die die Trocknung und Filmbildung stören können. Nur in Ausnahmefällen ist es möglich, den Beschichtungsstoff extremen Temperaturen anzupassen.

0.2.3 Besondere Anforderungen für Arbeiten in kontaminierten Bereichen.

Bei Arbeiten in schadstoffbelasteten Räumen sind zum Schutz der dort tätigen Personen besondere Vorkehrungen notwendig. Je nach Art der Schadstoffbelastung (Kontamination), z. B. Strahlen, Asbest, Dioxine, sind die einschlägigen Vorkehrungen anzugeben. Entsprechende Fachgutachten sind dabei zu berücksichtigen.

0.2.4 Besondere Anforderungen an die Baustelleneinrichtung und Entsorgungseinrichtungen, z. B. Behälter für die getrennte Erfassung.

Hierzu können z. B. die Gebühren für Benutzung fremden Grundes, die Gestellung von Baustellenwagen und mobilen Trockentoiletten gehören.

Bei weitläufigen Baustellen muß, d. h. wenn die voraussichtliche Verwendungsstelle mehr als 50 m von der Anschlußstelle entfernt ist, die Leistungsbeschreibung entsprechende Angaben enthalten (siehe VOB Teil A § 9 Nr. 4).

0.2.5 Besonderheiten der Regelung und Sicherung des Verkehrs, gegebenenfalls auch, wieweit der Auftraggeber die Durchführung der erforderlichen Maßnahmen übernimmt.

Hierzu gehören besonders Beleuchtung der Gerüste und Anbringen von Verkehrs- und Hinweisschildern zur Sicherung des Verkehrs, Anbringen von Schutzgerüsten, Hilfsstegen usw.

Da derartige Besonderheiten beachtliche Kosten verursachen und dem Auftragnehmer der Maler- und Lackierarbeiten die entsprechenden Vorrichtungen meist nicht zur Verfügung stehen, ist in der Leistungsbeschreibung darauf hinzuweisen, wie weit der Auftraggeber die Durchführung solcher Sicherungsmaßnahmen selbst übernimmt oder von Dritten durchführen läßt.

0.2.6 Auf- und Abbauen sowie Vorhalten der Gerüste, die nicht Nebenleistung sind.

Hiermit wird der Ausschreibende ausdrücklich angehalten, das Aufstellen, Vorhalten und Abbauen von Gerüsten durch den Auftragnehmer in der Leistungsbeschreibung in besonderen Positionen vorzusehen.

0.2.7 Mitbenutzung fremder Gerüste, Hebezeuge, Aufzüge, Aufenthalts- und Lagerräume, Einrichtungen und dergleichen durch den Auftragnehmer.

Genaue Angaben über die auf der Baustelle vorhandenen Gerüste, Hebezeuge und Aufzüge, die vom Auftragnehmer mitbenutzt werden können, sind für die Preisermittlung von Beschichtungsarbeiten bedeutungsvoll.

Aus der Beschreibung fremder Gerüste sollte hervorgehen, ob diese erst durch Umbau oder Ergänzung für Beschichtungsarbeiten benutzbar gemacht werden müssen, um die Kosten in der Kalkulation berücksichtigen zu können.

Wird dem Auftragnehmer die Mitbenutzung fremder Gerüste, Hebezeuge und Aufzüge nicht unentgeltlich gestattet, ist das Entgelt für die Benutzung gemäß VOB Teil A § 9 Nr. 4 zu regeln.

Wenn nichts anderes vereinbart ist, hat der Auftraggeber dem Auftragnehmer die notwendigen Lager- und Arbeitsplätze auf der Baustelle gemäß VOB Teil B § 4 Nr. 4 unentgeltlich zur Benutzung oder Mitbenutzung zu überlassen. Zum Arbeitsplatz gehören die notwendigen Sozialräume (Aufenthaltsräume, Toiletteneinrichtungen usw.).

Bestehen keine Möglichkeiten zur Mitbenutzung fremder Gerüste, Hebezeuge und Aufzüge oder kann der Auftraggeber die erforderlichen Aufenthalts- und Lagerräume sowie sonstigen Einrichtungen nicht zur Verfügung stellen, ist dies in der Leistungsbeschreibung in gesonderten Positionen zu erfassen. Es handelt sich hierbei nicht um Nebenleistungen.

0.2.8 **Wie lange, für welche Arbeiten und ggf. für welche Beanspruchung der Auftragnehmer seine Gerüste, Hebezeuge, Aufzüge, Aufenthalts- und Lagerräume, Einrichtungen und dergleichen für andere Unternehmer vorzuhalten hat.**

Der Auf- und Abbau von Gerüsten mit einer Arbeitsbühne von mehr als 2 m Höhe sowie deren Vorhaltung stellt eine zusätzliche, gesondert zu vergütende Leistung dar.

Verlangt der Auftraggeber, daß der Auftragnehmer das von ihm erstellte Gerüst zur Benutzung für andere Unternehmer vorzuhalten hat, so sollte hierauf bereits in der Leistungsbeschreibung hingewiesen und für die Vorhaltezeiten eine gesonderte Position vorgesehen werden. Dies gilt auch für besondere Maßnahmen, die zum Zweck der Benutzung durch andere Unternehmer z. B. für Spenglerarbeiten an der Dachrinne und auf dem Dach durch Umbau oder Erweiterung eines Gerüstes notwendig werden. Die dadurch entstehenden Kosten sind dem Auftragnehmer gesondert zu vergüten.

0.2.9 **Verwendung oder Mitverwendung von wiederaufbereiteten (Recycling-)Stoffen.**

Wenn Stoffe zu verwenden oder mit zu verwenden sind, die aus Recycling-Material bestehen, so ist dies anzugeben.

0.2.10 **Anforderungen an wiederaufbereitete (Recycling-)Stoffe und an nicht genormte Stoffe und Bauteile.**

Wiederaufbereitete (Recycling-)Stoffe müssen in der Verarbeitung und in der Qualität den Anforderungen neuer Stoffe entsprechen.
Nur wenige der nach dieser ATV zu verarbeitenden Stoffe sind genormt. Es ist deshalb in der Leistungsbeschreibung darauf hinzuweisen, welchen Belastungen z. B. Beschichtungen ausgesetzt sind. Da der Auftraggeber vor allem an der Haltbarkeit des verwendeten Materials interessiert ist, sollte der Ausschreibende bedenken, daß Angaben über die erwünschten oder notwendigen Anforderungen an die fertige Arbeit wichtiger sind als Güteanforderungen an die Stoffe.

0.2.11 **Besondere Anforderungen an Art, Güte und Umweltverträglichkeit der Stoffe und Bauteile.**

Welche Anforderungen an Art und Güte der vom Auftragnehmer zu liefernden Stoffe und Bauteile zu stellen sind, ist für den Regelfall in Abschnitt 2 festgelegt. Will der Auftraggeber abweichend hiervon an Stoffe und Bauteile besondere Anforderungen stellen, muß er dies in der Leistungsbeschreibung angeben.

Es ist problematisch, wenn der Auftraggeber oder Ausschreibende eigene Güteanforderungen für Beschichtungen formuliert, weil nicht davon ausgegangen werden kann, daß dieser mit dem jeweiligen Stand der Technik bei der Herstellung von Beschichtungsstoffen genügend vertraut ist.

Da der Auftraggeber vor allem an der Haltbarkeit der Beschichtung interessiert ist, sollte der Ausschreibende bedenken, daß Angaben über die erwünschten oder notwendigen Anforderungen an die fertige Beschichtung wichtiger sind als Güteanforderungen an die Stoffe. Die Güte der fertigen Beschichtung ist nicht nur von der Güte der Beschichtungsstoffe, sondern mindestens ebenso von der Güte des Untergrundes abhängig.

0.2.12 **Art und Umfang der vom Auftraggeber verlangten Eignungs- und Gütenachweise.**

Wenn der Auftraggeber Eignungs- und Gütenachweise über Beschichtungsarbeiten oder Beschichtungsstoffe verlangt, müssen Art und Umfang in unmißverständlicher Weise beschrieben werden, besonders dann, wenn der gewünschte Nachweis zusätzliche Kosten verursacht.

Verlangt der Auftraggeber eine besondere Prüfung von beigestellten Stoffen, so ist dies in der Leistungsbeschreibung anzugeben.

0.2.13 **Unter welchen Bedingungen auf der Baustelle gewonnene Stoffe verwendet werden dürfen bzw. müssen oder einer anderen Verwertung zuzuführen sind.**

Es sind grundsätzlich nur ungebrauchte Stoffe zu verwenden.

0.2.14 **Art, Zusammensetzung und Menge der aus dem Bereich des Auftraggebers zu entsorgenden Böden, Stoffe und Bauteile; Art der Verwertung bzw. bei Abfall die Entsorgungsanlage; Anforderungen an die Nachweise über Transporte, Entsorgung und die vom Auftraggeber zu tragenden Entsorgungskosten.**

Bei Maler- und Lackierarbeiten können vor allem bei Vorarbeiten schadstoffbelastete Abfälle und Schutt anfallen, die besonders zu entsorgen sind.
Zum Beispiel:
- schadstoffbelastete Wand- und Deckenbeläge, metallhaltige Beläge und Unterlagsstoffe,
- durch Beschichtungsstoffe und Abbeizmittel belastete Abfälle,
- Strahlschutt, der mit schadstoffhaltigen Beschichtungen, z. B. Zinkchromat, vermengt ist.

Kommentar zur DIN 18 299

Im einzelnen ist anzugeben die Art der Verwertung, z. B. Verbrennung, der Standort der Entsorgungsanlage und ob über Transport und Entsorgung entsprechende Nachweise vorzulegen sind.
Die entstehenden Entsorgungskosten hat der Auftraggeber zu tragen.

0.2.15 **Art, Menge, Gewicht der Stoffe und Bauteile, die vom Auftraggeber beigestellt werden, sowie Art, Ort (genaue Bezeichnung) und Zeit ihrer Übergabe.**

In der Regel umfassen alle Leistungen auch die Lieferung der dazugehörigen Stoffe (vergleiche Abschnitt 2.1.1 und VOB Teil A § 4 Nr. 1).
Wenn der Auftraggeber ausnahmsweise bestimmte Stoffe oder Bauteile selbst liefert, d. h. »beistellen« will, muß dies in der Leistungsbeschreibung bekanntgegeben werden. Damit alle Bieter ihre Preise sicher berechnen können, sind auch hier eindeutige und erschöpfende Beschreibungen über Art, Menge und Gewicht der Stoffe und Bauteile sowie Art, Ort und Zeit ihrer Übergabe notwendig. Die genaue Bezeichnung des Ortes der Übergabe wird deshalb hervorgehoben, um eventuelle Transportkosten für die Preisberechnung zu erkennen.
Angaben über Menge oder Gewicht der beizustellenden Stoffe sind nicht nur wegen der Transportkosten, sondern auch im Hinblick auf die Verbrauchsmenge (Ergiebigkeit) erforderlich.
Es sollen Angaben über die Art der beigestellten Stoffe gemacht werden. Dazu gehört auch die Art der Verdünnungsmittel und ob diese mitgeliefert werden.
Der Auftraggeber hat gegebenenfalls Hinweise zu geben auf den Hersteller, auf Verarbeitungsvorschriften, auf gifthaltige Beschichtungsstoffe und auf feuergefährliche oder gesundheitsschädigende Lösemittel.

0.2.16 **In welchem Umfang der Auftraggeber Abladen, Lagern und Transport von Stoffen und Bauteilen übernimmt oder dafür dem Auftragnehmer Geräte oder Arbeitskräfte zur Verfügung stellt.**

Wenn der Auftraggeber Arbeitskräfte oder Geräte für Abladen, Lagern oder Transport, z. B. Aufzüge in Hochhäusern, zur Verfügung stellen will, dann sollte der Ausschreibende den Umfang der Arbeitshilfe so beschreiben, daß alle Bieter diese Entlastung in der Kalkulation berücksichtigen können.

0.2.17 **Leistungen für andere Unternehmer.**

Im Zusammenhang mit Maler- und Lackierarbeiten kommt es vor, daß Leistungen für andere Unternehmer ausgeführt werden müssen. Als

Unternehmer sind hier vor- und nachleistende Handwerker oder Bauteilhersteller und Bauteilmontagefirmen gemeint. Hierzu gehören zusätzliche Reinigungs- und Ausbesserungsarbeiten sowie Beschichtungsarbeiten im Auftrag und auf Rechnung des Auftraggebers, die jedoch als Ergänzung anderer Unternehmerleistungen – gegebenenfalls auch in deren Fertigungsstätten – zu erbringen sind, z. B. Grundbeschichtungen von Fenster- oder anderen Bauelementen und Einbauteilen.

Es muß abgegrenzt werden, daß direkte Aufträge von Dritten – das heißt also nicht vom Auftraggeber, sondern von anderen Unternehmern – nicht zur vertraglichen Leistung rechnen. Wenn solche Leistungen schon bei der Ausschreibung zu übersehen sind, muß klargestellt werden, wer vertragsrechtlich der Auftraggeber ist.

Bei der Abwicklung eines Auftrages für Maler- und Lackierarbeiten kommt es zuweilen vor, daß zusätzliche Leistungen – sogenannte Sonderwünsche – beispielsweise für Mieter oder Wohnungskäufer auszuführen sind. Auch in diesen Fällen muß eine klare Abgrenzung durch zusätzliche oder gesonderte vertragliche Vereinbarungen über die Vergütung vor Beginn der Arbeiten getroffen werden.

Besonders sorgfältig sind die Abgrenzungen vorzunehmen, wenn Standardausführungen, die der Auftraggeber bestellt und bezahlt, verbessert werden sollen.

0.2.18 Benutzung von Teilen der Leistung vor der Abnahme.

Im Sinne der VOB ist »die Leistung« der Gesamtauftrag, während »eine Leistung« einen Teil der vertraglichen Gesamtleistung erfaßt. Als »Teilleistung« wird ein Leistungsteil verstanden, der unter einer Position (Ordnungszahl) beschrieben ist oder einen Teilbereich, z. B. eine Wohnung, betrifft.

Die Benutzung von Teilen der Leistung vor der Abnahme bildet einen Ausnahmefall, dessen Konsequenzen zu überdenken und zu regeln sind, wenn der Auftraggeber diesen Ausnahmefall fordern will.

Bis zur Abnahme hat nach VOB Teil B § 4 Nr. 5 der Auftragnehmer den Schutz der ausgeführten Leistungen und der für die Ausführung übergebenen Gegenstände vor Beschädigung und Diebstahl als Nebenleistung zu übernehmen.

Will der Auftraggeber Teile der Leistung vor der Abnahme benutzen, so gilt die Abnahme nach Ablauf von sechs Werktagen nach Beginn der Benutzung als erfolgt, wenn nichts anderes vereinbart ist (siehe VOB Teil B § 12 Nr. 5 Abs. 2).

Kommentar zur DIN 18 299   0.3.1

Die Rechte und Pflichten bleiben nach VOB Teil B § 12 Nr. 2 bestehen, in sich abgeschlossene Teile der Leistung auf Verlangen besonders abzunehmen, wenn dieser Allgemeinen Vertragsbedingung nicht ausdrücklich widersprochen wird.
Es ist auszuschreiben, wenn vom Auftragnehmer ein Schutz der Beschichtungsarbeiten bei vorzeitiger Benutzung vorzunehmen ist.

0.2.19 **Übertragung der Pflege und Wartung während der Dauer der Verjährungsfrist für die Gewährleistungsansprüche für maschinelle und elektrotechnische Anlagen, bei denen eine ordnungsgemäße Pflege und Wartung einen erheblichen Einfluß auf Funktionsfähigkeit und Zuverlässigkeit der Anlage haben, z. B. Aufzugsanlagen, Fahrtreppen, Meß-, Steuer- und Regelungseinrichtungen, Anlage der Gebäudetechnik, Gefahrenmeldeanlagen, Feuerungsanlagen.**

Hier keine Bedeutung.

0.2.20 **Abrechnung nach bestimmten Zeichnungen oder Tabellen.**

Im Interesse der Vermeidung von Streitigkeiten bei der Abrechnung sollte bereits in der Leistungsbeschreibung durch den Auftraggeber angegeben werden, ob er der Abrechnung bestimmte Zeichnungen oder Tabellen zugrunde legen will.

0.3 **Einzelangaben bei Abweichungen von den ATV.**

In Abschnitt 0.3 aller ATV sind diejenigen Regelungen beschrieben, für die insbesondere Abweichungen in der Leistungsbeschreibung in Betracht kommen können.
Nach VOB/A § 10 Nr. 3 sollen die ATV grundsätzlich unverändert bleiben. Für die Erfordernisse des Einzelfalles sind jedoch Ergänzungen und Änderungen in der Leistungsbeschreibung möglich; dies ist sinnvoll, weil Alternativen zu den in den ATV beschriebenen Ausführungen im Einzelfall zweckmäßig sein können.
Der Aufsteller einer Leistungsbeschreibung muß deshalb jeweils entscheiden, welche von mehreren möglichen Lösungen gewollt ist und diese eindeutig und im einzelnen beschreiben (vgl. Abschnitt 0.3.1 der ATV DIN 18 299).

0.3.1 **Wenn andere als die in den ATV 18 299 ff. vorgesehenen Regelungen getroffen werden sollen, sind diese in der Leistungsbeschreibung eindeutig und im einzelnen anzugeben.**

0.3.2 Abweichende Regelungen von der ATV DIN 18 299 können insbesondere in Betracht kommen bei

Abschnitt 2.1.1, wenn die Lieferung von Stoffen und Bauteilen nicht zur Leistung gehören soll,

Abschnitt 2.2, wenn nur ungebrauchte Stoffe und Bauteile vorgehalten werden dürfen,

Abschnitt 2.3.1, wenn auch gebrauchte Stoffe und Bauteile geliefert werden dürfen.

0.4 Einzelangaben zu Nebenleistungen und Besonderen Leistungen.

Abschnitt 0.4 stellt den Grundgedanken der VOB heraus, daß Nebenleistungen grundsätzlich nicht erwähnt werden sollen, eine ausdrückliche Erwähnung aber geboten ist, wenn die Kosten der Nebenleistung die Preisbildung erheblich beeinflussen. Das Einrichten und Räumen der Baustelle wird als Hauptfall in Abschnitt 0.4.1 ausdrücklich erwähnt. Die Fassung des Abschnitts 0.4.1 läßt aber auch zu, daß bei anderen Nebenleistungen, die die vorgenannten Kriterien erfüllen – beispielsweise bei besonders aufwendiger Entsorgung –, entsprechend verfahren werden kann. Mit dem letzten Satz wird klargestellt, daß dann besondere Ordnungszahlen (Positionen) aufzunehmen sind.

0.4.1 Nebenleistungen

Nebenleistungen (Abschnitt 4.1 aller ATV) sind in der Leistungsbeschreibung nur zu erwähnen, wenn sie ausnahmsweise selbständig vergütet werden sollen.
Eine ausdrückliche Erwähnung ist geboten, wenn die Kosten der Nebenleistung von erheblicher Bedeutung für die Preisbildung sind; in diesen Fällen sind besondere Ordnungszahlen (Positionen) vorzusehen.
Dies kommt insbesondere in Betracht für das Einrichten und Räumen der Baustelle und für besondere Anforderungen an Zufahrten.

Eine Nebenleistung im Sinne des Abschnittes 4.1 bleibt auch dann Nebenleistung, wenn sie besonders umfangreich und kostenintensiv ist. Das Einrichten und Räumen der Baustelle wird nunmehr in diesem Abschnitt ausdrücklich erwähnt und damit auf die Notwendigkeit hingewiesen, besondere Regelungen in der Leistungsbeschreibung zu treffen. Dieses gilt auch für die Beseitigung von gewerbeüblichen Abfällen und schadstoffbelasteten Abfällen aus dem Bereich des Auftragnehmers, z. B. durch Abbeizmittel, wenn die zu entfernenden Stoffe aus dem Bereich des Auftraggebers nicht schadstoffbelastet sind.

0.4.2 Besondere Leistungen

Werden Besondere Leistungen (Abschnitt 4.2 aller ATV) verlangt, ist dies in der Leistungsbeschreibung anzugeben; gegebenenfalls sind hierfür besondere Ordnungszahlen (Positionen) vorzusehen.

Abschnitt 4.2 regelt besonders Leistungen, die als Hauptleistung und nicht als Nebenleistung zu behandeln und deshalb gesondert zu vergüten sind. Soweit sie zum Zeitpunkt der Ausschreibung erkennbar sind, müssen sie in der Leistungsbeschreibung jeweils in einer gesonderten Position erfaßt werden.

Wenn sich diese Arbeiten erst während der Ausführung des Auftrages als notwendig erweisen, so ist der Auftragnehmer gehalten, den Anspruch auf Vergütung vor Beginn der Ausführung dieser zusätzlichen Leistung gegenüber dem Auftraggeber anzukündigen. Hierzu ist in VOB Teil B § 2 Nr. 6 bestimmt:

Wird eine im Vertrag nicht vorgesehene Leistung gefordert, so hat der Auftragnehmer Anspruch auf besondere Vergütung. Er muß jedoch den Anspruch dem Auftraggeber ankündigen, bevor er mit der Ausführung der Leistung beginnt.

0.5 Abrechnungseinheiten

Im Leistungsverzeichnis sind die Abrechnungseinheiten für die Teilleistungen (Positionen) gemäß Abschnitt 0.5 der jeweiligen ATV anzugeben.

Im Leistungsbereich sind die Abrechnungseinheiten für die Teilleistungen (Positionen) gemäß Abschnitt 0.5 der jeweiligen ATV anzugeben. Siehe hierzu auch Abschnitt 0.5 der ATV DIN 18363.

1 Geltungsbereich

Die ATV »Allgemeine Regelungen für Bauarbeiten jeder Art« – DIN 18 299 – gilt für alle Bauarbeiten, auch für solche, für die keine ATV in C – DIN 18 300 ff. – bestehen.
Abweichende Regelungen in den ATV DIN 18 300 ff. haben Vorrang.

Die ATV DIN 18 299 ist so gefaßt, daß sie für alle Bauarbeiten angewendet werden kann, auch für solche, für die keine ATV besteht. Sie wird – wie die anderen ATV DIN 18 300 ff. – Bestandteil des Bauvertrages, wenn Teil B der VOB vereinbart wird (B § 1 Nr. 1 Satz 2).

2 Stoffe, Bauteile

Der Auftragnehmer darf aufgrund des Vertrages nur geeignete Baustoffe verwenden. Diese Verpflichtung ist in Abschnitt 2.1.3 der ATV DIN 18 299 noch einmal ausdrücklich aufgeführt. Sie gilt für alle Stoffe und Bauteile, auch für solche, für die eine DIN-Norm nicht besteht. Nach VOB/B § 4 Nr. 6 sind zudem Stoffe und Bauteile, die dem Vertrag oder den Proben nicht entsprechen, auf Anordnung des Auftraggebers zu entfernen. Zu diesen aufeinander abgestimmten Regelungen paßt ein Zustimmungsvorbehalt des Auftraggebers nicht. Er würde zudem eine ordnungsgemäße Preisermittlung beeinträchtigen.

2.1 Allgemeines

2.1.1 **Die Leistungen umfassen auch die Lieferung der dazugehörigen Stoffe und Bauteile einschließlich Abladen und Lagern auf der Baustelle.**

Um eine einheitliche Ausführung und zweifelsfreie umfassende Gewährleistung zu erreichen, sollen Beschichtungsarbeiten mit den dazugehörigen Stoffen vergeben werden (siehe VOB Teil A § 14 Nr. 1).
Die Lieferung der Stoffe, das Abladen und die Lagerhaltung sind in der Regel Bestandteil der Hauptleistung und werden nicht gesondert vergütet.
Wird zwischen Auftraggeber und Auftragnehmer im Vertrag ausnahmsweise vereinbart, daß die Stoffe und Bauteile ganz oder teilweise vom Auftraggeber gestellt werden, so ist diese Vereinbarung, wenn darüber nichts Besonderes abgesprochen ist, dahin zu verstehen, daß der Auftraggeber das Material frei Baustelle abgeladen und sachgemäß gelagert zur Verfügung stellt.
Für jedes bauseits gestellte Material hat der Auftragnehmer im gleichen Umfang seine Prüfungspflicht wahrzunehmen wie bei Lieferung des Materials durch ihn. Bedenken gegen die Eignung des Materials

hat der Auftragnehmer unverzüglich dem Auftraggeber gegenüber schriftlich vorzubringen (vgl. VOB Teil B § 4 Nr. 3).

Besteht der Auftraggeber trotz schriftlich vorgebrachter Bedenken dennoch auf der Verwendung der von ihm gestellten Stoffe und Bauteile, trägt er dafür auch die volle Verantwortung.

Die Prüfung der Stoffe und Bauteile durch den Auftragnehmer hat nach gewerbeüblichen Gesichtspunkten und Methoden zu erfolgen (vgl. VOB Teil B § 4 Nr. 3).

Besondere chemische oder physikalische Untersuchungen fallen nicht in den Verpflichtungsbereich des Auftragnehmers.

2.1.2 **Stoffe und Bauteile, die vom Auftraggeber beigestellt werden, hat der Auftragnehmer rechtzeitig beim Auftraggeber anzufordern.**

Wenn der Auftraggeber Stoffe selbst liefern will, können Termin- und Beschaffungsschwierigkeiten entstehen. Deshalb verpflichtet Abschnitt 2.1.2 den Auftragnehmer grundsätzlich, die Stoffe rechtzeitig beim Auftraggeber anzufordern, sofern die Zeit der Übergabe nicht bereits in der Leistungsbeschreibung geregelt ist.

Kommt der Auftraggeber mit der Bereitstellung rechtzeitig vom Auftragnehmer bei ihm angeforderter Stoffe und Bauteile in Rückstand, kann für den Auftragnehmer eine Leistungshinderung im Sinne VOB Teil B § 6 Nr. 2 (1) a) gegeben sein mit der Folge, daß sich vertraglich festgelegte Ausführungsfristen entsprechend verlängern.

Die nicht rechtzeitige Bereitstellung von Stoffen und Bauteilen durch den Auftraggeber kann den Auftragnehmer auch zur Kündigung des Vertrages gemäß VOB Teil B § 9 unter den dort genannten Voraussetzungen oder zur Geltendmachung von Schadensersatzanspruch für Ausfall- und Wartezeiten berechtigen.

Eine Vertragskündigung, die im übrigen schriftlich erklärt werden muß, ist jedoch erst zulässig, wenn der Auftragnehmer dem Auftraggeber ohne Erfolg eine angemessene Frist zur Vertragserfüllung gesetzt und weiter erklärt hat, daß er nach fruchtlosem Ablauf dieser Frist den Vertrag kündigen werde.

2.1.3 **Stoffe und Bauteile müssen für den jeweiligen Verwendungszweck geeignet und aufeinander abgestimmt sein.**

Es ist eine Selbstverständlichkeit, daß die Stoffe für den jeweiligen Verwendungszweck geeignet sein müssen.

Häufig sind die Beschichtungsstoffe der verschiedenen Hersteller

Kommentar zur DIN 18 299

nicht untereinander verträglich. Es sollte daher grundsätzlich angestrebt werden, daß für die einzelnen Schichten nur Stoffe des gleichen Herstellers, möglichst aber geschlossene Beschichtungssysteme, verwendet werden.

2.2 Vorhalten.

Stoffe und Bauteile, die der Auftragnehmer nur vorzuhalten hat, die also nicht in das Bauwerk eingehen, dürfen nach Wahl des Auftragnehmers gebraucht oder ungebraucht sein.

Zu den hier benannten Stoffen zählen z. B. Materialien für Schutzabdeckungen und -abhängungen, die mehrfach verwendet werden können.

2.3 Liefern.

2.3.1 Stoffe und Bauteile, die der Auftragnehmer zu liefern und einzubauen hat, die also in das Bauwerk eingehen, müssen ungebraucht sein. Wiederaufbereitete (Recycling-)Stoffe gelten als ungebraucht, wenn sie Abschnitt 2.1.3 entsprechen.

Für Beschichtungs- und Lackierarbeiten können nur ungebrauchte Stoffe verwendet werden.

2.3.2 Stoffe und Bauteile, für die DIN-Normen bestehen, müssen den DIN-Güte- und -Maßbestimmungen entsprechen.

Der weitaus größte Teil der für Beschichtungsarbeiten gebräuchlichen Stoffe ist nicht genormt bzw. nicht amtlich zugelassen. Eine Normung dieser Stoffe wäre im Hinblick auf ihre Zusammensetzung und ihre Anwendung auf den verschiedenen Untergründen bei unterschiedlichen Einwirkungen und Einflüssen nur für spezielle Fälle möglich.

2.3.3 Stoffe und Bauteile, die nach den deutschen behördlichen Vorschriften einer Zulassung bedürfen, müssen amtlich zugelassen sein und den Zulassungsbedingungen entsprechen.

Hierzu gehören u. a. Stoffe für Ölwannenbeschichtungen und Holzschutzmittel, dämmschichtbildende Stoffe für Brandschutzbeschichtungen.

2.3.4 Stoffe und Bauteile, für die bestimmte technische Spezifikationen in der Leistungsbeschreibung nicht genannt sind, dürfen auch verwendet werden,

wenn sie Normen, technischen Vorschriften oder sonstigen Bestimmungen anderer Staaten entsprechen, sofern das geforderte Schutzniveau in bezug auf Sicherheit, Gesundheit und Gebrauchstauglichkeit gleichermaßen dauerhaft erreicht wird.

Sofern für Stoffe und Bauteile eine Überwachungs-, Prüfzeichenpflicht oder der Nachweis der Brauchbarkeit, z. B. durch allgemeine bauaufsichtliche Zulassung, allgemein vorgesehen ist, kann von einer Gleichwertigkeit nur ausgegangen werden, wenn die Stoffe und Bauteile ein Überwachungs- oder Prüfzeichen tragen oder für sie der genannte Brauchbarkeitsnachweis erbracht ist.

Diese Bedingung gilt für Stoffe und Bauteile, für die in der Leistungsbeschreibung keine bestimmten technischen Spezifikationen genannt sind.

Die sogenannte Öffnungsklausel teilt sich – entsprechend dem öffentlichen Baurecht – in den ungeregelten und in den geregelten Bereich. Der Unterschied besteht in der Form des Nachweises. Während für den ungeregelten Bereich nur die Anforderungen zum geforderten Schutzniveau in bezug auf Sicherheit, Gesundheit, Gebrauchstauglichkeit und Dauerhaftigkeit definiert sind, ist für den geregelten Bereich die Art des Nachweises z. B. durch Überwachungs- oder Prüfzeichen vorgesehen. Diese Bedingung entspricht den Regelungen im öffentlichen Baurecht, und sie trägt den Zielen der EG-Richtlinien über Bauprodukte Rechnung.

3 Ausführung

3.1 Wenn Verkehrs-, Versorgungs- und Entsorgungsanlagen im Bereich des Baugeländes liegen, sind die Vorschriften und Anordnungen der zuständigen Stellen zu beachten.

Nach VOB Teil B § 3 Nr. 1 ist es Sache des Auftraggebers, dem Auftragnehmer die für die Ausführung erforderlichen Unterlagen unentgeltlich und rechtzeitig zu übergeben.

Fehlen dahingehende Angaben in den Verdingungsunterlagen, erkennt der Auftragnehmer aber aufgrund seiner Erfahrung und Sachkunde, daß möglicherweise Verkehrs-, Versorgungs- und Entsorgungsanlagen im vorgesehenen Arbeitsbereich vorhanden sind, dann ist der Auftragnehmer gehalten, sich beim Auftraggeber Gewißheit zu verschaffen und die erforderlichen Erkundigungen einzuholen. Hierzu gehören z. B. im Betrieb befindliche Eisenbahnanlagen.

Die Vorschriften und Anordnungen der zuständigen Stellen (Behörden, Versorgungsunternehmungen u. a.) sind zu beachten, wenn im Bereich des Baugeländes Verkehrs-, Versorgungs- und Entsorgungsanlagen liegen. Gegebenenfalls können sich aus der Beachtung dieser Vorschriften und Anordnungen zusätzliche vom Auftragnehmer zu erbringende Leistungen ergeben, die dann der Auftraggeber gesondert zu vergüten hat, z. B. Verkehrsposten.

3.2 Die für die Aufrechterhaltung des Verkehrs bestimmten Flächen sind freizuhalten. Der Zugang zu Einrichtungen der Versorgungs- und Entsorgungsbetriebe, der Feuerwehr, der Post und Bahn, zu Vermessungspunkten und dergleichen darf nicht mehr als durch die Ausführung unvermeidlich behindert werden.

Für die Inanspruchnahme von Flächen, die für den öffentlichen Verkehr bestimmt sind, bedarf es in der Regel einer vor Beginn der Arbeiten einzuholenden Genehmigung der zuständigen Behörde. Je nach Lage des Einzelfalles ist in der Leistungsbeschreibung besonders anzugeben, ob und gegebenenfalls welche Flächen für den Verkehr freizuhalten sind.

Müssen für die Aufrechterhaltung des Verkehrs bestimmte Flächen freigehalten werden, so können sich daraus für den Auftragnehmer bei der Ausführung der Arbeiten Erschwernisse ergeben, deren Berücksichtigung dem Auftragnehmer bereits bei der Kalkulation seiner Preise möglich sein muß.

Dasselbe gilt, wenn auf den Zugang zu Einrichtungen der Versorgungs- und Entsorgungsbetriebe, der Feuerwehr, Post und Bahn Rücksicht genommen werden muß, weil derartige Zugänge durch die Ausführung nicht mehr als »unvermeidlich« behindert werden dürfen. Nur nach Lage des Einzelfalles kann beurteilt werden, was unter unvermeidlicher Behinderung zu verstehen ist.

3.3 **Werden Schadstoffe angetroffen, z. B. in Böden, Gewässern oder Bauteilen, ist der Auftraggeber unverzüglich zu unterrichten. Bei Gefahr im Verzug hat der Auftragnehmer unverzüglich die notwendigen Sicherungsmaßnahmen zu treffen. Die weiteren Maßnahmen sind gemeinsam festzulegen. Die getroffenen und die weiteren Maßnahmen sind besondere Leistungen (siehe Abschnitt 4.2.1).**

Der Auftragnehmer ist verpflichtet, den Auftraggeber unverzüglich zu unterrichten, wenn er Schadstoffe antrifft. Notwendige Sicherungsmaßnahmen hat er bei Gefahr im Verzug unverzüglich zu treffen. Weitergehende Maßnahmen sind gemeinsam zwischen Auftraggeber und Auftragnehmer festzulegen. Die zu treffenden Maßnahmen sind Besondere Leistungen.

4 Nebenleistungen, Besondere Leistungen

Nebenleistungen im Sinne des Abschnitts 4.1 setzen voraus, daß sie für die vertragliche Leistung des Auftragnehmers erforderlich werden. Sie können in den ATV nicht abschließend aufgezählt werden, weil der Umfang der gewerblichen Verkehrssitte nicht für alle Einzelfälle umfassend und verbindlich bestimmt werden kann. Abschnitt 4.1 trägt dem durch die Verwendung des Begriffs »insbesondere« Rechnung. Damit wird zugleich verdeutlicht, daß die Aufzählung die wesentlichen Nebenleistungen umfaßt und Ergänzungen lediglich in Betracht kommen können, soweit sich dies für den Einzelfall aus der gewerblichen Verkehrssitte ergibt.

Eine Nebenleistung im Sinne des Abschnitts 4.1 bleibt auch dann Nebenleistung, wenn sie besonders umfangreich und kostenintensiv ist. So ist z. B. das Einrichten und Räumen der Baustelle unabhängig von Umfang und Kosten Nebenleistung, weil die für die Ausführung erforderlichen Geräte und Einrichtungen stets zur vertraglichen Leistung gehören. Sind allerdings die Kosten von Nebenleistungen erheblich, kann es zur Erleichterung einer ordnungsgemäßen Preisermittlung und -prüfung geboten sein, diese Kosten nicht in die Einheitspreise einrechnen zu lassen, sondern eine selbständige Vergütung zu vereinbaren.

4.1 Nebenleistungen

Nebenleistungen sind Leistungen, die auch ohne Erwähnung im Vertrag zu vertraglichen Leistungen gehören (B § 2 Nr. 1).

Es ist nicht notwendig, in Verträgen über die Ausführung von Bauleistungen – also auch in Verträgen über Maler- und Lackierarbeiten – alle einzelnen Verrichtungen im Zusammenhang mit den geforderten Einzelleistungen zu beschreiben. Vielfach richtet sich der folgerichtige Arbeitsablauf der einzelnen Verrichtungen nach der Art und den

Eigenschaften der verwendeten Stoffe. Der Ausschreibende wäre überfordert, wollte er hier alle technischen Details vorschreiben. Es muß dem Auftragnehmer überlassen bleiben, alle Herstellerangaben für die zur Anwendung kommenden Beschichtungsstoffe gewissenhaft zu beachten und die Leistungen fachgerecht zu erbringen. Es ist daher bei der Ausschreibung von Beschichtungsarbeiten üblich, nur die Hauptmerkmale der tatsächlich geforderten Einzelleistungen aufzuführen.

Nach VOB Teil A §9 Nr. 5 brauchen Leistungen, die nach den Allgemeinen Vertragsbedingungen, den Technischen Vertragsbedingungen oder der gewerblichen Verkehrssitte zu der geforderten Leistung gehören – also Leistungen, die man als selbstverständliche Hilfsverrichtungen einstufen kann –, nicht besonders aufgeführt zu werden. Sie brauchen auch in der Rechnung nicht erwähnt zu werden, da sie, wie in VOB Teil B §2 Nr. 1 bestimmt, mit den vereinbarten Preisen abgegolten sind.

Da bei der Anwendung der Allgemeinen Technischen Vertragsbedingungen von den Vertragsparteien die Verkehrssitte oft unterschiedlich beurteilt wird, d. h. welche Leistungen als Nebenleistungen anzusehen sind, zählt die ATV DIN 18363 – Maler- und Lackierarbeiten – die wichtigsten Nebenleistungen in Abschnitt 4.1 auf. Sie unterscheidet sie von solchen Leistungen, die zusätzlich in der Leistungsbeschreibung aufzuführen oder vor der Ausführung zu vereinbaren und gesondert abzurechnen sind. Damit bietet die ATV mehr Rechtssicherheit und wirkt strittigen Auseinandersetzungen durch eindeutige Regelungen entgegen.

Mit dem Klammervermerk verweist diese Vorschrift auf die Allgemeinen Vertragsbedingungen für die Ausführung von Bauleistungen VOB Teil B, die in §2 Nr. 1 den Umfang der Leistungen abstecken, die grundsätzlich durch den vereinbarten Preis abgegolten sind. Es sind diejenigen Leistungen, die nach der Leistungsbeschreibung – hierzu rechnen außer dem Leistungsverzeichnis auch Baupläne, Zeichnungen, Muster oder Proben –, den Besonderen Allgemeinen Vertragsbedingungen, den Zusätzlichen Vertragsbedingungen, den Allgemeinen Technischen Vertragsbedingungen für Bauleistungen, den Zusätzlichen Technischen Vertragsbedingungen und der gewerblichen Verkehrssitte zur vertraglichen Leistung gehören.

Welche Leistungen nach der gewerblichen Verkehrssitte zur vertraglichen Leistung gehören, bestimmt sich nach der Auffassung der einschlägigen Fachkreise am Leistungsort. Maßgebend ist also diejenige

Verkehrssitte, die von den betreffenden Fachkreisen gewerbeüblich an dem Ort praktiziert wird, an dem die vertragliche Leistung zu erbringen ist.

Nebenleistungen sind demnach insbesondere:

4.1.1 Einrichten und Räumen der Baustelle einschließlich der Geräte und dergleichen.

Das Einrichten und Räumen der Baustelle und der Auf- und Abbau der Maschinen und Geräte gilt bei Maler- und Lackierarbeiten in der Regel als Nebenleistung, so daß hierfür in der Leistungsbeschreibung eine besondere Position nicht erforderlich ist.

Baubuden, Bauwagen, Toiletten und dergleichen werden vom Auftragnehmer für Beschichtungsarbeiten seltener benötigt, weil zum Zeitpunkt der Ausführung seiner Leistung am Bau fast immer geeignete Räume zum Aufenthalt der Arbeitskräfte und zur Materiallagerung bereits vorhanden sind.

Sofern der Auftraggeber in Sonderfällen wünscht, daß Aufenthaltsräume, Materiallagerungen usw. nicht im Bau untergebracht werden sollen oder keine geeigneten Räume zur Verfügung stehen, gilt ebenfalls Abschnitt 0.4.1.

Es wird dort dem Ausschreibenden eindeutig und klar aufgegeben, bei Baustellen, bei denen die Kosten für das Einrichten und Räumen der Baustelle von erheblicher Bedeutung sind, besondere Ordnungszahlen (Positionen) vorzusehen.

4.1.2 Vorhalten der Baustelleneinrichtung einschließlich der Geräte und dergleichen.

Die zu Abschnitt 4.1.1 gegebenen Erläuterungen gelten sinngemäß auch für das Vorhalten der Baustelleneinrichtung einschließlich der Geräte und dergleichen.

4.1.3 Messungen für das Ausführen und Abrechnen der Arbeiten einschließlich des Vorhaltens der Meßgeräte, Lehren, Absteckzeichen usw., des Erhaltens der Lehren und Absteckzeichen während der Bauausführung und des Stellens der Arbeitskräfte, jedoch nicht Leistungen nach B § 3 Nr. 2.

Durch den Auftragnehmer sind alle Messungen, die für die Vorbereitung, die Ausführung und die Abrechnung seiner Arbeiten erforderlich sind, ohne besondere Vergütung durchzuführen und auch die dazu erforderlichen Meßgeräte (Bandmaß, Metermaße usw.) kostenlos vorzuhalten.

Führt er die Messungen nicht selbst durch oder kann er die Messungen nicht allein ausführen, hat er die dafür benötigten Arbeitskräfte ohne besonderes Entgelt zur Verfügung zu stellen. Nach VOB Teil B § 14 Nr. 1 ist er darüber hinaus verpflichtet, für die Abrechnung Art und Umfang der Leistung in Massenberechnungen, in Zeichnungen und anderen Belegen für den Fachmann prüfbar nachzuweisen.

Zu den Aufgaben des Auftragnehmers gehört es weiterhin, vom Auftraggeber überlassene Zeichnungen um die für den Nachweis der Abrechnung erforderlichen Maße zu ergänzen. Verlangt der Auftraggeber jedoch die Ausarbeitung von Ausführungszeichnungen oder Baubestandsplänen, so sind diese nach VOB Teil B § 2 Nr. 9 besonders zu vergüten.

In VOB Teil B § 14 Nr. 2 ist bestimmt:

Die für die Abrechnung notwendigen Feststellungen sind dem Fortgang der Leistung entsprechend möglichst gemeinsam vorzunehmen. Die Abrechnungsbestimmungen in den Technischen Vertragsbedingungen und den anderen Vertragsunterlagen sind zu beachten. Für Leistungen, die bei Weiterführung der Arbeiten nur schwer feststellbar sind, hat der Auftragnehmer rechtzeitig gemeinsame Feststellungen zu beantragen.

Somit müssen die Leistungen, die bei Fortgang der Maler- und Lackierarbeiten kaum noch oder nur schwer nachweisbar sind, umgehend gemeinsam erfaßt werden, z. B. Absperren von Wasserschäden oder Nikotinflecken, umfangreiche Ausbesserungen am Untergrund und ähnliche Leistungen, die unter Abschnitt 4.2 »Besondere Leistungen« fallen.

Aufmaße, die lediglich zur Massenermittlung für Ausschreibungen oder zur Kostenvorbereitung dienen, können nicht unentgeltlich gefordert werden.

4.1.4 Schutz- und Sicherheitsmaßnahmen nach den Unfallverhütungsvorschriften und den behördlichen Bestimmungen.

Für die vorgenannten Schutz- und Sicherheitsmaßnahmen ist der Auftragnehmer nach VOB Teil B § 4 Nr. 2 allein verantwortlich. Ihr Umfang ist im Rahmen seiner Verantwortlichkeit nach den Gesetzen bestimmt und in den dazu erlassenen Vorschriften, Bestimmungen und Richtlinien festgelegt. Es ist daher richtig, wenn die hierdurch anfallenden Leistungen als Nebenleistungen ohne Erwähnung in der Leistungsbeschreibung angesehen werden.

Der Auftragnehmer ist, soweit er die Gerüste selbst stellt, stellen oder

Kommentar zur DIN 18 299

benutzen läßt, verantwortlich für deren Aufbau und Sicherheit sowie für die Beschaffenheit des Gerüstmaterials und der Leitern. Er hat zu beachten, daß alle zusätzlichen Sicherheitsmaßnahmen, wie z. B. die Benutzung von Sicherheitsgurten und -leinen, dort getroffen werden, wo besondere Umstände oder eine besondere Gefährdung bei der Ausführung der Arbeit gegeben sind.

Als wichtigste Vorschriften kommen in Betracht:

1. Unfallverhütungsvorschriften (UVV) und Merkblätter der zuständigen Bau-Berufsgenossenschaften,
2. Gesetze und Erlasse
   Feuerschutzvorschriften, verkehrspolizeiliche Vorschriften, gewerbepolizeiliche Bestimmungen und Vorschriften der örtlich zuständigen Bauaufsichtsbehörde,
3. Arbeitsschutzbestimmungen, auch für die Unterbringung von Arbeitnehmern auf Baustellen,
4. Jugendarbeitsschutzbestimmungen,
5. Bestimmungen über den Immissionsschutz (Umweltschutz, Lärmschutz, Gewässerschutz).
   Soweit zusätzliche Maßnahmen erforderlich werden, die über die gesetzlichen Bestimmungen des Immissionsschutzes hinausgehen, z. B. besonderer Lärmschutz in Kurorten, handelt es sich jedoch um keine Nebenleistung mehr.

Weiter sind folgende Unfallverhütungsvorschriften, Merkblätter und gesetzlichen Bestimmungen zu beachten:

a) Unfallverhütungsvorschriften (Hauptausgabe) der Bau-Berufsgenossenschaften:
   UVV – Allgemeine Vorschriften
   UVV – Hebebühnen
   UVV – Erste Hilfe
   UVV – Verarbeiten von Beschichtungsstoffen
   UVV – Elektrische Anlagen und Betriebsmittel
   UVV – Gerüste
   UVV – Leitern und Tritte
   UVV – Winden, Hub- und Zuggeräte
   UVV – Verdichter (Kompressoren)
   UVV – Schweißen, Schneiden und verwandte Arbeitsverfahren
   UVV – Metallbearbeitung; Schleifkörper, Pließt- und Polierscheiben, Schleif- und Poliermaschinen
   UVV – Schleifkörper und Schleifmaschinen

UVV – Arbeitsmedizinische Vorsorge
UVV – Verarbeiten von Klebstoffen
UVV – Sicherheitskennzeichnung am Arbeitsplatz
UVV – Schutz gegen gesundheitsgefährdenden mineralischen Staub
UVV – Heiz-, Flämm- und Schmelzgeräte für Bau- und Montagearbeiten
UVV – Arbeiten im Bereich von Gleisen
UVV – Bauarbeiten
UVV – Lärm
UVV – Bauaufzüge
UVV – Schutzmaßnahmen beim Umgang mit krebserzeugenden Arbeitsstoffen
UVV – Lacktrockner
UVV – Strahlmittel

b) Richtlinien und Sicherheitsregeln:
– Richtlinien für fahrbare Hubarbeitsbühnen
– Richtlinien für Sicherheits- und Rettungsgeschirre
– Richtlinien für die Verwendung von Flüssiggas
– Richtlinien für Flüssigkeitsstrahler (Spritzgeräte)
– Richtlinien für elektrostatisches Lackieren
– Richtlinien für elektrische Anlagen in explosionsgefährdeten Betriebsstätten
– Richtlinien zur Vermeidung von Zündgefahren infolge elektrostatischer Aufladung
– Richtlinien für Arbeiten in Behältern und engen Räumen
– Sicherheitsregeln für hochziehbare Personenaufnahmemittel
– Sicherheitsregeln für die Fahrzeug-Instandhaltung
– Sicherheitsregeln für Arbeiten an und auf Dächern aus Asbestzement-Wellplatten
– Sicherheitsregeln für Bauarbeiten
– Sicherheitsregeln für die Ausrüstung von Arbeitsstätten mit Feuerlöschern
– Sicherheitsregeln für das Entfernen von Asbest

c) Merkblätter und Merkhefte:
– Merkheft: Maler und Lackierer
– Merkheft: Lärm
– Merkheft: Sicherheit am Bau
– Merkheft: Arbeits- und Schutzgerüste
– Merkheft: Fahrgerüste

- Merkheft: Der elektrische Strom
- Merkblatt über den Umgang mit lösemittelhaltigen Arbeitsstoffen zur Kaltreinigung
- Merkblatt zur Verhütung gewerblicher Hautkrankheiten
- Merkblatt über den Umgang mit Chlorkohlenwasserstoffen
- Merkblatt über das Arbeiten mit ätzenden Stoffen
- Merkblatt für Arbeiten mit Fluorwasserstoff (Flußsäure) und Fluoriden
- Merkblatt für Arbeiten mit Wasserstoffsuperoxid
- Merkblatt über Druckgasdosen
- Merkblatt für Maskenpflege
- Merkblatt für den Umgang mit PUR-Anstrichstoffen
- Merkblatt für elektrostatisches Pulverbeschichten
- Merkblatt für Fußbodenklebearbeiten
- Merkblatt Anleitung zur Ersten Hilfe bei Unfällen
- Merkblatt Brandschutz bei Bauarbeiten
- Merkblatt für das Anbringen von Dübeln zur Verankerung von Fassadengerüsten
- Merkblatt Leitern bei Bauarbeiten
- Merkblatt Sicherheits- und Rettungsgeschirre
- Atemschutzmerkblatt

d) Hinweise auf wichtige Gesetze und Verordnungen:
- Gesetz über die Vermeidung und Entsorgung von Abfällen (Abfallgesetz) vom 27. 08. 1986 mit den entsprechenden Rechtsverordnungen; außerdem die Abfallgesetze der Länder
- Arbeitsschutz-Vorschriften, z. B.
  - Arbeitssicherheitsgesetz vom 12. 12. 1973 (BGBl. I S. 1885) i. d. F. vom 12. 04. 1976 (BGBl. I S. 965)
  - Arbeitszeitordnung vom 30. 04. 1938 (RGBl. I S. 447), zuletzt geändert am 10. 03. 1975 (BGBl. I S. 685)
  - Jugendarbeitsschutzgesetz vom 12. 04. 1976 (BGBl. I S. 965), zuletzt geändert am 24. 04. 1986 (BGBl. I S. 560)
  - Mutterschutzgesetz i. d. F. vom 18. 04. 1968 (BGBl. I S. 315), zuletzt geändert am 06. 12. 1985 (BGBl. I S. 2154)
  - Winterbaustellen-Arbeitsschutzverordnung vom 01. 08. 1968 (BGBl. I S. 901) i. d. F. vom 23. 07. 1974 (BGBl. I S. 1569) und 20. 03. 1975 (BGBl. I S. 729)
  - Arbeitsstättenverordnung vom 20. 03. 1975 (BGBl. I S. 729), zuletzt geändert am 01. 08. 1983 (BGBl. I S. 1057)

- Bauordnungen der Länder mit zahlreichen Ausführungsbestimmungen
- Bundes-Immissionsschutzgesetz vom 15. 03. 1974 (BGBl. I S. 721) mit den entsprechenden Rechtsverordnungen und Verwaltungsvorschriften; außerdem Immissionsschutzgesetze der Länder
- Denkmalschutzgesetze der Länder
- Feuerschutzgesetze, -verordnungen und -richtlinien der Länder
- Gefahrstoffverordnung vom 26. 08. 1986 (BGBl. I S. 1470), letzte Änderung 16. 12. 1987 (BGBl. I S. 2721)
- Wasserhaushaltsgesetz vom 23. 09. 1986 (BGBl. I 1986 S. 1529 und 1654), letzte Änderung 08. 10. 1986
- Gewerbeordnung i. d. F. vom 01. 01. 1987 (BGBl. I S. 425)
- Handwerksordnung i. d. F. vom 28. 12. 1965 (BGBl. 19661 S. 1) i. d. F. vom 28. 12. 1987 (BGBl. I S. 2807)
- Straßenverkehrsgesetz vom 19. 12. 1952 (BGBl. I S. 837) i. d. F. vom 28. 01. 1987 (BGBl. I S. 486)
- Straßenverkehrsordnung vom 16. 11. 1970 (BGBl. I S. 1565 ber. 1971 S. 38) i. d. F. vom 22. 03. 1988 (BGBl. I S. 405)
- Verordnung über Anlagen zur Lagerung, Abfüllung und Beförderung brennbarer Flüssigkeiten zu Lande (VbF) i. d. F. vom 03. 05. 1982 (BGBl. I S. 569)
- Verordnung über Druckbehälter, Druckgasbehälter und Füllanlagen (DruckbehV) i. d. F. vom 27. 02. 1980 (BGBl. I S. 184)
- Verordnung über elektrische Anlagen in explosionsgefährdeten Räumen i. d. F. vom 26. 06. 1986
- Sicherheitsbrief für Spritzlackierer
- Sicherheitstechnische Richtlinien für die Lagerung von Behältern für Propan und Butan

Unfallverhütungsvorschriften, Richtlinien, Verordnungen und Merkblätter können von der jeweils zuständigen Bau-Berufsgenossenschaft bezogen werden. Die wichtigsten Bestimmungen usw. sind zusammengefaßt in dem Merkheft »Sicherheit für Maler und Lackierer«, Schriftenreihe der Bau-Berufsgenossenschaften.

Folgende Abkürzungen werden häufig verwendet:

AbfG	→ Abfallgesetz
ATV	→ Allgemeine Technische Vertragsbedingungen für Bauleistungen
BBauG	→ Bundesbaugesetz

BGB	→ Bürgerliches Gesetzbuch
BGBl.	→ Bundesgesetzblatt
BISchG	→ Bundes-Immissionsschutzgesetz
DruckbehV	→ Druckbehälterverordnung
DIN	→ Deutsche Industrie Norm
GewO	→ Gewerbeordnung
HGB	→ Handelsgesetzbuch
RAL	→ Ausschuß für Lieferbedingungen und Gütesicherung
RGBl.	→ Reichsgesetzblatt
VbF	→ Verordnung über brennbare Flüssigkeiten

4.1.5 Beleuchten, Beheizen und Reinigen der Aufenthalts- und Sanitärräume für die Beschäftigten des Auftragnehmers.

Sofern hierbei Energie und Wasser verbraucht wird und/oder der Auftraggeber die Reinigungsarbeiten übernimmt, ist die Art der Abrechnung vor Beginn der Arbeiten zwischen Auftraggeber und Auftragnehmer vertraglich zu regeln.

4.1.6 Heranbringen von Wasser und Energie von den vom Auftraggeber auf der Baustelle zur Verfügung gestellten Anschlußstellen zu den Verwendungsstellen.

Der Auftraggeber ist verpflichtet, auf der Baustelle Entnahmemöglichkeiten für Energie und Wasser vorzuhalten, wenn nichts anderes vereinbart ist. Unter Baustelle ist in der Regel die Grundstücksparzelle zu verstehen, auf der das Gebäude oder Bauwerk errichtet ist. Diese Anschlußstellen sind vom Auftraggeber kostenlos zur Verfügung zu stellen (siehe VOB Teil B § 4 Nr. 4c).
Die Zuleitungen von diesen Anschlußstellen zu den Verwendungsstellen sind vom Auftragnehmer als Nebenleistung ohne besondere Vergütung herzustellen.
Die Kosten für den Verbrauch, das Messen oder Zählen trägt der Auftragnehmer; mehrere Auftragnehmer tragen sie anteilig.
Es ist Sache des Auftragnehmers, wenn er Strom zum Betrieb seiner Arbeitsmaschinen und -geräte benötigt, die zusätzlichen Sicherheitseinrichtungen – wie Anschluß- und Verteilerschränke, Erdung von Schutzschaltern usw. – von dafür zugelassenen Elektrofachleuten installieren zu lassen. Die benötigten Zuleitungen – z. B. Kabelleitungen (Querschnitte beachten), Anschluß- und Verbindungsstecker – sind ab Anschlußstelle zu beschaffen.

Wird Leitungsgas benötigt, sind alle anfallenden Kosten für Anschlüsse und Sicherheitseinrichtungen Nebenleistungen.

Das Heranbringen von Wasser und die Unterhaltung der Zuleitung von der Anschlußstelle zur Verwendungsstelle ist eine Nebenleistung.

Der Auftragnehmer ist haftbar für alle Schäden, die durch mangelhafte Ausführung und Instandhaltung der Zuleitung entstehen (siehe VOB Teil B § 10 Nr. 1).

Es empfiehlt sich, täglich nach Arbeitsschluß die Hauptleitungen abzustellen und Schlauchleitungen zu entfernen. Bei Frostgefahr sind sämtliche Leitungen entsprechend zu schützen und nach Arbeitsschluß zu entleeren.

4.1.7 Liefern der Betriebsstoffe.

Der Auftragnehmer hat die Kosten der Betriebsstoffe für die von ihm eingesetzten Maschinen und Geräte in den Preis für seine Leistungen mit einzurechnen.

Soweit Energie und Wasser aus Entnahmestellen entnommen werden, die vom Auftraggeber zur Verfügung gestellt sind, ist die Art der Abrechnung zwischen Auftraggeber und Auftragnehmer vor Beginn der Arbeiten vertraglich zu regeln.

4.1.8 Vorhalten der Kleingeräte und Werkzeuge.

Das Vorhalten von Leitern, Gerüsten, größeren Geräten und Maschinen wird gesondert behandelt.
Werkzeuge und Geräte
- für die Untergrundvorbereitung
  Drahtbürsten, Schabewerkzeuge, Schleifklötze und Schleifpapiere, Abbrenngeräte einschließlich deren Betriebsstoff, Spachtelmesser, Kittmesser, Flächenspachtel, Traufeln und dergleichen
- für Beschichtung (Applikation)
  Pinsel, Bürsten, Farbroller und -walzen aller Art und Größen, Eimer, Farbtöpfe, Farbsiebe und dergleichen
- für die Oberflächenmodellierung
  Stupf- und Tupfbürsten, Maseriergeräte, Poliergeräte, Anschießer und dgl.
- zusätzliche Gerätschaften
  Wasserschläuche, Druckschläuche, Elektrokabelrollen, Energieverteiler und dgl.

Maschinen
- Bohrmaschinen
- Handschleifmaschinen (Rutscher und Rundschleifmaschinen)
- Farbspritzgeräte

Sonstige Hilfsmittel
- Staubbesen, Fensterleder, Lineale, Schlagschnur, Senklot und dgl.
- Werkzeuge zum Entfernen von Verunreinigungen
- Handgeschirr zum Ausbessern von Putz- und Untergrundschäden

4.1.9 **Befördern aller Stoffe und Bauteile, auch wenn sie vom Auftraggeber beigestellt sind, von den Lagerstellen auf der Baustelle bzw. von den in der Leistungsbeschreibung angegebenen Übergabestellen zu den Verwendungsstellen und etwaiges Rückbefördern.**

Für das Hin- und Rückbefördern aller Stoffe zwischen der Lagerstelle auf der Baustelle und den jeweiligen Verwendungsstellen kann der Auftragnehmer keine besondere Vergütung fordern, auch dann nicht, wenn es sich um Stoffe handelt, die der Auftraggeber selbst beistellt und bis zur vorher benannten Lagerstelle auf der Baustelle anliefert.

4.1.10 **Sichern der Arbeiten gegen Niederschlagswasser, mit dem normalerweise gerechnet werden muß, und seine etwa erforderliche Beseitigung.**

Gemeint sind alle Einwirkungen von Wasser (Regenwasser, Schlagregen, Tau, Schnee, Hagel oder Eis, nicht aber Grundwasser), d. h. von Wasser, das sich schädigend auf die Beschichtungen auswirken kann. Die Beseitigung derartiger Schäden geht zu Lasten des Auftragnehmers; es sei denn, daß die Arbeiten trotz vorgetragener Bedenken auf ausdrückliche Anordnung des Auftraggebers ausgeführt werden.

4.1.11 **Entsorgen von Abfall aus dem Bereich des Auftragnehmers sowie Beseitigen der Verunreinigungen, die von den Arbeiten des Auftragnehmers herrühren.**

Abfälle, die sich bei der Untergrundvorbereitung durch Entfernen von Anstrichen, Tapeten und Belägen ergeben, sind zu beseitigen. Dieses gilt sinngemäß auch für alle Schutzabdeckungen, die nach der Arbeit wieder entfernt werden müssen. An Bauteilen dürfen keine festhaftenden Verschmutzungen zurückbleiben.
Die Beseitigung von Verunreinigungen bezieht sich auf das Reinigen der Glasscheiben von Farbe nach unsachgemäßem Beschneiden und von Beschlagteilen, die durch Beschichtungsstoffe verschmutzt worden sind.

| 4.1.12 | Kommentar zur DIN 18 299 |

Verunreinigungen durch festhaftende Beschichtungsstoffe sind vor dem Antrocknen so zu beseitigen, daß höchstens ein schwacher, nicht mehr festhaftender Farbschleier zurückbleibt, der sich später mit Wasser oder durch trockenes Reiben mühelos entfernen läßt.
Bei Abfällen, die nicht als Hausmüll entsorgt werden können, handelt es sich um Sonderabfall, dessen Beseitigung ist eine Nebenleistung, soweit es sich dabei um Abfall des Auftragnehmers handelt.
Werden z. B. nicht schadstoffbelastete Beschichtungen mit schadstoffhaltigen Laugen oder Abbeizmitteln entfernt, handelt es sich auch um schadstoffbelasteten Abfall aus dem Bereich des Auftragnehmers, dessen Beseitigung eine Nebenleistung ist.

4.1.12 **Entsorgen von Abfall aus dem Bereich des Auftraggebers bis zu einer Menge von 1 m^3, soweit der Abfall nicht schadstoffbelastet ist.**

Abfälle, die sich bei der Untergrundvorbereitung durch Strahlen, Entrosten, Entfernen von Anstrichen, Tapeten, Wandbespannungen und Belägen ergeben, sind Abfälle aus dem Bereich des Auftraggebers.
Eine Menge bis zu 1 m^3 ist vom Auftragnehmer zu entsorgen. Die Entsorgung schadstoffbelasteter Abfälle aus dem Bereich des Auftraggebers ist grundsätzlich eine Besondere Leistung, auch in Mengen bis zu 1 m^3 (siehe Abschnitt 4.2.11).

4.2 Besondere Leistungen

Besondere Leistungen sind Leistungen, die nicht Nebenleistungen gemäß Abschnitt 4.1 sind und nur dann zur vertraglichen Leistung gehören, wenn sie in der Leistungsbeschreibung besonders erwähnt sind.

Im Vertrag nicht vorgesehene Leistungen, die erst nach Abgabe des Angebotes erkennbar werden, aber ausgeführt werden müssen, sind Besondere Leistungen, die zusätzlich zu vergüten sind.
Nach VOB Teil B § 2 Nr. 6 soll der Auftragnehmer seinen Anspruch auf die besondere Vergütung dem Auftraggeber ankündigen, bevor er mit der Ausführung der Leistung beginnt. Die Vergütung ist nach den Grundlagen der Preisermittlung für die im Hauptangebot vereinbarte vertragliche Leistung und den besonderen Kosten der geforderten Leistung zu errechnen.

Besondere Leistungen sind z. B.:

4.2.1 **Maßnahmen nach Abschnitt 3.3**

Siehe Abschnitt 3.3.

Kommentar zur DIN 18299

4.2.2 Beaufsichtigung der Leistungen anderer Unternehmer.

Ohne besondere vertragliche Vereinbarung hat der Auftragnehmer nur die Durchführung seiner eigenen Leistungen zu beaufsichtigen und zu überwachen. Verlangt der Auftraggeber von einem Auftragnehmer jedoch die verantwortliche Beaufsichtigung der Leistungen anderer Unternehmer, die im unmittelbaren Vertragsverhältnis zum Auftraggeber stehen, und zwar aus Gründen, die er selbst zu vertreten hat, dann muß dafür eine besondere Position vorgesehen werden.

Wenn ein Auftragnehmer zugleich Generalunternehmer ist oder die Ausführung eines Teiles seiner vertraglichen Leistungen einem anderen Unternehmer, also einem Nachunternehmer (Subunternehmer) überträgt, ist der Auftragnehmer verpflichtet, die Leistungen seiner Nachunternehmer nach VOB Teil B § 4 Nr. 2 und 8 als Bestandteil der Hauptleistung verantwortlich zu beaufsichtigen, ohne dafür eine gesonderte Vergütung fordern zu können.

4.2.3 Sicherungsmaßnahmen zur Unfallverhütung für Leistungen anderer Unternehmer.

Zusätzliche Sicherungsmaßnahmen zur Unfallverhütung für andere Unternehmer fallen nicht in den üblichen Leistungsbereich der Beschichtungsarbeiten. Wenn sie trotzdem vom Auftraggeber verlangt werden, z. B. für Schutzgerüste bei Montagearbeiten an Dachrinnen, dann sind sie eindeutig zu beschreiben und als besondere Position anzusetzen.

4.2.4 Besondere Schutzmaßnahmen gegen Witterungsschäden, Hochwasser und Grundwasser, ausgenommen Leistungen nach Abschnitt 4.1.10.

Im allgemeinen fallen besondere Maßnahmen zum Schutz gegen Wetter, Grundwasser oder Hochwasser kaum in den Leistungsbereich eines Auftragnehmers für Maler- und Lackierarbeiten. Wird jedoch von ihm verlangt, Fenster und Außentüren verschlossen zu halten oder diese bei Regen und Sturm zu schließen u. ä., soweit es nicht zu seinem Leistungsumfang gehört, so sind dies Besondere Leistungen. Zu den besonderen Schutzmaßnahmen gegen Witterungsschäden gehören jedoch Maßnahmen, die im Zusammenhang mit Winterbauarbeiten getroffen werden. Das Schließen der Fensteröffnungen mit Notfenstern, das Beheizen der Räume u. ä. sind stets Leistungen, die besonders zu vergüten sind.

4.2.5 Versicherung der Leistung bis zur Abnahme zugunsten des Auftraggebers oder Versicherung eines außergewöhnlichen Haftpflichtwagnisses.

Verlangt der Auftraggeber vom Auftragnehmer den Abschluß einer Versicherung, die auch im Falle des Unvermögens des Auftragnehmers für die Erfüllung seiner Verpflichtung einzustehen hat, so hat der Auftraggeber diese Forderung unmißverständlich und in einem besonderen Leistungsansatz zu stellen.

Ebenso ist eine besondere Vereinbarung erforderlich, wenn der Auftragnehmer eine Versicherung zugunsten des Auftraggebers abschließen soll, die außergewöhnliche Haftpflichtwagnisse einschließt.

4.2.6 Besondere Prüfung von Stoffen und Bauteilen, die der Auftraggeber liefert.

Nach Abschnitt 2.1.1 umfassen alle Leistungen auch die Lieferung der dazugehörigen Stoffe. Abweichend davon kann jedoch vereinbart werden, daß die zur Ausführung der Leistungen erforderlichen Stoffe bauseits gestellt werden. Es gehört zu den unentgeltlich durchzuführenden Verrichtungen des Auftragnehmers, die vom Auftraggeber gelieferten Werkstoffe und die zu bearbeitenden Untergründe dahingehend zu überprüfen, ob sie sich in einem für ihre technische Verwendung brauchbaren Zustand befinden oder ob ihre Verwertbarkeit gemindert ist.

Unter »besonderer Prüfung« von Stoffen durch den Verarbeiter ist eine chemische oder physikalische Prüfung zu verstehen, die darauf abzielt, zu untersuchen, ob die vom Hersteller, Zulieferer oder Auftraggeber zugesicherten Eigenschaften oder die Eignung für einen bestimmten Verwendungszweck gegeben ist. Werden derartige zusätzliche Prüfungen gefordert, sind sie einer zugelassenen neutralen Materialprüfungsstelle in Auftrag zu geben.

Der Auftragnehmer für Maler- und Lackierarbeiten wäre überfordert, solche Prüfungen eigenverantwortlich durchzuführen. Es kann auch nicht seine Aufgabe sein, ohne Weisung des Auftraggebers Institute damit zu beauftragen, Stoffe und Bauteile zu prüfen, die ihm vom Auftraggeber beigestellt werden.

Er hat jedoch in einer schriftlichen Erklärung dem Auftraggeber seine Zweifel zur Kenntnis zu geben und ihn zu ersuchen, die »besondere Prüfung« zu veranlassen, wenn er nach Augenschein und mit üblichen handwerklichen Mitteln die vom Auftraggeber beigestellten Stoffe und Bauteile nicht prüfen kann oder ihm die Erfahrungen mit neuartigen Untergründen fehlen, die eventuell ihm unbekannte bauphysikalische und chemische Eigenschaften haben.

Kommentar zur DIN 18 299 4.2.9

Sollte dem Ersuchen nicht stattgegeben werden, sind die Bedenken nach VOB Teil B § 4 Nr. 3 schriftlich mitzuteilen.

4.2.7 Aufstellen, Vorhalten, Betreiben und Beseitigen von Einrichtungen zur Sicherung und Aufrechterhaltung des Verkehrs auf der Baustelle, z. B. Bauzäune, Schutzgerüste, Hilfsbauwerke, Beleuchtungen, Leiteinrichtungen.

Hierunter fallen auch Schutzblenden und das Abhängen eines Gerüstes mit Planen bei Fassadenbeschichtungen, um Fußgänger und Fahrzeuge gegen Verschmutzungen durch abbröckelnde Putzteile, Farbnebel, abtropfende Beschichtungsstoffe usw. zu schützen. Solche Maßnahmen erfordern einen erheblichen Aufwand und sollten nach verschiedenen Gebäudeseiten bei unterschiedlichen Bedingungen ausschreibungsmäßig getrennt werden.

Der Auftraggeber hat das Aufstellen, Vorhalten und Beseitigen von Blenden, Bauzäunen und Schutzgerüsten, soweit nötig, in besonderen Ansätzen in der Leistungsbeschreibung zu erfassen.

Besondere Auflagen der örtlichen Aufsichtsbehörden sind keine Nebenleistungen.

4.2.8 Aufstellen, Vorhalten, Betreiben und Beseitigen von Einrichtungen außerhalb der Baustelle zur Umleitung und Regelung des öffentlichen und Anlieger-Verkehrs.

Unter diesen Abschnitt fällt auch das Aufstellen, Vorhalten, Beleuchten, Sichern und Beseitigen von Einrichtungen (z. B. Hilfsstegen), die außerhalb der Baustelle der Umleitung und Regelung des öffentlichen Verkehrs dienen.

Einfachere Maßnahmen jedoch, wie das Anbringen von Warnschildern und Absperrungen durch schräggestellte Latten und ähnliche wenig aufwendige Maßnahmen zur Umleitung des Verkehrs, gehören zu den Nebenleistungen.

4.2.9 Bereitstellen von Teilen der Baustelleneinrichtung für andere Unternehmer oder den Auftraggeber.

Soll die Baustelleneinrichtung oder Teile davon anderen Unternehmern oder dem Auftraggeber zur Nutzung überlassen werden, z. B. Schutzabdeckungen, Schutzeinrichtungen, Einrichtungen zur Verkehrsregelung und/oder zum Schutz der Fußgänger sowie Container für Lagerung von Stoffen, für den Aufenthalt der Beschäftigten oder Toiletten, sind sie zusätzlich zu vergüten.

Dazu zählen auch die Vorhaltung von Maschinen und Geräten, wie auch die Vorhaltezeiten der Baustelleneinrichtung über die eigene Nutzungsdauer hinaus.

4.2.10 Besondere Maßnahmen aus Gründen des Umweltschutzes, der Landes- und Denkmalpflege.

Besondere Anforderungen oder einschränkende Auflagen zur Luft- und Wasserreinhaltung, Abfallbeseitigung oder Lärmbekämpfung im Sinne des Umweltschutzes und der Landschaftspflege können zusätzliche Kosten verursachen und sind gesondert zu vergüten.

Aus Gründen der Landes- und Denkmalpflege können sich bei Maler- und Lackierarbeiten besondere, kostenaufwendige Anforderungen für die Farbgestaltung ergeben.

4.2.11 Entsorgen von Abfall über die Leistungen nach den Abschnitten 4.1.11 und 4.1.12 hinaus.

Das Entsorgen von nicht schadstoffbelastetem Abfall über 1 m³ und von schadstoffbelastetem Abfall auch in Mengen bis zu 1 m³ aus dem Bereich des Auftraggebers ist eine Besondere Leistung (siehe Abschnitte 4.1.11 und 4.1.12). Schadstoffbelasteter Abfall, z. B. der durch das Entfernen schadstoffbelasteter Beschichtungen wie Bleiweiß, Bleimennige, Zinkchromat und dergleichen entsteht, ist jeweils als schadstoffbelasteter Abfall aus dem Bereich des Auftraggebers einzuordnen.

4.2.12 Besonderer Schutz der Leistung, der vom Auftraggeber für eine vorzeitige Benutzung verlangt wird, seine Unterhaltung und spätere Beseitigung.

Beabsichtigt der Auftraggeber vor Fertigstellung und Abnahme von Beschichtungsarbeiten eine Benutzung, für die besondere Schutzmaßnahmen, z. B. aufwendige Schutzabdeckungen, Verschalungen oder Absperrungen, erforderlich sind, muß vertraglich geregelt werden, wie deren Unterhaltung und Beseitigung zu vergüten ist. Hierunter fallen auch Schutzmaßnahmen gegen Beschädigungen in gestrichenen Fahrstuhlkabinen oder Treppenhauswänden während des Bezuges.

4.2.13 Beseitigen von Hindernissen.

Hier ohne Bedeutung.

4.2.14 Zusätzliche Maßnahmen für die Weiterarbeit bei Frost und Schnee, soweit sie dem Auftragnehmer nicht ohnehin unterliegen.

Für Beschichtungsarbeiten hat diese Regelung weniger Bedeutung als für Rohbauarbeiten. Außenbeschichtungen können bei Temperaturen unter +5°C ohnehin nicht ausgeführt werden.

In Ausnahmefällen wird es vorkommen, daß Beschichtungsarbeiten in noch nicht beheizbaren Innenräumen und/oder in Räumen, in denen die Fenster noch nicht eingebaut sind, ausgeführt werden müssen. Durch provisorisches Verschließen der Fenster- und Türöffnungen und/oder Beheizen mit transportablen Heizgeräten kann u. U. die Weiterarbeit behelfsmäßig ermöglicht werden. Derartige Maßnahmen sind keine Nebenleistungen.

4.2.15 **Besondere Maßnahmen zum Schutz und zur Sicherung gefährdeter baulicher Anlagen und benachbarter Grundstücke.**

Besteht die Gefahr, daß im Zuge der Ausführung der dem Auftragnehmer übertragenen Arbeiten angrenzende Bauwerke oder Grundstücke in Mitleidenschaft gezogen werden, so können Schutzmaßnahmen, z. B. Abdeckungen, notwendig werden, die als Besondere Leistung dem Auftragnehmer gesondert zu vergüten sind.
Bei der Ausführung von Fassadenarbeiten kann es notwendig werden (z. B. Grenzbauten), vorübergehend das angrenzende Grundstück, z. B. für die Gerüststellung oder für den Materialtransport, in Anspruch zu nehmen. Dabei ist es Sache des Auftraggebers, die Zustimmung des Grundstücksnachbarn zur vorübergehenden Inanspruchnahme seines Grundstücks herbeizuführen.
Aus der Duldungspflicht, die insoweit in aller Regel den Grundstücksnachbarn trifft, leitet sich aber auch dessen Recht ab, daß ihm jedweder Schaden, der durch die Inanspruchnahme seines Grundstücks entsteht, ersetzt wird. Zur Abwendung oder Minderung derartiger Schäden sind die vom Auftragnehmer erbrachten Schutzmaßnahmen vom Auftraggeber gesondert zu vergüten.
Auch hier ist Voraussetzung für den Vergütungsanspruch, daß der Auftragnehmer, wenn hierfür Positionen in der Leistungsbeschreibung nicht vorgesehen sind, den Anspruch gemäß VOB Teil B § 2 Nr. 6 vor Ausführung der Leistung dem Auftraggeber ankündigt.

4.2.16 **Sichern von Leitungen, Kabeln, Dränen, Kanälen, Grenzsteinen, Bäumen, Pflanzen und dergleichen.**

Muß der Auftragnehmer Leitungen im Bereich der Baustelle sichern, so sind die hierfür erforderlichen Maßnahmen als zusätzliche Leistungen gesondert zu vergüten.
Dasselbe gilt, wenn z. B. bei Außenarbeiten Bäume, Sträucher und dergleichen durch besondere Maßnahmen vor Beschädigungen oder Verunreinigungen zu schützen sind.

5 Abrechnung

Die Leistung ist aus Zeichnungen zu ermitteln, soweit die ausgeführte Leistung diesen Zeichnungen entspricht. Sind solche Zeichnungen nicht vorhanden, ist die Leistung aufzumessen.

Diese Bestimmung legt fest, daß in allen Fällen, in denen dies möglich ist, die Feststellung der abzurechnenden Leistung anhand von Zeichnungen zu ermitteln ist, soweit die ausgeführte Leistung diesen Zeichnungen entspricht.

Sind keine Zeichnungen für die Feststellung der ausgeführten Leistung vorhanden, so ist die Leistung aufzumessen. Die Aufmaßfeststellungen, z. B. mit dem Zollstock, am Bau sind dabei möglichst gemeinsam zu treffen. In diesem Falle sind die Maße der ausgeführten Leistungen nach den Aufmaßbestimmungen des Abschnittes 5 der ATV DIN 18363 zugrunde zu legen.

Für viele Altbauten, z. B. bei Instandhaltungsarbeiten in Wohnungen oder Treppenhäusern, liegen keine Zeichnungen vor. In diesem Fall hat der Auftraggeber bereits bei der Ausschreibung darauf hinzuweisen, daß die Leistungen nach Fertigmaß abzurechnen sind.

Nachträgliche Änderungen der Abrechnungsart hat eine neue Preisgestaltung zur Folge.

VOB Verdingungsordnung für Bauleistungen
Teil C: Allgemeine Technische Vertragsbedingungen
für Bauleistungen (ATV)

Maler- und Lackierarbeiten – DIN 18363

Inhalt

0 Hinweise für das Aufstellen der Leistungsbeschreibungen
1 Geltungsbereich
2 Stoffe
3 Ausführung
4 Nebenleistungen, Besondere Leistungen
5 Abrechnung

0 Hinweise für das Aufstellen der Leistungsbeschreibung

Diese Hinweise ergänzen die ATV DIN 18299 »Allgemeine Regelungen für Bauarbeiten jeder Art«, Abschnitt 0. Die Beachtung dieser Hinweise ist Voraussetzung für eine ordnungsgemäße Leistungsbeschreibung gemäß A § 9.
Die Hinweise werden nicht Vertragsbestandteil.
In der Leistungsbeschreibung sind nach den Erfordernissen des Einzelfalls insbesondere anzugeben:

0.1 Angaben zur Baustelle

Keine ergänzende Regelung zur ATV DIN 18299, Abschnitt 0.1.

0.2 Angaben zur Ausführung

0.2.1 Art und Beschaffenheit des Untergrundes.

0.2.2 Art und Beschaffenheit der zu behandelnden Oberflächen; ob und welches Frostschutzmittel, welche Dichtstoffe, Trennmittel und/oder welche Grundbeschichtungsstoffe bei Stahlbauteilen bzw. für den Holzschutz verwendet worden sind.

0.2.3	Ob die zu beschichtende Oberfläche zum Schutz vor Abrieb und/oder zur Verbesserung der Reinigungsfähigkeit behandelt werden soll, z. B. mit Dispersions- oder Lackfarbe.
0.2.4	Art und Anzahl der Beschichtungen entsprechend ihrer Beanspruchung durch Wasser, Laugen und Säuren.
0.2.5	Leistungen, die der Auftragnehmer in Werkstätten anderer Unternehmer ausführen soll, unter Bezeichnung der Lage dieser Werkstätten.
0.2.6	Wie und wann nach dem Einbau nicht mehr zugängliche Flächen vorher zu behandeln sind.
0.2.7	Art und Anzahl von geforderten Musterbeschichtungen.
0.2.8	Ob und wie Dichtstoffe zu behandeln sind.
0.2.9	Anforderungen an die Beschichtung in bezug auf Glätte, Oberflächeneffekt, Glanzgrad, z. B. hochglänzend, glänzend, seidenglänzend, seidenmatt, matt, bei Kunstharzputzen die Korngröße; Beanspruchungsgrad von Dispersionsfarben, z. B. wetterbeständig oder waschbeständig, scheuerbeständig nach DIN 53778 Teil 2.
0.2.10	Anforderungen an Fahrbahnmarkierungen in bezug auf Oberflächenreflektion und Rutschfestigkeit, z. B. Einstreuen von Glasperlen oder Quarzsand.
0.2.11	Farbtöne hell, mittelgetönt oder Vollton; bei Mehrfarbigkeit die mit unterschiedlichen Farbtönen zu behandelnden Flächen; gegebenenfalls Farbangabe nach Farbregister RAL 840 HR oder DIN 6164 Teil 1.
0.2.12	Ob Spachtelungen, mehrere Spachtelungen oder Zwischenbeschichtungen auszuführen sind.
0.2.13	Bauart, Abmessungen und Anzahl der zu bearbeitenden Seiten an Fenstern, Türen und dergleichen.
0.2.14	Ob schaumschutzbildende Brandschutzbeschichtungen für Bauteile aus Holz nach DIN 4102 Teil 1 »schwer entflammbar« oder für Bauteile aus Stahl nach DIN 4102 Teil 2 »F 30« für innen oder außen gefordert werden.
0.2.15	Ob bei Überholungsbeschichtungen gut erhaltene Untergründe nur mit einer Schlußbeschichtung zu behandeln sind.
0.2.16	Wie Kassettendecken abzurechnen sind.

0.3 Einzelangaben bei Abweichungen von den ATV

0.3.1 Wenn andere als die in dieser ATV vorgesehenen Regelungen getroffen werden sollen, sind diese in der Leistungsbeschreibung eindeutig und im einzelnen anzugeben.

0.3.2 Abweichende Regelungen können insbesondere in Betracht kommen bei

Abschnitt 3.1.2,	wenn Beschichtungen nur mit der Hand oder nur maschinell ausgeführt werden dürfen,
Abschnitt 3.1.4,	wenn die Oberfläche entsprechend der Art des Beschichtungsstoffes und des angewendeten Verfahrens anders erscheinen muß, z. B. glatt, gekörnt,
Abschnitt 3.1.5,	wenn Beschichtungen mit Spachtelung, mittel- oder sattgetönt oder im Vollton ausgeführt werden sollen,
Abschnitt 3.1.6,	wenn Fleckspachtelung oder mehrmaliges Spachteln ausgeführt werden soll,
Abschnitt 3.1.7,	wenn Lackierungen, z. B. seidenglänzend, matt, ausgeführt werden sollen,
Abschnitt 3.1.11,	wenn der Auftragnehmer den Beschichtungsaufbau und die zu verarbeitenden Stoffe nicht festlegen soll,
Abschnitt 3.1.12,	wenn Beschichtungen nicht mehrschichtig ausgeführt werden sollen,
Abschnitt 3.2.1.2.6,	wenn bei Dispersionsfarbe auf Außenflächen eine Grundbeschichtung mit wasserverdünnbarem Grundbeschichtungsstoff ausgeführt werden soll; wenn die Innenbeschichtung mit Dispersionsfarbe scheuerbeständig nach DIN 53778 Teil 2 ausgeführt werden soll,
Abschnitt 3.2.1.2.7,	wenn bei Dispersionslackfarbe die Grundbeschichtung mit lösemittelverdünnbarem Grundbeschichtungsstoff ausgeführt werden soll,
Abschnitt 3.2.1.2.8,	wenn bei Dispersionsfarbe mit Füllstoffen die Grundbeschichtung mit lösemittelverdünnbarem Grundbeschichtungsstoff ausgeführt werden soll,
Abschnitt 3.2.1.2.14,	wenn bei Kunstharzlackfarbe eine weitere Zwischenbeschichtung ausgeführt werden soll,

Abschnitt 3.2.1.2.19, wenn bei Dispersionsfarbe auf Gasbeton-Außenflächen die Schlußbeschichtung nicht aus gefüllter Dispersionsfarbe erfolgen soll,

Abschnitt 3.2.2.1.3, wenn Beschichtungen auf Holz mit Spachtelung ausgeführt werden sollen,

Abschnitt 3.2.2.1.5, wenn vor der Verarbeitung von Dichtstoffen und vor dem Verglasen nur eine oder keine Beschichtung ausgeführt werden soll,

Abschnitt 3.2.2.1.7, wenn Kitte nicht mit einer Zwischen- und einer Schlußbeschichtung entsprechend dem sonstigen Beschichtungsaufbau versehen werden sollen.

0.4 Einzelangaben zu Nebenleistungen und Besonderen Leistungen

Keine ergänzende Regelung zur ATV DIN 18 299, Abschnitt 0.4.

0.5 Abrechnungseinheiten

Im Leistungsverzeichnis sind die Abrechnungseinheiten wie folgt vorzusehen:

0.5.1 Flächenmaß (m^2), getrennt nach Bauart und Maßen, für
- Decken, Wände, Leibungen, Vorlagen, Unterzüge,
- Treppenuntersichten,
- Fußböden,
- Trennwände,
- Türen, Tore, Futter und Bekleidungen,
- Fenster, Rolläden, Fensterläden,
- Stahlteile,
- Stahlprofile und Rohre von mehr als 30 cm Abwicklung,
- Dachuntersichten, Dachüberstände,
- Sparren,
- Holzschalungen,
- Heizkörper,
- Gitter, Geländer, Zäune, Einfriedungen, Roste,
- Trapezbleche, Wellbleche,
- Blechdächer und dergleichen.

0.5.2 Längenmaß (m), getrennt nach Bauart und Maßen, für
- Leibungen,
- Treppenwangen,
- Leisten, Fußleisten,

DIN 18 363 1.2

- Deckenbalken, Fachwerke und dergleichen aus Holz oder Beton,
- Stahlprofile und Rohre bis 30 cm Abwicklung,
- Eckschutzschienen,
- Rolladenführungsschienen, Ausstellgestänge, Anschlagschienen,
- Dachrinnen,
- Fallrohre,
- Kehlen, Schneefanggitter,
- Straßenmarkierungen mit Angabe der Breite und dergleichen.

0.5.3 Anzahl (Stück), getrennt nach Bauart und Maßen, für
- Türen, Futter und Bekleidung,
- Fenster,
- Stahltürzargen,
- Gitter, Roste und Rahmen,
- Spülkasten,
- Heizkörperkonsolen und Halterungen,
- Sperrschieber, Flansche,
- Ventile,
- Motoren,
- Pumpen,
- Armaturen,
- Straßenmarkierungen (z. B. Richtungspfeile, Buchstaben) und dergleichen.

1 Geltungsbereich

1.1 Die ATV »Maler- und Lackiererarbeiten« – DIN 18 363 – gilt für die Oberflächenbehandlung von Bauten und Bauteilen mit Stoffen nach DIN 55 945 »Lacke, Anstrichstoffe und ähnliche Beschichtungsstoffe; Begriffe« und mit anderen Stoffen.

1.2 Die ATV DIN 18 363 gilt nicht für
- das Beschichten und thermische Spritzen von Metallen an Konstruktionen aus Stahl oder Aluminium, die einer Festigkeitsberechnung oder bauaufsichtlichen Zulassung bedürfen (siehe ATV DIN 18 364 – »Korrosionsschutzarbeiten an Stahl- und Aluminiumbauten«),
- Beizen und Polieren von Holzteilen (siehe ATV DIN 18 355 »Tischlerarbeiten«),
- Versiegeln von Parkett (siehe ATV DIN 18 356 »Parkettarbeiten«),

- Versiegeln von Holzpflaster (siehe ATV DIN 18367 »Holzpflasterarbeiten«) und
- Beschichten von Estrichen (siehe ATV DIN 18353 »Estricharbeiten«).

1.3 Ergänzend gelten die Abschnitte 1 bis 5 der ATV DIN 18299 »Allgemeine Regelungen für Bauarbeiten jeder Art«. Bei Widersprüchen gehen die Regelungen der ATV DIN 18363 vor.

2 Stoffe

Ergänzend zur ATV DIN 18299, Abschnitt 2, gilt:
Für die gebräuchlichsten genormten Stoffe und Bauteile sind die DIN-Normen nachstehend aufgeführt.

2.1 Stoffe zur Untergrundvorbehandlung

2.1.1 Absperrmittel

Absperrmittel müssen das Einwirken von Stoffen aus dem Untergrund auf die Beschichtung oder umgekehrt von der Beschichtung auf den Untergrund oder zwischen einzelnen Schichten einer Beschichtung verhindern.
Folgende Stoffe sind für den jeweils genannten Zweck zu verwenden:

2.1.1.1 Absperrmittel auf der Grundlage von Kieselfluorwasserstoffsäure oder Lösungen ihrer Salze – Fluate – zur Verminderung der Alkalität für Kalk- und Zementoberflächen, jedoch nicht für Gips- oder Lehmoberflächen,
- zur Verringerung von Saugfähigkeit,
- zur Oberflächenfestigung von Kalk- und Zementputz,
- zur Verhinderung des Durchschlagens von Wasserflecken;

2.1.1.2 Absperrmittel auf der Grundlage von Aluminiumsalzen, z. B. Alaun, für Gips- und Lehmoberflächen,
- zur Oberflächenverfestigung und -Dichtung von stark oder ungleichmäßig saugenden Flächen,
- zur Verhinderung des Durchschlagens von Wasserflecken;

2.1.1.3 Absperrmittel auf der Grundlage von Kunststoffdispersionen, auf allen Untergründen für die Weiterbehandlung mit wasserverdünnbaren, hochdispersen Beschichtungsstoffen,

– zur Verhinderung des Durchschlagens von z. B. Bitumen, Teer, Rauch-, Nikotin-, Rost- und Wasserflecken,
– zur Verringerung der Saugfähigkeit mineralischer Untergründe für nachfolgendes Beschichten;

2.1.1.4 Absperrmittel auf der Grundlage von Bindemittellösungen, z. B. Polymerisatharzen, Nitro-Kombinationslacken, Spirituslacken, lösemittelverdünnbar, auf allen Untergründen für die Weiterbehandlung mit lösemittelhaltigen Beschichtungsstoffen,
– zur Verhinderung des Durchschlagens von z. B. Bitumen, Teer, Rauch-, Nikotin-, Rost- und Wasserflecken.

2.1.2 Anlaugestoffe

Zur Verbesserung der Haftfähigkeit für Überholungsbeschichtungen und zum Reinigen und Aufrauhen alter Öllack- und Lackfarbenanstriche ist verdünntes Ammoniumhydroxid (Salmiakgeist) zu verwenden.

Zur Vorbereitung von NE-Metallen und Metallüberzügen sind solche Stoffe in Verbindung mit Netzmittel als ammoniakalische Netzmittelwäsche zu verwenden.

2.1.3 Abbeizmittel nach DIN 55 945

Zum Entfernen von Dispersions-, Öllack- und Lackfarbenanstrichen sind folgende Stoffe zu verwenden:

2.1.3.1 Alkalische Stoffe (Alkalien), z. B. Natriumhydroxid (Ätznatron), auch mit Celluloseleim-Zusätzen, Natriumcarbonat (Soda), Ammoniumhydroxid (Salmiakgeist);

2.1.3.2 Abbeizfluide
Lösemittel mit Verdickungsmittel.

2.1.4 Entfettungs- und Reinigungsstoffe

Zum Entfetten von Untergründen sind neben heißem Wasser saure oder alkalische oder lösende Stoffe zu verwenden, z. B. Gemische aus Alkalien, Phosphaten und Netzmitteln oder Lösemitteln.

Zum Reinigen von Untergründen sind saure, alkalische Fassaden-, Stein- und Metallreiniger, zum Aufschließen von Kalksinterschichten sind Fluate in Verbindung mit Netzmitteln als Fluatschaumwäsche zu verwenden.

2.1.5 Imprägniermittel

Zum Tränken saugfähiger Untergründe sind nichtfilmbildende Stoffe zu verwenden:

- Holzschutzmittel für tragende Bauteile nach DIN 68800 Teil 1 bis Teil 4 »Holzschutz im Hochbau«;
- Holzschutzmittel für Fenster und Türen nach DIN 68805 »Schutz des Holzes von Fenstern und Außentüren; Begriffe; Anforderungen«;
- Wasserabweisende Stoffe, zum Hydrophobieren mineralischer Untergründe Silane, Siloxane, Siliconharze in Lösemitteln, Kieselsäure-Imprägniermittel für Beton, Ziegel- und Kalksandstein-Mauerwerk; die Imprägniermittel müssen alkalibeständig sein;
- Fungizidlösungen zum Beseitigen von Schimmelpilzen und Algenbefall.

2.2 Grundbeschichtungsstoffe

Zum Beschichten (Grundieren) des Untergrundes sind zu verwenden:

2.2.1 für mineralische Untergründe

- wasserverdünnbare Grundbeschichtungsstoffe, feindisperse Kunststoffdispersionen (Dispersion) mit geringem Festkörpergehalt, Emulsionen;
- hydraulisch abbindende Beschichtungsstoffe mit organischen Bindemittelzusätzen und Füllstoffen als Haftbrücke;
- lösemittelverdünnbare Grundbeschichtungsstoffe, z. B. auf Polymerisatharzbasis;
- eindringende Stoffe und andere Bindemittelkombinationen zur Egalisierung der Saugfähigkeit des Untergrundes;
- Grundbeschichtungsstoffe oder Haftbrücken auf Epoxidharzbasis.

2.2.2 für Holz und Holzwerkstoffe

- Grundbeschichtungsstoffe auf Basis von Alkydharz-Nitrocellulose-Kombination, schnelltrocknende Stoffe für innen;
- Grundbeschichtungsstoffe auf Basis von Lacken;
- Bläueschutz-Grundbeschichtungsstoffe nach DIN 68805.

2.2.3 für Metalle

2.2.3.1 für Stahl
Korrosionsschutz-Grundbeschichtungsstoffe mit Bindemitteln, z. B. aus Alkydharzen, Bitumen-Öl-Kombinationen, Vinylchlorid-Copolymerisaten, Vinylchlorid-Copolymerisat-Dispersionen, Epoxidharz, Polyurethan, Chlorkautschuk und Pigmenten, z. B. Bleimennige, Eisenoxide, Zinkphosphaten, Zinkstaub-Grundbeschichtungsstoffen;

2.2.3.2 für Zink und verzinkten Stahl
Grundbeschichtungsstoffe auf Basis von Polymerisatharzen oder Zweikomponentenlackfarbe auf Basis von Epoxidharz;

2.2.3.3 für Aluminium
Grundbeschichtungsstoffe auf Basis von Polymerisatharzen oder Zweikomponentenlackfarbe auf Basis von Epoxidharz.

2.3 Spachtelmassen (Ausgleichsmassen)

Zum Glätten, Ausgleichen des Untergrundes und Füllen von Rissen, Löchern, Lunkern und sonstigen Beschädigungen sind hydraulisch abbindende oder organisch gebundene Spachtelmassen zu verwenden.

Spachtelmassen dürfen nach dem Trocknen keine Schwindrisse aufweisen.

2.3.1 für mineralische Untergründe

- Zement-Spachtelmasse,
  hydraulisch abbindend mit Füllstoffen, z. B. Quarzmehl, gegebenenfalls mit organischen Bindemittelzusätzen;
  nicht zu verwenden auf grundierten, beschichteten oder gipshaltigen Untergründen;
- Hydrat-Spachtelmasse (Gipsspachtelmasse),
  hydraulisch abbindend mit organischen Zusätzen, z. B. Celluloseleim oder Kunststoffdispersionen und Füllstoffen;
  nicht zu verwenden auf Außenflächen;
- Leim-Spachtelmasse,
  z. B. aus Zelluloseleim mit geringen Zusätzen von Kunststoffdispersionen, Pigmenten und Füllstoffen;
  nur zu verwenden bei Innenbeschichtungen mit Leimfarben;
- Dispersions-Spachtelmasse,
  Kunststoffdispersionen mit Pigmenten und Füllstoffen;
  nur zu verwenden auf grundierten oder beschichteten Untergründen als Spachtelung innen oder als Fleckspachtelung außen;
- Kunstharz-Spachtelmasse (Lackspachtel),
  auf der Basis von Alkydharz, Epoxidharz oder Polyurethan mit Pigmenten, Füllstoffen und gegebenenfalls Härter;
  nur zu verwenden auf trockenen, grundierten oder beschichteten Untergründen;
  Alkydharz-Spachtelmasse;
  nicht zu verwenden auf zementhaltigen Untergründen;

Epoxidharz-Spachtelmasse (EP-Egalisierspachtel);
nur zu verwenden auf Epoxidharz-Grundbeschichtungen;
Polyurethan-Spachtelmasse (PUR-Spachtel);
nur zu verwenden auf Untergründen mit Polyurethan-Grundbeschichtung.

2.3.2 für Holz und Holzwerkstoffe

– Kunstharz-Spachtelmasse (Lackspachtel),
für grundierte oder beschichtete Untergründe ist Kunstharz-Spachtelmasse nach Abschnitt 2.3.1 zu verwenden, jedoch auf Außenflächen nur als Fleckspachtelung,
für unbehandelte Untergründe ist Kunstharz-Spachtelmasse auf der Basis von Polyesterharzen mit Pigmenten, Polyurethanharzen oder Alkydharz/Nitrocellulose/Kombination mit Holzmehl (Holzspachtel) zu verwenden;
– Holzspachtel (Holzkitt),
Holzspachtel ist nur zum Füllen von Rissen und Löchern zu verwenden; zum Füllen von Poren ist eine transparente Spachtelmasse aus Alkydharz/Nitrocellulose-Kombination mit Füllstoffen zu verwenden.

2.3.3 für Metalle

Für grundierte oder beschichtete Untergründe ist Kunstharz-Spachtelmasse auf der Basis von Alkydharz/Epoxidharz oder Polyurethan zu verwenden. Für entfettete und korrosionsfreie Untergründe ist Polyester-Spachtelmasse (UP-Spachtel) zu verwenden.

2.4 Wasserverdünnbare Beschichtungsstoffe (Beschichtungssysteme)

Zu verwenden sind:

2.4.1 für mineralische Untergründe

– Kalkfarbe
aus Kalk nach DIN 1060 Teil 1 »Baukalk; Begriffe, Anforderungen, Lieferung, Überwachung« mit kalkbeständigen Pigmenten bis zu einem Massenanteil von 10%; Kalkfarben sind nicht auf gipshaltigen Untergründen zu verwenden;
– Kalk-Weißzementfarbe
aus weißem Zement nach DIN 1164 Teil 1 »Portland-, Eisenportland-, Hochofen- und Traßzement; Begriffe, Bestandteile, Anforderungen, Lieferung« und Kalk nach DIN 1060 Teil 1 mit zementbeständigen Pigmenten,

Kalk-Weißzementfarben sind nicht auf gipshaltigen Untergründen zu verwenden;
- Silikatfarbe
aus Kaliwasserglas (Fixativ) und kaliwasserglasbeständigen Pigmenten als Zweikomponentenfarbe; Silikatfarben dürfen keine organischen Bestandteile, z. B. Kunststoffdispersionen, enthalten. Silikatfarben sind nicht auf gipshaltigen Untergründen zu verwenden;
- Dispersions-Silikatfarbe
aus Kaliwasserglas mit kaliwasserglasbeständigen Pigmenten, Zusätzen von Hydrophobierungsmitteln und maximal 5% Massenanteil organische Bestandteile, bezogen auf die Gesamtmenge des Beschichtungsstoffes;
mit Quarz gefüllte Dispersions-Silikatfarben werden zu Strukturbeschichtungen verwendet;
Dispersions-Silikatfarben sind auf gipshaltigen Untergründen nur mit besonderer Grundbeschichtung zu verwenden;
- Leimfarbe
aus wasserlöslichen Bindemitteln (Leim) mit Pigmenten und gegebenenfalls Füllstoffen, z. B. Faserstoffen;
Leimfarben dürfen keine Zusätze von Kunststoffdispersion enthalten; sie sind nur auf Innenflächen zu verwenden;
- Kunststoffdispersion
nach DIN 55947 »Anstrichstoffe und Kunststoffe; Gemeinsame Begriffe« für farblose Beschichtungen auf Innenflächen;
- Kunststoffdispersionsfarbe (Dispersionsfarbe)
aus Kunststoffdispersionen nach DIN 55947 mit Pigmenten und Füllstoffen; Dispersionsfarben können dünnflüssig, pastös oder gefüllt sein;
Kunstharzdispersionsfarben für Innenflächen müssen nach DIN 53778 Teil 1 »Kunststoffdispersionsfarben für Innen; Mindestanforderungen« waschbeständig oder scheuerbeständig sein;
für Außenbeschichtungen sind nur wetterbeständige Dispersionsfarben zu verwenden; für das Überbrücken von Haarrissen sind plastoelastische Dispersionsfarben zu verwenden;
- Mehrfarbeneffektfarbe auf Dispersionsbasis aus unterschiedlich gefärbten Pigmentanreibungen, die sich nach dem Verarbeiten nicht vermischen, sondern einen Sprenkeleffekt bewirken;
- Siliconharzemulsionsfarbe
aus Siliconharzemulsionen mit Kunststoffdispersionen, Pigmenten,

Füllstoffen und Hilfsstoffen; sie sind wasserabweisend (hydrophob);
- Dispersionslackfarbe
aus Kunststoffdispersionen mit wassermischbaren Lösemitteln sowie Pigmenten und Hilfsstoffen für Beschichtungen mit dem Aussehen von Lackierungen;
- Kunstharzputz nach DIN 18558 »Kunstharzputze; Begriffe, Anforderungen, Ausführung«.

2.4.2 für Holz und Holzwerkstoffe

- Kunststoffdispersion nach Abschnitt 2.4.1;
- Kunststoffdispersions-Lasurfarbe mit Lasurpigmenten zur lasierenden Behandlung von Innenflächen;
- Acryl-Lasurfarbe (Dickschichtlasur)
aus feindispergierter Kunststoffdispersion mit Lasurpigmenten, UV-Absorbern und anderen Zusätzen;
Acryl-Lasurfarbe ist wasserverdünnbar, wetterbeständig, wasserabweisend;
- Farbloser Dispersionslack
aus Kunststoffdispersionen für lackähnliche Beschichtung.

2.4.3 für Metalle

Kunststoffdispersionsfarbe nach Abschnitt 2.4.1 auf Zink und verzinktem Blech, z. B. für Regenfallrohre, Dachrinnen.

2.5 Lösemittelhaltige Beschichtungsstoffe (Beschichtungssysteme)

Zu verwenden sind:

2.5.1 Lacke (farblose Kunstharzlacke)

2.5.1.1 für mineralische Untergründe
- Polymerisatharzlacke
auf der Basis von Polymerisatharzlösungen zum Beschichten von Betonflächen;
- Epoxidharzlacke (EP-Lacke)
Zweikomponentenlacke auf der Basis von Epoxidharz aus Stammlack und Härter zum Beschichten von Beton, Asbestzement und Zementestrichen;
- Polyurethanlacke (PUR-Lacke)
auf der Basis von Polyisocyanaten zum Beschichten von Beton, Asbestzement und Zementestrichen.

2.5.1.2 für Holz- und Holzwerkstoffe
- Alkydharzlacke
  aus langöligen Alkydharzen, Hilfsstoffen und Lösemitteln;
- Nitrocelluloselacke (Nitrolacke, Nitrokombinationslacke)
  aus Nitrocellulose mit Weichmachern und Lösemitteln für Innenflächen;
- Säurehärtende Reaktionslacke (SH-Lacke) in Form von Einkomponentenlacken auf der Basis von Alkydharz/Melaminharz/Kombinationen oder Zweikomponentenlack auf der Basis von Alkydharz/Harnstoffharz/Kombinationen;
- Polyurethanlacke (PUR-Lacke) nach Abschnitt 2.5.1.1 für Innenflächen, z. B. Parkett.

2.5.1.3 für Metalle
- Polymerisatharzlacke nach Abschnitt 2.5.1.1 für lichtbeständige Beschichtungen auf Aluminium, Kupfer und Edelstahl;
- Polyurethanlacke (PUR-Lacke) nach Abschnitt 2.5.1.2;
- Epoxidharzlacke (EP-Lacke) nach Abschnitt 2.5.1.1;
- Nitrokombinationslacke nach Abschnitt 2.5.1.2;
- Acrylharzlacke.

2.5.2 Lasuren

2.5.2.1 für mineralische Untergründe
- Acryllasuren
  aus Polymerisatharz mit Lasurpigmenten und Bindemittel;
  Lasurpigmente müssen alkalibeständig sein.

2.5.2.2 für Holzwerk und Holzwerkstoffe
- Imprägnier-Lasuren (Dünnschichtlasuren)
  aus langöligen Alkydharzen oder aus Acrylharzen mit Lasurpigmenten, fungiziden Zusätzen u. a. Wirkstoffen;
- Lacklasuren (Dickschichtlasuren)
  aus langöligen Alkydharzlacken mit UV-Absorber und Lasurpigmenten; sie müssen wetterbeständig und wasserabweisend sein.

2.5.3 Lackfarben (Kunstharzlackfarben)

2.5.3.1 für mineralische Untergründe
- Alkydharzlackfarben
  aus mittel- bis langöligen Alkydharzen mit Pigmenten und Hilfsstoffen zum Beschichten von nicht mehr alkalisch reagierenden Untergründen;

- Polymerisatharzlackfarben
  auf der Basis von Polymerisatharzlösungen mit Pigmenten und Hilfsstoffen;
- Kunstharzputze
  nach DIN 18558;
- Chlorkautschuklackfarben (RUC-Lackfarben)
  aus chloriertem Polyisopren mit Pigmenten und Hilfsstoffen;
- Cyclokautschuklackfarben (RUI-Farben)
  aus cyclisiertem Naturkautschuk mit Pigmenten;
  auf Innenflächen, insbesondere bei Schwitzwasserbelastung;
- Polyurethanlackfarben (PUR-Lackfarben)
  auf der Basis von Polyisocyanaten mit Pigmenten und Hilfsstoffen;
- Epoxidharzlackfarben (EP-Lackfarben)
  auf der Basis von Epoxidharz mit Pigmenten und Hilfsstoffen; sie sind nur bedingt wetterbeständig;
- Teerpech-Kombinationslackfarben
  auf der Basis von Steinkohlen-Teerpech-Epoxidharz-Kombination zur Beschichtung von Beton, z. B. im Abwasserbereich;
- Mehrfarbeneffektlackfarben
  aus pastösen Lackfarben mit farblosen wäßrigen Harzlösungen.

2.5.3.2 für Holz- und Holzwerkstoffe
- Alkydharzlackfarben nach Abschnitt 2.5.3.1;
- Polyurethanlackfarben (PUR-Lackfarben) nach Abschnitt 2.5.3.1;
- Mehrfarbeneffektlackfarben nach Abschnitt 2.5.3.1;
- Nitrocelluloselackfarben
  aus Nitrocellulose mit Weichmacher und Pigmenten für Innenflächen.

2.5.3.3 für Metalle
- Alkydharzlackfarben nach Abschnitt 2.5.3.1
  auf Korrosionsschutz-Grundbeschichtungen, ausgenommen auf Zink und verzinktem Stahl;
- Heizkörperlackfarben
  aus hitzebeständigen Alkydharzkombinationen mit Pigmenten und Hilfsstoffen; für Grundbeschichtungsstoffe gilt DIN 55900 Teil 1 »Beschichtungen für Raumheizkörper; Begriffe, Anforderungen, Prüfung, Grundbeschichtungsstoffe, Industriell hergestellte Grundbeschichtungen« (DIN 55900 – G);
  für Deckbeschichtungsstoffe gilt DIN 55900 Teil 2 »Beschichtungen für Raumheizkörper; Begriffe, Anforderungen, Prüfung, Deckbe-

schichtungsstoffe, Industriell hergestellte Fertiglackierungen« (DIN 55900 – F);
- Polymerisatharzlackfarben nach Abschnitt 2.5.3.1;
- Polymerisatharz – Dickschicht – Beschichtungsstoffe;
- Chlorkautschuklackfarben (RUC-Farben) nach Abschnitt 2.5.3.1;
- Cyclokautschuklackfarben (RUI-Lackfarben) nach Abschnitt 2.5.3.1;
- Siliconharzlackfarben
  aus Siliconharzen mit Pigmenten und Hilfsstoffen für Beschichtungen auf Stahl, hochhitzebeständig bis 400°C;
- Polyurethanlackfarben (PUR-Lackfarben) nach Abschnitt 2.5.3.1.1;
- Epoxidharzlackfarben (EP-Lackfarben) nach Abschnitt 2.5.3.1;
- Mehrfarbeneffektlackfarben nach Abschnitt 2.5.3.1;
- Bitumenlackfarben
  auf der Basis von Naturasphalt und Standölen, gelöst in Lösemitteln mit Schuppen-Pigmenten zum Beschichten von zinkstaubgrundbeschichtetem Stahl, Zinkblech und verzinktem Stahl, z. B. zum Beschichten von Blechdächern;
- Bitumenlackfarben
  auf der Basis von Bitumen der Erdöldestillation, gelöst in Lösemitteln, phenolfrei, mit Pigmenten, z. B. im Trinkwasserbereich;
- Teerpech-Kombinationslackfarben nach Abschnitt 2.5.3.1;
- Bronzelackfarben (Bronzen)
  aus chemisch neutralen Lacken und feinpulvrigen Metallen oder Metall-Legierungen.

2.6 Armierungsstoffe

Zur Armierung von Beschichtungen und zum Überbrücken von Rissen, z. B. Netzrissen im Untergrund, sind zu verwenden:
- Armierungskleber
  aus Kunststoffdispersionen nach DIN 55947, gegebenenfalls mit Zuschlagstoffen (Einbettungsmasse) zum Einbetten von Geweben oder Vliesen;
- Armierungsgewebe
  aus Kunstfaser oder Glasfaser zum Überbrücken gerissener Flächen oder Einzelrisse;
- Armierungsvliese
  aus Glasfaser oder Kunststoffen.

2.7 Klebstoffe

Klebstoffe müssen so beschaffen sein, daß durch sie eine feste und dauerhafte Verbindung erreicht wird. Die Klebstoffe dürfen den Untergrund und die aufzuklebenden Stoffe nicht nachteilig beeinflussen und nach der Verarbeitung keine Belästigung durch Geruch hervorrufen.

2.8 Dampfsperren

Zu verwenden sind:
- Verbundfolien, z. B. Metallfolien mit Polystyrolhartschaum;
- Kunststoff-Folien mit und ohne Kaschierung;
- Metallfolien mit und ohne Kaschierung.

2.9 Stoffe für das Belegen von Flächen mit Blattmetall

Für metallische Überzüge wie Vergoldungen, Versilberungen und Überzüge mit anderen Blattmetallen sind zu verwenden:
- Mixtion
farbloser, langsam trocknender langöliger Alkydharzlack als Klebemittel, z. B. für Ölvergoldung (Mattvergoldung), Versilberung;
- Knochenleim oder Hautleim
zur Herstellung von Kreidegrund für Polimentvergoldung;
- Klebstoffe aus Gelatine
als Klebemittel z. B. für Glanzvergoldungen hinter Glas;
- Blattgold
aus reinem Gold geschlagen oder aus hochkarätigen Goldlegierungen (Gold-Silber-Kupferlegierungen);
- Kompositionsgold
Schlagmetall aus Kupfer-Zinn-Zink-Legierungen zur Goldimitation mit farbloser Lackierung;
- Blattsilber
Blattmetall aus reinem Silber zur Blattversilberung mit farbloser Lackierung;
- Blattaluminium
Blattmetall aus Aluminiumlegierungen zur Imitation von Blattversilberungen.

2.10 Dichtstoffe

DIN 18 540 Teil 2 Abdichten von Außenwandfugen im Hochbau mit Fugendichtungsmassen; Fugendichtungsmassen, Anforderungen und Prüfung

DIN 18 545 Teil 2 Abdichten von Verglasungen mit Dichtstoffen; Dichtstoffe; Bezeichnung, Anforderungen, Prüfung

2.11 Brandschutz-Beschichtungsstoffe

Zu verwenden sind:
Schaumschutzbildende Brandschutz-Beschichtungsstoffe zum Flammschutz von Holz, Holzwerkstoffen und Metall.

2.12 Fahrbahnmarkierungsstoffe

Zur Fahrbahnmarkierung sind Beschichtungsstoffe aus PVC-Mischpolymerisatlösungen, Acrylharz oder Alkydharz-Chlorkautschuk-Kombination mit Titandioxid und Zuschlagstoffen, z. B. Reflexkörper aus Glasperlen, Quarzmehl zu verwenden. Als Nachstreumittel sind Reflexperlen für die Oberflächenreflexion und Quarzsand zum Erzielen der Rutschfestigkeit zu verwenden.

3 Ausführung

Ergänzend zur ATV DIN 18 299, Abschnitt 3, gilt:

3.1 Allgemeines

3.1.1
Der Auftragnehmer hat bei seiner Prüfung Bedenken (siehe B § 4 Nr. 3) insbesondere geltend zu machen bei:
- absandendem und kreidendem Putz,
- nicht genügend festem, gerissenem und feuchtem Untergrund (der Feuchtigkeitsgehalt des Holzes darf – an mehreren Stellen in mindestens 5 mm Tiefe gemessen – bei Nadelhölzern 15%, bei Laubhölzern 12% nicht überschreiten),
- Sinterschichten,
- Ausblühungen,
- Holz, das erkennbar von Bläue, Fäulnis oder Insekten befallen ist,
- nicht tragfähigen Grundbeschichtungen,
- korrodierten Metallbauteilen,
- ungeeigneten Witterungsbedingungen.

3.1.2	Beschichtungen dürfen mit der Hand oder maschinell ausgeführt werden.
3.1.3	Beschichtungen müssen fest haften.
3.1.4	Die Oberfläche muß entsprechend der Art des Beschichtungsstoffes und des angewendeten Verfahrens gleichmäßig ohne Ansätze und Streifen erscheinen.
3.1.5	Alle Beschichtungen sind ohne Spachtelung weiß oder hell getönt auszuführen.
3.1.6	Ist Spachtelung vorgeschrieben, sind die Flächen ganzflächig einmal mit Spachtelmasse zu überziehen und zu glätten.
3.1.7	Lackierungen sind glänzend auszuführen.
3.1.8	Bei mehrschichtigen Beschichtungen muß jede vorhergehende Beschichtung trocken sein, bevor die folgende Beschichtung aufgebracht wird. Dies gilt nicht für Naß-in-Naß-Techniken.
3.1.9	Alle Anschlüsse an Türen, Fenstern, Fußleisten, Sockeln u. ä. sind scharf und geradlinig zu begrenzen.
3.1.10	Die Leistungen dürfen bei Witterungsverhältnissen, die sich nachteilig auf die Leistung auswirken können, nur ausgeführt werden, wenn durch besondere Maßnahmen nachteilige Auswirkungen verhindert werden. Solche Witterungsverhältnisse sind z. B. Feuchtigkeit, Sonneneinwirkung, ungeeignete Temperaturen.
3.1.11	Der Auftragnehmer hat den Beschichtungsaufbau festzulegen und die zu verarbeitenden Stoffe auszuwählen. Bei Beschichtungssystemen müssen die Stoffe von demselben Hersteller stammen.
3.1.12	Beschichtungen sind mehrschichtig auszuführen.
3.1.13	Auf alkalischen Untergründen, z. B. auf Zementputz, Beton, Gasbeton, Asbestzement und Kalksandstein, sind nur alkalibeständige Beschichtungssysteme zu verwenden.
3.1.14	Auf Gasbeton-Untergründen für Außenflächen sind eine Zwischen- und eine Schlußbeschichtung mit zusammen mindestens 1800 g/m^2 aufzutragen.

3.2 Erstbeschichtungen

3.2.1 auf mineralischen Untergründen und Gipskartonplatten

3.2.1.1 Allgemeines
Bei schadhaften Untergründen ist eine Vorbehandlung notwendig. Die erforderlichen Maßnahmen sind besonders zu vereinbaren (siehe Abschnitt 4.2.1), z. B.:
- Putze der Mörtelgruppen P I–P III und Betonflächen sind zu fluatieren und nachzuwaschen, wenn
  - die Oberfläche zu starke Saugfähigkeit besitzt,
  - Ausblühungen und Pilzbefall zu beseitigen sind,
  - das Durchschlagen von abgetrockneten Wasserflecken zu verhindern ist.
- Sind Kalksinterschichten vorhanden, die zu Abplatzungen der auf ihnen ausgeführten Beschichtungen führen können, ist die Fläche mit einer Fluatschaumwäsche (Fluat mit Netzmittelzusatz) zu behandeln und nachzuwaschen.
- Schalölrückstände auf Sichtbeton sind durch Fluatschaumwäsche zu beseitigen.
- Nicht saugende Putze und Betonflächen sind bei Beschichtungen aus Silikatfarben vorzuätzen und nachzuwaschen.
- Bei stark saugendem Untergrund ist bei Beschichtungen mit Silikat- und Dispersionssilikatfarben eine zusätzliche Vorbehandlung mit Fixativ erforderlich.
- Gipshaltige Putze und Lehmputze sind mit Absperrmitteln zu behandeln, die Aluminiumsalze, z. B. Alaun enthalten, wenn die Fläche ungleichmäßig saugt, die Oberfläche gefestigt oder das Durchschlagen von Wasserflecken verhindert werden soll.
- Wenn Gipskartonplatten für Feuchträume nicht werkseits imprägniert sind, sind sie mit lösemittelhaltigen Grundbeschichtungsstoffen vorzubehandeln.

3.2.1.2 Deckende Beschichtungen
Sie sind bei Verwendung nachstehender Stoffe wie folgt auszuführen:

3.2.1.2.1 Kalkfarbe
- Annässen,
- eine Grundbeschichtung,
- eine Zwischenbeschichtung,
- eine Schlußbeschichtung;

3.2.1.2.2 Kalk-Weißzementfarbe
- Annässen,
- eine Grundbeschichtung,
- eine Schlußbeschichtung;

3.2.1.2.3 Silikatfarbe
- eine Grundbeschichtung aus verdünntem Fixativ,
- eine Zwischenbeschichtung aus Silikatfarbe,
- eine Schlußbeschichtung aus Silikatfarbe;

3.2.1.2.4 Dispersionssilikatfarbe
- eine Grundbeschichtung,
- eine Schlußbeschichtung;

3.2.1.2.5 Leimfarbe
- eine Grundbeschichtung,
- eine Schlußbeschichtung;

3.2.1.2.6 Dispersionsfarbe
- eine Grundbeschichtung auf Außenflächen aus lösemittelverdünnbarem Grundbeschichtungsstoff; bei stark saugendem Untergrund auf Innenflächen eine Grundbeschichtung aus lösemittelverdünnbarem Grundbeschichtungsstoff; ist dies im Vertrag nicht vorgesehen, ist dies besonders zu vereinbaren (siehe Abschnitt 4.2.1),
- eine Zwischenbeschichtung aus Dispersionsfarbe,
- eine Schlußbeschichtung aus Dispersionsfarbe;

Ausführung der Innenbeschichtung mit waschbeständiger Dispersionsfarbe nach DIN 53 778 Teil 1 und Teil 2;

3.2.1.2.7 Dispersionslackfarbe
- eine Grundbeschichtung aus wasserverdünnbarem Grundbeschichtungsstoff,
- eine Zwischenbeschichtung aus Dispersionslackfarbe;
- eine Schlußbeschichtung aus Dispersionslackfarbe;

3.2.1.2.8 Dispersionsfarbe mit Füllstoffen zur Oberflächengestaltung, z. B. Dispersionsplastikfarbe
- eine Grundbeschichtung aus wasserverdünnbarem Grundbeschichtungsstoff,
- eine Schlußbeschichtung aus plastischer Kunststoff-Dispersionsfarbe einschließlich Modellieren durch Stupfen, Rollen, Strukturieren und dergleichen;

3.2.1.2.9 Kunstharzputz nach DIN 18 558;

3.2.1.2.10 Polymerisatharzlackfarbe
— eine Grundbeschichtung,
— eine Zwischenbeschichtung,
— eine Schlußbeschichtung;

3.2.1.2.11 Siliconharz-Emulsionsfarbe
— eine Grundbeschichtung aus Siliconharz-Grundbeschichtungsstoff,
— eine Zwischenbeschichtung aus Siliconharz-Emulsionsfarbe,
— eine Schlußbeschichtung aus Siliconharz-Emulsionsfarbe;

3.2.1.2.12 plastoelastische Dispersionsfarbe zum Beschichten von Flächen mit Haarrissen
— eine Grundbeschichtung aus Grundbeschichtungsstoff,
— eine Zwischenbeschichtung aus plastoelastischer Dispersionsfarbe,
— eine Schlußbeschichtung aus plastoelastischer Dispersionsfarbe;

3.2.1.2.13 plastoelastische Dispersionsfarbe zum Beschichten von Flächen mit Einzelrissen
— eine Grundbeschichtung aus lösemittelhaltigem Grundbeschichtungsstoff,
— eine Zwischenbeschichtung aus plastoelastischer Dispersionsfarbe (Einbettungsmasse) und Einbetten des Armierungsgewebes,
— eine Schlußbeschichtung aus plastoelastischer Dispersionsfarbe;

3.2.1.2.14 Kunstharzlackfarbe
je nach der vorgesehenen Beanspruchung und der Oberflächenwirkung, z. B.:
— Alkydharzlackfarbe für Wand- und Sockelflächen,
— Chlorkautschuklackfarbe für Schwimmbeckenbeschichtungen, säure- und laugebeständige Beschichtungen in Laborräumen,
— Cyclokautschuklackfarbe für Innenräume, z. B. Brauereien, Textilbetriebe, Lederfabriken (Naßräume),
— Polyurethanlackfarbe für Sichtbetonflächen, Wände in Werkstatträumen, Tankstellen,
— Epoxidharzlackfarbe für säure- und laugebeständige, lösemittelbeständige, mineralölbeständige und fettbeständige Beschichtungen,
jeweils
— eine Grundbeschichtung,
— eine Zwischenbeschichtung,
— eine Schlußbeschichtung;

3.2.1.2.15 Bitumenlackfarbe
- eine Grundbeschichtung aus Bitumenlackfarbe,
- eine Schlußbeschichtung aus Bitumenlackfarbe;

3.2.1.2.16 Teerpech-Kombinationslackfarbe gegen hohe Beanspruchung durch Wasser, Laugen und Säuren
- eine Grundbeschichtung aus Teerpech-Epoxidharzlackfarbe,
- eine Zwischenbeschichtung aus Teerpech-Epoxidharzlackfarbe,
- eine Schlußbeschichtung aus Teerpech-Epoxidharzlackfarbe;

3.2.1.2.17 Mehrfarbeneffektlackfarbe
- eine Grundbeschichtung aus lösemittelverdünnbarem Grundbeschichtungsstoff,
- eine Zwischenbeschichtung aus Dispersionsfarbe, getönt im Farbton der Mehrfarbeneffektlacke,
- eine Schlußbeschichtung aus Mehrfarbeneffektlackfarbe;

3.2.1.2.18 Dispersions-Silikatfarbe auf Gasbeton-Außenflächen
- eine Grundbeschichtung aus Grundbeschichtungsstoff,
- eine Zwischenbeschichtung aus Dispersions-Silikatfarbe,
- eine Schlußbeschichtung aus Dispersions-Silikatfarbe;

3.2.1.2.19 Dispersionsfarbe, wetterbeständig auf Gasbeton-Außenflächen
- eine Grundbeschichtung aus Grundbeschichtungsstoff, lösemittelverdünnbar,
- eine Zwischenbeschichtung aus gefüllter Dispersionsfarbe,
- eine Schlußbeschichtung aus gefüllter Dispersionsfarbe;

3.2.1.2.20 Kunstharzputz nach DIN 18 558 auf Gasbeton-Außenflächen
- eine Grundbeschichtung aus Grundbeschichtungsstoff, lösemittelverdünnbar,
- eine Zwischenbeschichtung mit gefüllter Dispersionsfarbe,
- eine Schlußbeschichtung aus Kunstharzputz.

3.2.1.3 Lasierende Beschichtungen
Sie sind bei Verwendung nachstehender Stoffe wie folgt auszuführen:

3.2.1.3.1 Dispersionssilikatlasur
- eine Grundbeschichtung aus verdünntem Fixativ oder verdünnter Dispersionssilikatlasur,
- eine Schlußbeschichtung aus Dispersionssilikatlasur;

3.2.1.3.2 Dispersionslasur
- eine Grundbeschichtung aus lösemittelverdünnbarem Grundbeschichtungsstoff,
- eine Schlußbeschichtung aus Dispersions-Lasur;

3.2.1.3.3 Polymerisatharzlasur
- eine Grundbeschichtung aus Polymerisatharzlösung,
- eine Schlußbeschichtung aus Polymerisatharzlasurfarbe.

3.2.1.4 Farblose Beschichtungen und Imprägnierungen
Sie sind bei Verwendung nachstehender Stoffe wie folgt auszuführen:

3.2.1.4.1 Silan-, Siloxan-, Silicon-Imprägniermittel, nichtpigmentiert
- Beschichtung bis zur vollständigen Sättigung des Untergrundes, gegebenenfalls in mehreren Arbeitsgängen, naß in naß zur farblosen Hydrophobierung poröser mineralischer Untergründe, z. B. Putz, Beton, Sichtmauerwerk;

3.2.1.4.2 Kieselsäureester-Imprägniermittel
- eine Grundbeschichtung,
- eine Zwischenbeschichtung,
- eine Schlußbeschichtung,
mit einer Auftragsmenge von zusammen 2000 g/m^2 im Flutverfahren oder naß in naß;

3.2.1.4.3 Polymerisatharzlösung
- eine Grundbeschichtung,
- eine Schlußbeschichtung;

3.2.1.4.4 Kunststoffdispersion
- eine Grundbeschichtung aus wasserverdünnbarem Grundbeschichtungsstoff,
- eine Schlußbeschichtung aus Kunststoffdispersion.

3.2.2 auf Holz und Holzwerkstoffen

3.2.2.1 Allgemeines

3.2.2.1.1 Bauteile aus Holz und Holzwerkstoff (im folgenden Holz genannt) sind vor dem Einbau allseitig mit einer Grundbeschichtung zu versehen.

3.2.2.1.2 Nadelhölzer, die eine Holzschutzimprägnierung erhalten haben, sind vor dem Einbau mit einer Grundbeschichtung zu versehen.

3.2.2.1.3 Beschichtungen auf Holz sind ohne Spachtelung auszuführen.

3.2.2.1.4 Fenster und Außentüren aus Holz sind vor dem Einbau und vor der Verglasung einschließlich aller Glasfalze und zugehörigen Leisten mit einer Grund- und einer Zwischenbeschichtung allseitig zu versehen. Nur kleinere Schadstellen sind beizuspachteln, z. B. Nagellöcher. Fenster und Außentüren müssen auch innen mit Außenlackfarben beschichtet werden.

3.2.2.1.5 Vor der Verarbeitung von Dichtstoffen (Kitten oder elastischen Dichtstoffen) und vor dem Verglasen sind mindestens zwei Beschichtungen erforderlich.

3.2.2.1.6 Falze von Fenstern oder Türen sind im Farbton der zugehörigen Seite zu beschichten. Die nach außen gerichteten Falze gehören zur Außenbeschichtung, die nach innen gerichteten Falze zur Innenbeschichtung. Bei Verbundfenstern gehört nur die Außenseite zur Außenbeschichtung, die drei anderen Seiten gehören zur Innenbeschichtung.

3.2.2.1.7 Kitte sind entsprechend dem sonstigen Beschichtungsaufbau mit einer Zwischen- und einer Schlußbeschichtung zu versehen.

3.2.2.1.8 Plastische und elastische Dichtstoffe sind durch die angrenzende Beschichtung bis zu 1 mm Breite zu überdecken.

3.2.2.2 Deckende Beschichtungen
Sie sind bei Verwendung nachstehender Stoffe wie folgt auszuführen:

3.2.2.2.1 Alkydharzlackfarbe für Innen
– eine Grundbeschichtung aus Alkydharzlackfarbe,
– eine Zwischenbeschichtung aus Vorlackfarbe (Alkydharzlackfarbe),
– eine Schlußbeschichtung aus Alkydharzlackfarbe;

3.2.2.2.2 Alkydharzlackfarbe für Innen und Außen für Fenster und Außentüren
vor dem Einbau und Verglasen
– eine Grundbeschichtung aus Bläueschutz-Grundbeschichtungsstoff nach Abschnitt 2.2.2,
– eine Zwischenbeschichtung aus Alkydharzlackfarbe,
nach dem Einbau und Verglasen
– eine zweite Zwischenbeschichtung aus Alkydharzlackfarbe,
– eine Schlußbeschichtung aus Alkydharzlackfarbe;

3.2.2.2.3 Alkydharzlackfarbe für Außen
– eine Grundbeschichtung aus Bläueschutz-Grundbeschichtungsstoff,
– eine Zwischenbeschichtung aus Alkydharzlackfarbe,
– eine zweite Zwischenbeschichtung aus Alkydharzlackfarbe,
– eine Schlußbeschichtung aus Alkydharzlackfarbe;

3.2.2.2.4 Dispersionslackfarbe
– eine Grundbeschichtung aus Bläueschutz-Grundbeschichtungsstoff,
– eine Zwischenbeschichtung aus Dispersionslackfarbe,
– eine Schlußbeschichtung aus Dispersionslackfarbe.

3.2.2.3 Lasierende Beschichtungen
Sie sind bei Verwendung nachstehender Stoffe wie folgt auszuführen:

3.2.2.3.1 Dispersionslasur für Innen
- eine Grundbeschichtung,
- eine Zwischenbeschichtung aus Dispersionslasur,
- eine Schlußbeschichtung aus Dispersionslasur;

3.2.2.3.2 Imprägnier-Lasur, Dünnschichtlasur für Innen und Außen
- eine Grundbeschichtung aus Imprägnier-Lasurbeschichtungsstoff,
- eine Zwischenbeschichtung,
- eine Schlußbeschichtung;

3.2.2.3.3 Lacklasurfarben, Dickschichtlasuren für Innen und Außen
- eine Grundbeschichtung aus Imprägnier-Lasurbeschichtungsstoff,
- eine Zwischenbeschichtung aus Lack-Lasurbeschichtungsstoff,
- eine Schlußbeschichtung aus Lack-Lasurbeschichtungsstoff;

3.2.2.3.4 Imprägnier-/Lacklasur als kombinierter Beschichtungsaufbau für Innen und Außen bei Fenstern und Außentüren
vor dem Einbau und Verglasen
- eine Grundbeschichtung aus Imprägnier-Lasur,
- eine erste Zwischenbeschichtung,
nach dem Einbau und Verglasen
- eine zweite Zwischenbeschichtung aus Lacklasur,
- eine Schlußbeschichtung aus Lacklasur.

3.2.2.4 Farblose Innenbeschichtungen
Sie sind bei Verwendung nachstehender Stoffe wie folgt auszuführen:

3.2.2.4.1 Alkydharzlack
- eine Grundbeschichtung,
- eine Zwischenbeschichtung,
- eine Schlußbeschichtung;

3.2.2.4.2 Polyurethanlack
- eine Grundbeschichtung,
- eine Zwischenbeschichtung,
- eine Schlußbeschichtung;

3.2.2.4.3 Epoxidharzlack
- eine Grundbeschichtung,
- eine Zwischenbeschichtung,
- eine Schlußbeschichtung.

3.2.3 auf Metall

3.2.3.1 Allgemeines

3.2.3.1.1 Metallflächen sind zu entfetten. Rost und Oxidschichten sind zu entfernen und unmittelbar danach mit einer dem Beschichtungsaufbau entsprechenden Grundbeschichtung zu versehen. In Feuchträumen ist eine weitere Grundbeschichtung aus Korrosionsschutz-Grundbeschichtungsstoff auszuführen.
In der Leistungsbeschreibung vorgesehene Spachtelarbeiten sind nach der Grundbeschichtung auszuführen.
Für Außenflächen ist eine zweite Zwischenbeschichtung erforderlich.
Stahlflächen, die eine Grundbeschichtung aus Zinkstaub-Beschichtungsstoffen erhalten, sind nach DIN 55 928 Teil 4 »Korrosionsschutz von Stahlbauten durch Beschichtungen und Überzüge; Vorbereitung und Prüfung der Oberflächen« Norm-Reinheitsgrad Sa 2 ½ zu entrosten.

3.2.3.1.2 Zinkblech und verzinkter Stahl sind durch amoniakalische Netzmittelwäsche unter Verwendung von Korund-Kunststoffvlies vorzubehandeln und unmittelbar danach mit einem Grundbeschichtungsstoff eines für Zink empfohlenen Beschichtungssystems zu grundieren.

3.2.3.1.3 Aluminiumflächen sind zu reinigen. Werkseits nicht chemisch nachbehandelte Aluminiumflächen und korrodierte Stellen (Weißrost) sind mit Korund-Kunststoffvlies zu schleifen; Schleifrückstände sind zu entfernen.
Die gereinigten Flächen sind mit einem Grundbeschichtungsstoff für Aluminium zu grundieren.

3.2.3.2 Deckende Beschichtungen
Sie sind bei Verwendung nachstehender Stoffe wie folgt auszuführen:

3.2.3.2.1 auf Stahlteilen und Stahlblech

3.2.3.2.1.1 Alkydharzlackfarbe für Innen
- eine Grundbeschichtung aus Korrosionsschutz-Grundbeschichtungsstoff,
- eine Zwischenbeschichtung aus Alkydharzlackfarbe,
- eine Schlußbeschichtung aus Alkydharzlackfarbe;

3.2.3.2.1.2 Alkydharzlackfarbe für Außen
- eine Grundbeschichtung aus Korrosionsschutzgrund,
- eine erste Zwischenbeschichtung aus Alkydharzlackfarbe,

- eine zweite Zwischenbeschichtung aus Alkydharzlackfarbe,
- eine Schlußbeschichtung aus Alkydharzlackfarbe;

3.2.3.2.1.3 Polymerisatharz-Dickschichtsystem für Innen
- eine Grundbeschichtung aus Korrosionsschutz-Dickschicht-Grundbeschichtungsstoff,
- eine Schlußbeschichtung aus Polymerisatharz-Dickschicht-Beschichtungsstoff;

3.2.3.2.1.4 Polymerisatharz-Dickschichtsystem für Außen
- eine Grundbeschichtung aus Dickschicht-Grundbeschichtungsstoff,
- eine Zwischenbeschichtung aus Polymerisatharz-Dickschicht-Beschichtungsstoff,
- eine Schlußbeschichtung aus Polymerisatharz-Dickschicht-Beschichtungsstoff;

3.2.3.2.1.5 Heizkörperlackfarbe auf Heizflächen, die nicht grundiert sind, nach Entrosten
- eine Grundbeschichtung aus Beschichtungsstoff DIN 55 900 – G,
- eine Schlußbeschichtung aus Beschichtungsstoff DIN 55 900 – F,
in Feuchträumen eine Zwischenbeschichtung, DIN 55 900 – F;

3.2.3.2.1.6 Heizkörperlackfarbe auf Heizflächen, die mit einer Grundbeschichtung DIN 55 900 – GW versehen sind
- beschädigte Grundbeschichtung DIN 55 900 – G ausbessern,
- eine Schlußbeschichtung DIN 55 900 – F;
mit Pulverlacken grundbeschichtete (pulverbeschichtete) Heizkörper sind vor dem weiteren Beschichten gründlich aufzurauhen;

3.2.3.2.1.7 Chlorkautschuk-Lackfarbe für Innen
- eine Grundbeschichtung aus Zweikomponentenzinkstaubfarbe,
- eine Zwischenbeschichtung aus Chlorkautschuk-Lackfarbe,
- eine Schlußbeschichtung aus Chlorkautschuk-Lackfarbe;

3.2.3.2.1.8 Chlorkautschuk-Lackfarbe für Außen
- eine Grundbeschichtung aus Zweikomponentenzinkstaubfarbe,
- eine erste Zwischenbeschichtung aus Chlorkautschuk-Lackfarbe,
- eine zweite Zwischenbeschichtung aus Chlorkautschuk-Lackfarbe,
- eine Schlußbeschichtung aus Chlorkautschuk-Lackfarbe;

3.2.3.2.1.9 Cyclokautschuk-Lackfarbe für Innen, z. B. Filterkessel, Rohrleitungen
- eine Grundbeschichtung aus Korrosionsschutz-Grundbeschichtungsstoff,

- eine erste Zwischenbeschichtung aus Korrosionsschutz-Grundbeschichtungsstoff,
- eine zweite Zwischenbeschichtung aus Cyclokautschuk-Lackfarbe; gefüllt,
- eine Schlußbeschichtung aus Cyclokautschuk-Lackfarbe;

3.2.3.2.1.10 Reaktionslackfarbe für Innen
- eine Grundbeschichtung aus Grundbeschichtungsstoff,
- eine Zwischenbeschichtung,
- eine Schlußbeschichtung;

3.2.3.2.1.11 Reaktionslackfarbe für Außen
- eine Grundbeschichtung aus Grundbeschichtungsstoff,
- eine erste Zwischenbeschichtung,
- eine zweite Zwischenbeschichtung,
- eine Schlußbeschichtung;

3.2.3.2.1.12 Bitumenlackfarbe
- eine Grundbeschichtung,
- eine Zwischenbeschichtung,
- eine Schlußbeschichtung;

3.2.3.2.2 auf Zink und verzinktem Stahl

3.2.3.2.2.1 Zinkhaftfarbe, Kunstharz-Kombinationsfarbe
- eine Grundbeschichtung aus Zinkhaftfarbe,
- eine Schlußbeschichtung aus Zinkhaftfarbe;

3.2.3.2.2.2 Reaktionslackfarben auf Basis von Polyisocyanatharz oder Epoxidharz
- eine Grundbeschichtung,
- eine Schlußbeschichtung;

3.2.3.2.2.3 Polymerisatharzlackfarbe, Dickschichtsystem
- eine Grundbeschichtung,
- eine Schlußbeschichtung;

3.2.3.2.2.4 Dispersionsfarbe
- eine Grundbeschichtung,
- eine Schlußbeschichtung,
nur für helle Farbtöne geeignet;

3.2.3.2.2.5 Dispersionslackfarbe
- eine Grundbeschichtung aus Dispersionslackfarbe,
- eine Schlußbeschichtung aus Dispersionslackfarbe,
nur für helle Farbtöne geeignet.

3.2.3.2.3 auf Aluminium und Aluminiumlegierungen

3.2.3.2.3.1 Alkydharzlackfarbe
- eine Grundbeschichtung aus Haftgrundbeschichtungsstoff,
- eine Schlußbeschichtung aus Alkydharzlackfarbe;

3.2.3.2.3.2 Reaktionslackfarbe auf der Basis von Polyisocyanatharz oder Epoxidharz
- eine Grundbeschichtung,
- eine Schlußbeschichtung;

3.2.3.2.3.3 Polymerisatharzlackfarbe, Dickschichtsystem
- eine Grundbeschichtung aus Haftgrundbeschichtungsstoff,
- eine Schlußbeschichtung aus Polymerisatharzlackfarbe.

3.2.3.3 Farblose Beschichtung auf Edelstahl und Aluminium ist mit 2-Komponentenlack einschichtig auszuführen.

3.2.4 auf Kunststoff

3.2.4.1 Kunststoff-Flächen sind zu reinigen und mit feinem Schleifvlies anzurauhen.

3.2.4.2 Die gereinigten Flächen sind mit einem Grundbeschichtungsstoff und einem Schlußbeschichtungsstoff zu beschichten. Der Auftragnehmer hat die Beschichtungsstoffe mit dem Angebot dem Auftraggeber bekanntzugeben, wenn sie in der Leistungsbeschreibung nicht vorgesehen sind.

3.2.5 Besondere Beschichtungsverfahren

3.2.5.1 Belegen mit Blattmetallen
Überzüge aus Blattmetallen sind auf vorbehandelten Untergründen gleichmäßig deckend herzustellen. Fehlstellen sind nachzuarbeiten. Überzüge aus Blattsilber und Schlagmetall sind mit einem farblosen Lack gegen Korrosion zu schützen.

3.2.5.2 Bronzieren
Die zu bronzierenden Flächen sind zu entfetten und zu reinigen. Die mit Bronzetinktur oder Lacken angesetzten Bronzen sind gleichmäßig aufzutragen.

3.2.5.3 Herstellen von Metalleffektlackierungen
Metalleffektlackierungen sind im Spritzverfahren auszuführen.

3.2.5.4 Brandschutzbeschichtungen
Schaumschutzbildende Brandschutzbeschichtungen sind entspre-

chend den Anforderungen des Brandschutzes auszuführen. Die Beschichtungsstoffe hat der Auftragnehmer mit dem Angebot dem Auftraggeber bekanntzugeben, wenn sie in der Leistungsbeschreibung nicht vorgesehen sind.

Über die ordnungsgemäße Herstellung der Brandschutzbeschichtung und/oder eine Kennzeichnung der Brandschutzbeschichtung ist dem Auftraggeber eine Abnahmebescheinigung zu liefern.

Auf die Brandschutzbeschichtung dürfen weitere Beschichtungen nicht aufgebracht werden.

3.2.5.5 Fahrbahnmarkierungen

Fahrbahnmarkierungen sind wie folgt auszuführen:
- Reinigen der zu behandelnden Flächen,
- Beschichten mit Fahrbahnmarkierungsstoff.

3.3 Überholungsbeschichtungen

Sie sind wie folgt auszuführen:

3.3.1 auf mineralischen Untergründen

3.3.1.1 Allgemeines

3.3.1.1.1 Beschichtungen aus Kalk, Kalk-Weißzement, Silikatfarben, Dispersionssilikatfarben und Silikat-Lasurfarben sind nur auf mineralischem Untergrund oder auf Beschichtungen mit mineralischen Beschichtungsstoffen auszuführen.

3.3.1.1.2 Leimfarbenanstriche dürfen weder mit Leimfarben noch mit anderen Beschichtungsstoffen beschichtet werden. Vorhandene Leimfarbenanstriche sind durch Abwaschen zu entfernen.

3.3.1.2 Vorbehandlung

3.3.1.2.1 Die vorhandene Beschichtung muß gut haften und tragfähig sein; sie ist zu reinigen, anzulaugen oder durch Schleifen aufzurauhen.

Gerissene und nicht festhaftende Beschichtungteile und Tapeten sind zu entfernen. Der freigelegte Untergrund ist zu reinigen und gegebenenfalls aufzurauhen.

3.3.1.2.2 Bei schadhaftem Untergrund ist eine Vorbehandlung notwendig. Sind die erforderlichen Maßnahmen im Vertrag nicht vorgesehen, so sind sie besonders zu vereinbaren (siehe Abschnitt 4.2.1), z. B.:
- Putz

Ausbessern schadhafter Putzstellen, Beispachteln der Übergänge, Fluatieren der ausgebesserten Stellen, Nachwaschen und Grundieren;
- Beton
Ausbessern schadhafter Stellen in der Oberfläche, Grundieren nachgebesserter und nicht beschichteter Flächen;
- Gasbeton
Ausbessern schadhafter Stellen in der Oberfläche, Grundieren nachgebesserter Stellen;
- Faserverstärkte Zementplatten
Grundieren freigelegter Flächen, Beispachteln der Übergänge;
- Wärmedämmverbund-System, kunstharzbeschichtet
Reinigen kunstharzbeschichteter Oberflächen mit Heißwasser-Hochdruckreiniger, Ausbessern schadhafter Stellen in der Oberfläche;
- Kunstharzputz nach DIN 18558
Grundieren ausgebesserter Stellen mit wasserverdünnbarem Grundbeschichtungsstoff;
- Kalksandsteinmauerwerk
Ausbessern schadhafter Stellen in der Oberfläche, Grundieren ausgebesserter Stellen.

3.3.1.3 Deckende Beschichtungen

3.3.1.3.1 Putz
- eine Zwischenbeschichtung nach den Abschnitten 3.2.1.2.1 bis 3.2.1.2.9,
- eine Schlußbeschichtung nach den Abschnitten 3.2.1.2.1 bis 3.2.1.2.9;

3.3.1.3.2 Beton
- eine erste Zwischenbeschichtung aus Polymerisatharz-Elastikfarbe,
- eine zweite Zwischenbeschichtung aus Polymerisatharz-Elastikfarbe,
- eine Schlußbeschichtung aus Polymerisatharz-Elastikfarbe;

3.3.1.3.3 Gasbeton
- eine Zwischenbeschichtung aus Gasbetonbeschichtungsstoff nach den Abschnitten 3.2.1.2.18 und 3.2.1.2.19;
- eine Schlußbeschichtung aus Gasbetonbeschichtungsstoff nach den Abschnitten 3.2.1.2.18 und 3.2.1.2.19;

3.3.1.3.4 Faserverstärkte Zementplatten
- eine Zwischenbeschichtung nach den Abschnitten 3.2.1.2.3, 3.2.1.2.6 und 3.2.1.2.10,
- eine Schlußbeschichtung nach den Abschnitten 3.2.1.2.3, 3.2.1.2.4, 3.2.1.2.6 und 3.2.1.2.10;

3.3.1.3.5 Wärmedämmverbund-System, kunstharzbeschichtet
- eine Grundbeschichtung,
- eine Zwischenbeschichtung aus gefüllter Dispersionsfarbe,
- eine Schlußbeschichtung aus gefüllter Dispersionsfarbe;

3.3.1.3.6 Kunstharzputz nach DIN 18 558
- eine Zwischenbeschichtung aus gefüllter Dispersionsfarbe,
- eine Schlußbeschichtung aus gefüllter Dispersionsfarbe;

3.3.1.3.7 Kalksandsteinmauerwerk
- eine Zwischenbeschichtung nach den Abschnitten 3.2.1.2.6, 3.2.1.2.11,
- eine Schlußbeschichtung nach den Abschnitten 3.2.1.2.4, 3.2.1.2.6, 3.2.1.2.11.

3.3.1.4 Lasierende Beschichtungen

3.3.1.4.1 Beton
- eine Zwischenbeschichtung,
- eine Schlußbeschichtung nach den Abschnitten 3.2.1.3.1 bis 3.2.1.3.3.

3.3.2 auf Holz und Holzwerkstoffen

3.3.2.1 Vorbehandlung

3.3.2.1.1 Die vorhandene Beschichtung muß gut haften und tragfähig sein; sie ist zu reinigen, anzulaugen oder durch Schleifen aufzurauhen. Gerissene und nicht festhaftende Beschichtungsteile sind zu entfernen. Der freigelegte Untergrund ist zu reinigen und gegebenenfalls aufzurauhen.

3.3.2.1.2 Bei schadhaftem Untergrund ist eine Vorbehandlung notwendig. Sind die erforderlichen Maßnahmen im Vertrag nicht vorgesehen, so sind sie besonders zu vereinbaren (siehe Abschnitt 4.2.1), z. B.:
- Beischleifen der Übergänge zur Altbeschichtung,
- Grundieren mit Grundbeschichtungsstoffen von freigelegten und/oder abgewitterten Flächen, bei Nadelholz mit fungiziden, bläuepilzwidrigen Zusätzen,

- Ausspachteln von Fugen, Löchern und Rissen, ausgenommen Leistungen nach Abschnitt 4.1.7,
- Beispachteln der Übergänge,
- Entfernen von losem und schadhaftem Kitt der Kittfalze bei Fenstern und Außentüren, Grundieren freigelegter Teile und Ausbessern der Kittfalze.

3.3.2.2 Deckende Beschichtungen
- eine Zwischenbeschichtung nach den Abschnitten 3.2.2.2.1 bis 3.2.2.2.4,
- eine Schlußbeschichtung nach den Abschnitten 3.2.2.2.1 bis 3.2.2.2.4;

3.3.2.3 Lasierende Beschichtungen
- eine Zwischenbeschichtung nach den Abschnitten 3.2.2.3.1 bis 3.2.2.3.4,
- eine Schlußbeschichtung nach den Abschnitten 3.2.2.3.1 bis 3.2.2.3.4;

3.3.2.4 Farblose Innenbeschichtungen
- eine Zwischenbeschichtung nach den Abschnitten 3.2.2.4.1 bis 3.2.2.4.3,
- eine Schlußbeschichtung nach den Abschnitten 3.2.2.4.1 bis 3.2.2.4.3.

3.3.3 auf Metall

3.3.3.1 Vorbehandlung

3.3.3.1.1 Die vorhandene Beschichtung muß gut haften und tragfähig sein; sie ist zu reinigen, anzulaugen oder durch Schleifen aufzurauhen. Gerissene und nicht festhaftende Beschichtungsteile sind zu entfernen. Der freigelegte Untergrund ist zu reinigen, gegebenenfalls zu entrosten und aufzurauhen.

3.3.3.1.2 Bei schadhaftem Untergrund ist eine Vorbehandlung notwendig. Sind die erforderlichen Maßnahmen im Vertrag nicht vorgesehen, so sind sie besonders zu vereinbaren (siehe Abschnitt 4.2.1), z. B. bei:
- Stahl
Entfernen von Rost,
Grundieren freigelegter und entrosteter Stellen mit Korrosionsschutz-Grundbeschichtungsstoff,
Beispachteln von Unebenheiten;

- Zink und verzinktem Stahl
Entfernen von schlecht haftenden Teilen und von Korrosionsprodukten und Salzen,
Grundieren freigelegter und entrosteter Stellen, bei freiliegendem Stahl mit Korrosionsschutz-Grundbeschichtungsstoff,
Grundieren mit Grundbeschichtungsstoff für Zink;
- Aluminium und Aluminiumlegierungen
Entfernen von Korrosionsprodukten und Salzen,
Grundieren freigelegter Flächen mit Zweikomponenten-Grundbeschichtungsstoff.

3.3.3.2 Deckende Beschichtungen

3.3.3.2.1 Stahl
- eine Zwischenbeschichtung nach den Abschnitten 3.2.3.2.1.1 bis 3.2.3.2.1.12,
- eine Schlußbeschichtung nach den Abschnitten 3.2.3.2.1.1 bis 3.2.3.2.1.12;

3.3.3.2.2 Zink und verzinkter Stahl
- eine Zwischenbeschichtung,
- eine Schlußbeschichtung nach den Abschnitten 3.2.3.2.2.1 bis 3.2.3.2.2.5;

3.3.3.2.3 Aluminium und Aluminiumlegierungen
- eine Zwischenbeschichtung,
- eine Schlußbeschichtung nach den Abschnitten 3.2.3.2.3.1 bis 3.2.3.2.3.3.

3.3.4 auf Kunststoff

3.3.4.1 Vorbehandlung

3.3.4.1.1 Die vorhandene Beschichtung muß gut haften und tragfähig sein; sie ist zu reinigen und durch Schleifen aufzurauhen. Gerissene und nicht festhaftende Beschichtungsteile sind zu entfernen.
Übergänge zur Altbeschichtung sind beizuschleifen.

3.3.4.1.2 Bei schadhaftem Untergrund ist eine Vorbehandlung notwendig. Sind die erforderlichen Maßnahmen im Vertrag nicht vorgesehen, so sind sie besonders zu vereinbaren (siehe Abschnitt 4.2.1).

3.3.4.2 Deckende Beschichtungen
Die gereinigten Flächen sind mit einem Grundbeschichtungsstoff und einem Schlußbeschichtungsstoff zu beschichten.

Der Auftragnehmer hat die Beschichtungsstoffe mit dem Angebot dem Auftraggeber bekanntzugeben, wenn sie in der Leistungsbeschreibung nicht vorgesehen sind.

3.4 Erneuerungsbeschichtungen

Sie sind wie folgt auszuführen:

3.4.1 Die vorhandenen Beschichtungen sind vollständig zu entfernen. Bei schadhaften Untergründen ist eine Ausbesserung notwendig. Sind die erforderlichen Maßnahmen im Vertrag nicht vorgesehen, so sind sie besonders zu vereinbaren (siehe Abschnitt 4.2.1).

3.4.2 Deckende, lasierende und farblose Beschichtungen sind wie Erstbeschichtungen nach Abschnitt 3.2 systemgerecht auszuführen.

4 Nebenleistungen, Besondere Leistungen

4.1 **Nebenleistungen** sind ergänzend zur ATV DIN 18 299, Abschnitt 4.1, insbesondere:

4.1.1 Auf- und Abbauen sowie Vorhalten der Gerüste, deren Arbeitsbühnen nicht höher als 2 m über Gelände oder Fußboden liegen.

4.1.2 Maßnahmen zum Schutz von Bauteilen, z. B. von Fußböden, Treppen, Türen, Fenstern und Beschlägen, sowie von Einrichtungsgegenständen vor Verunreinigung und Beschädigung während der Arbeiten durch loses Abdecken, Abhängen oder Umwickeln einschließlich anschließender Beseitigung der Schutzmaßnahmen, ausgenommen Leistungen nach Abschnitt 4.2.5.

4.1.3 Aus- und Einhängen der Türen, Fenster, Fensterläden und dergleichen zur Bearbeitung sowie ihre Kennzeichnung zum Vermeiden von Verwechslungen.

4.1.4 Entfernen von Staub, Verschmutzungen und lose sitzenden Putz- und Betonteilen auf den zu behandelnden Untergründen, ausgenommen Leistungen nach Abschnitt 4.2.4.

4.1.5 Ausbessern einzelner kleiner Putz- und Untergrundbeschädigungen, ausgenommen Leistungen nach Abschnitt 4.2.1.

4.1.6 Schleifen von Holzflächen und – soweit erforderlich – von mineralischen Untergründen und Metallflächen zwischen den einzelnen Beschichtungen sowie Feinsäubern der zu streichenden Flächen.

4.1.7	Verkitten einzelner kleiner Löcher und Risse, ausgenommen Leistungen nach Abschnitt 4.2.1.
4.1.8	Lüften der Räume, soweit und solange es für das Trocknen von Beschichtungen erforderlich ist.
4.1.9	Ansetzen von Musterflächen für die Schlußbeschichtung bis zu 2% der zu beschichtenden Fläche, jedoch höchstens bis zu 3 Musterflächen.
4.2	**Besondere Leistungen** sind ergänzend zur ATV DIN 18299, Abschnitt 4.2, z. B.:
4.2.1	Zu vereinbarende Maßnahmen nach den Abschnitten 3.2.1.1, 3.2.1.2.6, 3.3.1.2.2, 3.3.2.1.2., 3.3.3.1.2, 3.3.4.1.2, 3.4.1.
4.2.2	Vorhalten von Aufenthalts- und Lagerräumen, wenn der Auftraggeber Räume, die leicht verschließbar gemacht werden können, nicht zur Verfügung stellt.
4.2.3	Auf- und Abbauen sowie Vorhalten der Gerüste, deren Arbeitsbühnen mehr als 2 m über Gelände oder Fußboden liegen.
4.2.4	Reinigen des Untergrundes von grober Verschmutzung durch Bauschutt, Mörtelreste, Öl, Farbreste u. ä., soweit sie von anderen Unternehmern herrührt.
4.2.5	Besondere Maßnahmen zum Schutz von Bauteilen und Einrichtungsgegenständen, wie Abkleben von Fenstern und Türen, von eloxierten Teilen, Abdecken von Belägen, staubdichte Abdeckung von empfindlichen Einrichtungen und technischen Geräten, Schutzabdeckungen, Schutzanstriche, Staubwände u. ä. einschließlich Liefern der hierzu erforderlichen Stoffe.
4.2.6	Abkleben nicht entfernbarer Dichtungsprofile an Fenstern und Türzargen einschließlich der späteren Beseitigung des Schutzes.
4.2.7	Aus- und Einbauen von Dichtprofilen und Beschlagteilen an Fenstern, Türen, Zargen u. ä. auf besondere Anordnung des Auftraggebers.
4.2.8	Entfernen von Trennmittel-, Fett- oder Ölschichten.
4.2.9	Entfernen alter Anstrichschichten oder Tapezierungen.
4.2.10	Überbrücken von Putz- und Betonrissen mit Armierungsgewebe.
4.2.11	Verkitten von Fußbodenfugen.

4.2.12	Entrosten und Entfernen von Walzhaut und Zunder.
4.2.13	Ziehen von Abschlußstrichen, Schablonieren und Anbringen von Abschlußborten und dergleichen.
4.2.14	Absetzen von Beschlagteilen in einem besonderen Farbton an Türen, Fenstern, Fensterläden und dergleichen.
4.2.15	Mehrfarbiges Absetzen eines Bauteiles.
4.2.16	Reinigungsarbeiten, soweit sie über Abschnitt 4.1.11 der ATV DIN 18 299 hinausgehen, z. B. Feinreinigung zum Herstellen der Bezugsfertigkeit.
4.2.17	Aus- und Einräumen oder Zusammenstellen von Möbeln und dergleichen, Aufnehmen von Teppichen, Abnehmen von Vorhangschienen, Lampen und Gardinen.
4.2.18	Transport von Türen, Fensterflügeln, Läden, Heizkörpern u. ä. auf besondere Anordnung des Auftraggebers.

5 Abrechnung

Ergänzend zur ATV DIN 18 299, Abschnitt 5, gilt:

5.1 Allgemeines

5.1.1 Der Ermittlung der Leistung nach Zeichnungen sind zugrunde zu legen:
- auf Flächen ohne begrenzende Bauteile die Maße der ungeputzten, ungedämmten und nicht bekleideten Flächen,
- auf Flächen mit begrenzenden Bauteilen die Maße der zu behandelnden Flächen bis zu den sie begrenzenden, ungeputzten, ungedämmten beziehungsweise nicht bekleideten Bauteilen, z. B. Oberfläche einer aufgeständerten Fußbodenkonstruktion, Unterfläche einer abgehängten Decke,
- bei Fassaden die Maße der Bekleidung.

5.1.2 Der Ermittlung der Leistung nach Aufmaß sind die Maße des fertigen Bauteils, der fertigen Öffnung und Aussparung zugrunde zu legen.

5.1.3 Die Wandhöhen überwölbter Räume werden bis zum Gewölbeanschnitt, die Wandhöhe der Schildwände bis zu ⅔ des Gewölbestichs gerechnet.

| 5.1.4 | Bei der Flächenermittlung von gewölbten Decken mit einer Stichhöhe unter ⅙ der Spannweite wird die Fläche des überdeckten Raumes berechnet.
Gewölbe mit größerer Stichhöhe werden nach der Fläche der abgewickelten Untersicht gerechnet. |
|---|---|
| 5.1.5 | In Decken, Wänden, Decken- und Wandbekleidungen, Vorsatzschalen, Dämmungen, Dächern und Außenwandbekleidungen werden Öffnungen, Aussparungen und Nischen bis zu 2,5 m² Einzelgröße übermessen. |
| 5.1.6 | Fußleisten, Sockelfliesen und dergleichen bis 10 cm Höhe werden übermessen. |
| 5.1.7 | Rückflächen von Nischen werden unabhängig von ihrer Einzelgröße mit ihrem Maß gesondert gerechnet. |
| 5.1.8 | Öffnungen, Nischen und Aussparungen werden auch, falls sie unmittelbar zusammenhängen, getrennt gerechnet. |
| 5.1.9 | Gesimse, Umrahmungen und Faschen von Füllungen oder Öffnungen werden beim Ermitteln der Fläche übermessen.
Gesimse und Umrahmungen werden unter Angabe der Höhe und Ausladung, bei Faschen der Abwicklung, zusätzlich gerechnet. Sie werden in ihrer größten Länge gemessen. |
| 5.1.10 | Ganz oder teilweise behandelte Leibungen von Öffnungen, Aussparungen und Nischen über 2,5 m² Einzelgröße werden gesondert gerechnet.
Leibungen, die bei bündig versetzten Fenstern, Türen und dergleichen durch Dämmplatten entstehen, werden ebenso gerechnet. |
| 5.1.11 | Rahmen, Riegel, Ständer, Deckenbalken, Vorlagen und Fachwerksteile aus Holz, Beton oder Metall bis 30 cm Einzelbreite werden übermessen; deren Beschichtung in anderem Farbton oder anderer Technik wird zusätzlich gerechnet. |
| 5.1.12 | Fenster, Türen, Trennwände, Bekleidungen und dergleichen werden je beschichtete Seite nach Fläche gerechnet; Glasfüllungen, kunststoffbeschichtete Füllungen oder Füllungen aus Naturholz und dergleichen werden übermessen. |
| 5.1.13 | Bei Türen und Blockzargen über 60 mm Dicke sowie Futter und Bekleidungen von Türen und Fenstern, Stahltürzargen und dergleichen wird die abgewickelte Fläche gerechnet. |

DIN 18 363

5.1.14 Treppenwangen werden in der größten Breite gerechnet.

5.1.15 Die Untersichten von Dächern und Dachüberständen mit sichtbaren Sparren werden in der Abwicklung gerechnet.

5.1.16 Fenstergitter, Scherengitter, Rollgitter, Roste, Zäune, Einfriedungen und Stabgeländer werden einseitig gerechnet.

5.1.17 Rohrgeländer werden nach Länge der Rohre und deren Durchmesser gerechnet.

5.1.18 Flächen von Profilen, Heizkörpern, Trapezblechen, Wellblechen und dergleichen werden, soweit Tabellen vorhanden sind, nach diesen gerechnet. Sind Tabellen nicht vorhanden, wird nach abgewickelter Fläche gerechnet.

5.1.19 Bei Rohrleitungen werden Schieber, Flansche und dergleichen übermessen.

5.1.20 Werden Türen, Fenster, Rolläden und dergleichen nach Anzahl (Stück) gerechnet, bleiben Abweichungen von den vorgeschriebenen Maßen bis jeweils 5 cm in der Höhe und Breite sowie bis 3 cm in der Tiefe unberücksichtigt.

5.1.21 Dachrinnen werden am Wulst, Fallrohre unabhängig von ihrer Abwicklung im Außenbogen gemessen.

5.2 Es werden abgezogen:

5.2.1 Bei Abrechnung nach Flächenmaß (m^2):
Öffnungen, Aussparungen und Nischen über 2,5 m^2 Einzelgröße, in Böden über 0,5 m^2 Einzelgröße.

5.2.2 Bei Abrechnung nach Längenmaß (m):
Unterbrechungen über 1 m Einzellänge.

Kommentar zur ATV
Maler- und Lackierarbeiten – DIN 18363

0. Hinweise für das Aufstellen der Leistungsbeschreibung

Diese Hinweise ergänzen die ATV DIN 18299 »Allgemeine Regelungen für Bauarbeiten jeder Art«, Abschnitt 0. Die Beachtung dieser Hinweise ist Voraussetzung für eine ordnungsgemäße Leistungsbeschreibung gemäß A § 9. Die Hinweise werden nicht Vertragsbestandteil.

Hier ist zur Klarstellung auf Abschnitt 0 der ATV DIN 18299 hinzuweisen, wo es heißt:
»*Die Beachtung dieser Hinweise ist Voraussetzung für eine ordnungsgemäße Leistungsbeschreibung gemäß A § 9.*«

In der Leistungsbeschreibung sind nach den Erfordernissen des Einzelfalls insbesondere anzugeben:

0.1 Angaben zur Baustelle

Keine ergänzende Regelung zur ATV DIN 18299, Abschnitt 0.1.

0.2 Angaben zur Ausführung

0.2.1 Art und Beschaffenheit des Untergrundes

Der Abschnitt muß zusammen mit Abschnitt 0.2.2 gesehen werden. In beiden Abschnitten werden Angaben über Art und Beschaffenheit der zu behandelnden Flächen gefordert. Dieser Abschnitt betrifft noch nicht behandelte/vorbehandelte Untergründe.
Eindeutige und erschöpfende Angaben über den Untergrund sind in Leistungsbeschreibungen für Beschichtungsarbeiten unerläßlich. Sie sollten der jeweiligen Leistungsbeschreibung vorangestellt werden. Hieraus ergeben sich wichtige Hinweise für die Preisberechnung und für die fachtechnische Beurteilung der Leistungsforderung, einschließlich der Nebenleistungen.

Die Art der zu behandelnden Flächen umfaßt eine Vielzahl von Untergründen und Bauteilen, deren Konstruktionsart für Maler- und Lakkierarbeiten von Bedeutung ist. So ist es z. B. neben der Mörtelgruppe, Putzart, Holzart, Gestaltung der Metalloberfläche für die Kalkulation wichtig, zu erfahren,
- wie Fugen ausgebildet sind,
- ob Holzverkleidungen glatt, mit Nut und Feder, als Stülpschalung o. ä. vorliegen,
- ob Fenster feststehende Teile oder bewegliche Flügel haben und ob es Dreh-, Kipp-, Wende-, Schwing-, Klapp- oder Schiebeflügel sind,
- ob Guß- bzw. Stahlblechheizkörper besondere Konstruktionsmerkmale aufweisen,
- ob der Untergrund unübliche Gliederungen aufweist.

Bei beweglichen Beschlägen kann es durch Beschichtungen zu Funktionsstörungen kommen. Entsprechende Hinweise können Schäden vermeiden und Auskunft über mögliche Erschwernisse geben.

Der nach der Leistungsbeschreibung zu kalkulierende Zeitaufwand und Stoffverbrauch richtet sich nicht nur nach der Untergrundart, sondern auch nach der Beschaffenheit des Untergrundes.

Der Stoffverbrauch und der Zeitaufwand richten sich nach der Saugfähigkeit und der Art der Oberfläche, die u. a. glatt, rauh, gefilzt, geglättet, gelocht, geschlitzt, gewellt, profiliert sein kann.

Wichtige Faktoren der Zustandsbeschreibung sind weiterhin die Festigkeit des Untergrundes, Feuchtigkeit im Untergrund, vorhandene Rißarten und deren Umfang, Art und Umfang von Ablagerungen, Verschmutzungen und Verrostungen, Unterrostung, mit oder ohne Walzhaut bei Stahlbauteilen.

Der Umfang der Verrostung sollte mit dem prozentualen Anteil der verrosteten Flächen zu der Gesamtfläche angegeben werden. Hinweise über die Verzinkungsarten, feuerverzinkt, spritzverzinkt oder galvanisch verzinkt, mit oder ohne Nachbehandlung sowie die Art der Beschaffenheit von Aluminiumoberflächen, metallblank, anodisch oxidiert oder anders vorbehandelt, sind ebenfalls für die Vorbereitung des Untergrundes und für einen haltbaren Beschichtungsaufbau entscheidende Informationen.

Verzichtet der Ausschreibende auf eine genaue Beschreibung über Art und Beschaffenheit der zu beschichtenden Bauteile und Oberflächen, kann es zu Meinungsverschiedenheiten zwischen Auftraggeber und Auftragnehmer im Zusammenhang mit der Untergrundprüfpflicht im Hinblick auf die Gewährleistung kommen (siehe VOB Teil B § 4

Nr. 3), da vor Arbeitsausführung viele Mängel im Untergrund durch baustellenübliche Untersuchungen nicht erkannt werden können. Ungenaue Untergrundbeschreibungen können zu späteren Nachforderungen des Auftragnehmers führen, weil der Umfang der erforderlichen Einzelleistungen von der Art und Beschaffenheit der zu behandelnden Flächen abhängig ist.

0.2.2 Art und Beschaffenheit der zu behandelnden Oberflächen; ob und welches Frostschutzmittel, welche Dichtstoffe, Trennmittel und/oder welche Grundbeschichtungsstoffe bei Stahlbauteilen bzw. für den Holzschutz verwendet worden sind.

Mit »Oberfläche« sind hier »Untergründe« gemeint, die häufig bereits vorbehandelt sind und/oder Zusätze enthalten.

Grundsätzlich ist die Art und Beschaffenheit der zu behandelnden Flächen so zu beschreiben, daß alle Bieter den Umfang der Leistungen sicher beurteilen und berechnen können.

Dabei ist auf die notwendige Abgrenzung zwischen Nebenleistungen und solchen Leistungen zu achten, die keine Nebenleistungen sind und demnach als Hauptleistungen ausgeschrieben werden müssen.

Da die Vorbereitung des Untergrundes einfach oder kompliziert und sehr aufwendig sein kann, sollte besonderer Wert auf die Untergrundbeschreibung gelegt werden, damit die Bieter erkennen können, was an Vorbereitungsarbeiten erforderlich wird.

Zu den vom Auftraggeber veranlaßten Vorarbeiten können auch Imprägnierungen mit Holzschutzmitteln oder Grundbeschichtungen durch andere Auftragnehmer gehören. Es ist daher zu unterscheiden, ob die Flächen unbeschichtet oder bereits imprägniert bzw. beschichtet sind.

Ob und welche Frostschutzmittel, Dichtstoffe oder Trennmittel bei der Untergrundherstellung verwendet worden sind, ist anzugeben, da diese bei einer baustellenüblichen Prüfung des Untergrundes nicht immer erkannt oder mangels Artangabe (Zusammensetzung) in bezug auf Folgewirkungen nicht beurteilt werden können.

Neben zumeist salzartigen Frostschutzmitteln gibt es eine Vielzahl von Hilfsstoffen und Zusatzmitteln. Hierunter fallen auch sogenannte Vergütungsmittel für Estrich-, Fugen-, Mauer- und Putzmörtel sowie für Betonmischungen und Dichtungsmittel, die wachsähnliche Eigenschaften haben oder Silikone enthalten können.

Solche Stoffe können an der Untergrundoberfläche die Haftfestigkeit von Beschichtungen stören. Dazu gehören u. a. Betonentschalungsmittel, sogenannte Schalöle, wasserabweisende Imprägnierungen, nicht trocknende Öle, Weichmacher in Kunststoffen, Formentrennmittel, die bei der Herstellung von Gipsbauteilen verwendet werden. Derartige Stoffe im Untergrund oder auf der Oberfläche können – selbst in geringen (unsichtbaren) Mengen – zu Haftungsstörungen, Trocknungsstörungen oder Verfärbungen der Beschichtung führen. Dazu können weiter gehören die gefetteten verzinkten Flächen und Aluminiumbauteile, die mit farblosen, zumeist dünnen Lackschutzschichten versehen und die Leicht-, Normal- und Schwerbetonflächen, die wasserabweisend vorbehandelt sind.

Dichtprofile oder Rißbänder aus elastischem Kunststoff verspröden oder werden an- bzw. aufgelöst, wenn sie mitbeschichtet werden. Durch einen entsprechenden Hinweis sind Schäden vermeidbar und eventuelle Erschwernisse für die Bieter erkennbar.

Mit welchen Stoffen Vorleistungen erbracht worden sind, muß in der Leistungsbeschreibung – möglichst unter Angabe des Erzeugnisses und des Herstellers – angegeben werden, damit der weitere Beschichtungsaufbau darauf abgestimmt werden kann. Diese Forderung gewinnt mit der Weiterentwicklung von Beschichtungsstoffen, die nur im System untereinander verträglich sind, zunehmend an Bedeutung.

0.2.3 **Ob die zu beschichtende Oberfläche zum Schutz vor Abrieb und/oder zur Verbesserung der Reinigungsfähigkeit behandelt werden soll, z. B. mit Dispersions- oder Lackfarbe.**

In der Ausschreibung ist anzugeben, ob erhöhte Anforderungen, z. B. erhöhter Abriebschutz auf Treppenstufen, gute Reinigungsfähigkeit in Krankenhäusern, gestellt werden.

0.2.4 **Art und Anzahl der Beschichtungen entsprechend ihrer Beanspruchung durch Wasser, Laugen und Säuren.**

In der Leistungsbeschreibung ist anzugeben, welche besonderen Eigenschaften von der Beschichtung erwartet werden. Wichtig ist, daß die Eigenschaftsangaben für alle Bewerber eindeutig und verständlich sind.

Beanspruchungsarten sind mechanische Einwirkungen, z. B. durch Begehen und Befahren, hohe Radlasten und chemische Einwirkungen, z. B. durch Laugen, Säuren, Gase, Dämpfe. Hinzu können Belastungen durch schwankende Temperaturen, z. B. in Fabrikationsräumen, kommen.

Der Grad der Beanspruchung ist anzugeben nach Art, Stärke und

Dauer, damit die erforderliche Widerstandsfähigkeit der Beschichtung darauf abgestimmt werden kann. Oft sind mehrere Beanspruchungsarten gleichzeitig gegeben und führen dann – auch in Verbindung mit Feuchtigkeit – zu erhöhten Belastungen der Beschichtungen.

0.2.5 Leistungen, die der Auftragnehmer in Werkstätten anderer Unternehmer ausführen soll, unter Bezeichnung der Lage dieser Werkstätten.

Um das Eindringen von Feuchtigkeit in Holzbauteile und die Gefahr des Pilzbefalls zu mindern, müssen Holzbauteile – besonders Fenster – vor der Anlieferung und dem Einsetzen am Bau mit einer allseitigen Grundbeschichtung und einer ersten Zwischenbeschichtung beim Hersteller der Holzbauteile versehen werden, auch wenn vorher mit Holzschutzmitteln imprägniert wurde. Empfindliches Holz, das nur farblos oder lasierend behandelt werden soll, kann hierdurch außerdem vor Verfärbungen geschützt werden.

Stahlbauteile sollten vor der Anlieferung in Herstellerwerkstätten gründlich entfettet, entrostet und sofort mit einer Beschichtung versehen werden. Hierbei ist darauf zu achten, daß die Schutzbeschichtungen tragfähig und zur Aufnahme weiterer Schichten geeignet sind und nicht nach der Montage mühsam wieder entfernt werden müssen.

Sollen Beschichtungen vom Auftragnehmer in Werkstätten anderer Unternehmen ausgeführt werden – damit die Verantwortung für das gesamte Beschichtungssystem in einer Hand bleibt – ist in der Leistungsbeschreibung anzugeben, wo sich die Werkstatt befindet. Möglicherweise ergeben sich dadurch erhöhte Kosten, z. B. durch Anfahrtwege, kleine Stückzahl in zeitlichen Abschnitten.

0.2.6 Wie und wann nach dem Einbau nicht mehr zugängliche Flächen vorher zu behandeln sind.

Nach dem Einbau nicht mehr erreichbare Holzflächen sind vorher so zu streichen, daß die Flächen gegen schädigende Einflüsse geschützt sind. Derartige Schutzbeschichtungen sind notwendig für Holzfenster vor dem Einbau und vor dem Verglasen, Holzgesimsen, für die Rückseiten von Holzverkleidungen, Fußleisten, Türfutter und -bekleidungen, Holzspanplatten, Faserzementplatten u. ä.

Zum Schutz vor Korrosion müssen vor dem Zusammenbau verschiedenartiger Metalle deren Verbindungsflächen mit Sperrschichten versehen werden. Es hat sich bewährt, Stahlbauteile vor dem Einbetonieren durch Beschichtungen im Grenzbereich zu schützen.

Kommentar zur DIN 18363

In der Leistungsbeschreibung ist anzugeben, wann später nicht mehr zugängliche Flächen behandelt werden sollen, damit diese vor Einbau bzw. Montage bearbeitet werden können.

0.2.7 Art und Anzahl von geforderten Musterbeschichtungen.

Musterbeschichtungen haben den Sinn, das Aussehen der Beschichtungen bezüglich Farbton, Oberflächenart usw. endgültig festzulegen, wenn Farbkarten oder Muster nicht ausreichen. Versuchsbeschichtungen aus technischen Gründen zählen nicht zu den Musterbeschichtungen.

Wenn Muster vom Auftraggeber oder der Bauleitung gefordert werden, sollte dies bereits in der Leistungsbeschreibung nach Art und Anzahl angegeben werden, besonders wenn dadurch zusätzliche Kosten entstehen. Für das Ansetzen von Farbtönen und Probebeschichtungen gelten bis zu 2% der zu beschichtenden Fläche, jedoch höchstens bis zu 3 Musterflächen, als Nebenleistungen.

Die Probebeschichtungen sollten in der Regel dem Effekt der vorgesehenen Art der Gesamtleistung (Beschichtungsaufbau und Beschichtungsstoff) entsprechen.

0.2.8 Ob und wie Dichtstoffe zu behandeln sind.

Wenn in der Leistungsbeschreibung nichts anderes vorgeschrieben ist, sind Kitte und plastische Dichtstoffe mit einer Zwischen- und einer Schlußbeschichtung entsprechend dem sonstigen Beschichtungsaufbau zu versehen.

Ausfugungen mit plastischen Dichtstoffen zwischen Gipskartonplatten und anderen Bauteilen, z. B. Beton, Putz, Holz, können zu Schäden wie Verfärbungen, Staubansammlungen und Abrissen führen. Diese Schäden können durch Beschichtungen nicht verhindert werden.

Elastisch bleibende Fugenabdichtungen und Versiegelungen sind nicht zu beschichten.

Wenn elastische Dichtstoffe so wie plastische Dichtstoffprofile und -bänder beschichtet werden sollen, sind in der Leistungsbeschreibung Angaben zur Art des Dichtstoffes und des hierauf zu verwendenden Beschichtungsstoffes zu machen, da nach dem derzeitigen Stand der Technik Beschichtungen auf diesen Untergründen problematisch sind.

Inhaltsstoffe von Dichtstoffen (Weichmacher) können in angrenzende

Bauteile eindringen, z. B. in das Holzwerk von Fensterrahmen oder in den Verputz von Fensterfaschen. Sie können dort zu Beschichtungsschäden, z. B. Silikonpest, führen.

0.2.9 Anforderungen an die Beschichtung in bezug auf Glätte, Oberflächeneffekt, Glanzgrad, z. B. hochglänzend, glänzend, seidenglänzend, seidenmatt, matt, bei Kunstharzputzen die Korngröße; Beanspruchungsgrad von Dispersionsfarben, z. B. wetterbeständig oder waschbeständig, scheuerbeständig nach DIN 53778 Teil 2.

Die Anforderungen an die Beschichtungen werden nur zum Teil von den Stoffeigenschaften her bestimmt. Für den Auftraggeber ist es meist unwichtig, mit welchen Stoffen die Beschichtungen ausgeführt werden; ihn interessiert in erster Linie das Ergebnis in bezug auf das Aussehen, Glätte, Oberflächeneffekt, Glanz, Farbton und in bezug auf Güte, Beständigkeit, Schutzwirkung, Haltbarkeit. Angaben über allgemeine und besondere Anforderungen an die Beschichtung sind deshalb unentbehrlich.

Anforderungen an Beschichtungsstoffe, aus denen sich ein Teil grundlegender Anforderungen an die fertige Beschichtung ergibt, enthält Abschnitt 2.

Anforderungen an die Ausführung der Beschichtungen und Lackierungen nennt Abschnitt 3. Wenn nicht anders vorgeschrieben, muß die Oberfläche glatt sein; Lackierungen sind glänzend auszuführen. Soll die Oberfläche grob, fein gekörnt, matt, seidenglänzend sein oder einen sonstigen Oberflächeneffekt aufweisen, muß dies ausdrücklich gefordert werden. Dies kann sich auch aus den zu verwendenden Stoffen und den Applikationsverfahren ergeben.

Nach Abschnitt 2.4.1 wird für Beschichtungen auf mineralischen Untergründen die Angabe der Beanspruchung gefordert:
– waschbeständig,
– scheuerbeständig,
– wetterbeständig.

Leimfarben müssen für eine spätere Erneuerung leicht mit Wasser zu entfernen sein und können daher die vorgenannten Beständigkeiten nicht aufweisen. Bei Leimfarben kann selbst eine Wischbeständigkeit auf Dauer nicht zugesichert werden.

Bei lasierenden oder deckenden Beschichtungen auf Holz und Holzwerkstoffen, außen, sind BFS-Merkblatt Nr. 3 »Lasierende Behandlung von Außenverkleidungen aus Holz« und BFS-Merkblatt Nr. 18 »Beschichtungen auf Fenstern und Außentüren sowie Fensterwartung – Technische Richtlinien für Fensteranstriche« zu beachten.

| 0.2.10 | Anforderungen an Fahrbahnmarkierungen in bezug auf Oberflächenreflektion und Rutschfestigkeit, z. B. Einstreuen von Glasperlen oder Quarzsand. |

Es sind präzise Angaben über die Anforderungen zu machen.

| 0.2.11 | Farbtöne hell, mittelgetönt oder Vollton; bei Mehrfarbigkeit die mit unterschiedlichen Farbtönen zu behandelnden Flächen; gegebenenfalls Farbangabe nach Farbregister RAL 840 HR oder DIN 6164 Teil 1. |

Alle Beschichtungen und Lackierungen sind weiß oder hellgetönt auszuführen, wenn die Leistungsbeschreibung keine Farbtöne benennt und sofern sich nicht schon aus den in der Leistungsbeschreibung geforderten Stoffen, z. B. bei Bitumenlackfarben, etwas anderes ergibt.

Für die Berechnung des Werkstoffpreisanteiles ist es von Bedeutung, den Farbton und die Farbstufen hell-, mittel- oder sattgetönt zu kennen, um den für das Abtönen erforderlichen Kostenanteil ausreichend bestimmen zu können.

Darüber hinaus ist anzustreben, daß der gewünschte Farbton nach RAL oder der Farbkarte eines Herstellers angegeben wird, da es wesentliche Preisunterschiede zwischen den verschiedenen Farbtönen gibt.

Volltonfarben sind als besondere Farbstufe mit Farbtonbezeichnung anzugeben, weil neben den Preisunterschieden auch technische Probleme entstehen können. So gibt es Volltonfarben, die ungemischt Anwendungseinschränkungen unterliegen oder Farbtöne, die wegen geringerem Deckvermögen zusätzliche Schichten erforderlich machen.

Für die Berechnung des Lohnpreisanteils ist es wichtig zu erfahren, ob verschiedene Farbtöne, z. B. in einem Raum, an einem Geländer, an einer Fassade, vorgesehen sind. Das gilt auch für das farbige Absetzen von Profilen, Leisten, Nischen, Türzargen und anderen Bauteilen.

Wenn Fenster und Türen je Bauteilseite verschiedene Farbtöne erhalten sollen, ist festzulegen, wo die farbliche Abgrenzung an den Falzen erfolgen soll.

0.2.12 Ob Spachtelungen, mehrere Spachtelungen oder Zwischenbeschichtungen auszuführen sind.

Für Maler- und Lackierarbeiten sind in der Regel keine Spachtelungen vorgesehen. Tischler, Stukkateure usw. haben die Untergründe so herzurichten, daß keine Spachtelarbeiten erforderlich sind.
Die Anzahl der Spachtelungen richtet sich nach der Untergrundbeschaffenheit und dem gewünschten Aussehen. Die Oberfläche kann zwar glatt, aber nicht planeben, z. B. bei welligem Untergrund, bei Holz, bei nichtbündig verlegten Bauelementen, sein.
Das ganzflächige Spachteln von Holzaußenflächen ist nicht zulässig. Auch bei anderen Außenflächen – besonders bei Flächen, die dem Wetter unmittelbar ausgesetzt sind – sind ganzflächige Spachtelungen aus Gründen der Haltbarkeit nur mit speziell dafür geeigneten Spachtelmassen vorzusehen.
Die Abschnitte 3.2 und 3.3 bringen Texte mit Beschichtungssystemen, bei denen mehrere Zwischenbeschichtungen zweckmäßig oder notwendig sind. Darüber hinaus ist die Anzahl der Zwischenbeschichtungen eine Frage der vorgesehenen Schichtdicke, der Schutzwirkung und des Deckvermögens.
Um mehrere Arbeitsgänge in Leistungsbeschreibungen unmißverständlich und übersichtlich anzugeben, ist es ratsam, hierbei für jeden Arbeitsgang eine gesonderte Zeile vorzusehen, z. B.:
eine Grundbeschichtung mit...
einmal ganze Fläche spachteln mit...
eine zweite Spachtelung mit...
eine Zwischenbeschichtung mit...
eine zweite Zwischenbeschichtung mit...
eine Schlußbeschichtung mit...

0.2.13 Bauart, Abmessungen und Anzahl der zu bearbeitenden Seiten an Fenstern, Türen und dergleichen.

Der Ausschreibende soll in der Leistungsbeschreibung Bauart und Abmessungen der zu behandelnden Bauteile und Flächen angeben. Diese für die Kalkulation notwendigen Angaben sind als ergänzende Aussage zum Untergrund anzusehen.
Hierzu gehören sinngemäß folgende Angaben:
Fensterläden und Rolläden, Geländer, Gitter und dergleichen: Bauart und Abmessungen;
Heizkörper, Heizfläche: Bauart und Abmessungen;
Türen und Fenster: Tiefe der Futter und Breite der Bekleidungen.

Aus Angaben über die Bauart (Konstruktion) und über die Abmessungen (Abstände, Abwicklung, Länge, Breite, Tiefe, Wellenhöhe und -abstand, Zuschnitt oder Durchmesser) müssen alle Bieter die tatsächlich zu behandelnden Flächen sowie Stoffmehraufwendungen und etwaige Erschwernisse berechnen können. Das gilt nicht nur für alle nach pauschalierten Stückpreisen, sondern auch für alle nach Länge (m) abzurechnenden Bauteile. Selbst wenn Bauteile nach Fläche (m^2) abzurechnen sind, ist eine sichere Preisvorausberechnung nur möglich, wenn bestimmte Konstruktionsmerkmale und Einzelmaße, gegebenenfalls nach Bauteilen geordnet, angegeben sind.

Aus Angaben über Bauart und Abmessungen sollte deshalb besonders hervorgehen:
– ob schwer zugängliche oder umständlich erreichbare Flächen vorhanden sind,
– ob Bauteile aus Vollwand- oder Fachwerkkonstruktionen bestehen und/oder
– ob eine Kombination von beiden vorliegt,
– ob Geländer, Gitter und dergleichen aus Rahmen und Füllungen, aus Flach- oder Rundeisen, Profilstäben oder Rohren bestehen, Abstände und Abwicklung sowie Stabanordnung,
– ob Heizkörper besondere Konstruktionsmerkmale aufweisen, z. B. Stahl- oder Gußradiatoren, ob deren Heizfläche = Oberfläche nicht den üblichen Tabellen entnommen werden kann,
– ob innerhalb der zu beschichtenden Flächen andere Flächen liegen, die scharf, gradlinig zu begrenzen oder abzudecken sind, z. B. Türen mit Füllungen aus Glas,
Verkleidungen, Flächen aus Gipskartonplatten, Trennwände mit Füllungen aus Kunststoff,
Wandflächen aus Fachwerk, Deckenflächen mit Holzbalken, Wandflächen mit Fugen aus elastischem Dichtstoff,
– ob Fenster ein- oder mehrflügelig sind, Sprosseneinteilungen haben, als Verbund-, Kasten- oder Doppelfenster und mit oder ohne Innenfutter konstruiert sind,
– ob Fenster mit Mehrscheiben-Isolierglas verglast sind,
– ob Beschläge und welche Beschlagarten vorliegen, die besondere Schutzmaßnahmen erfordern, weil sie besonders empfindlich sind, ob sie beim Aus- und Einhängen einen außergewöhnlichen Zeitaufwand und/oder besondere Werkzeuge erfordern,
– ob Holzverkleidungen glatt, gestülpt, gespundet, geschindelt, mit Nut und Feder versehen sind,

– ob Türen aus Rahmen und Füllungen bestehen, ob Fensterläden freistehende oder bewegliche, jalousieartige Füllungen haben,
– ob Dachuntersichten mitzustreichende Sparren haben (Höhe, Breite, Abstand),
– ob diese farbig abzusetzen sind, ob gelochte, profilierte oder gewellte Flächen vorliegen oder ob sich aus der Konstruktionsart oder durch ungewöhnliche Gliederung der Bauteile Erschwernisse oder Stoffmehraufwendungen bei der Ausführung der Beschichtungsarbeiten ergeben, die die Angebotspreise beeinflussen können.

0.2.14 **Ob schaumschutzbildende Brandschutzbeschichtungen für Bauteile aus Holz nach DIN 4102 Teil 1 »schwer entflammbar« oder für Bauteile aus Stahl nach DIN 4102 Teil 2 »F 30« für innen oder außen gefordert werden.**

Bei schaumschutzbildenden Brandschutzbeschichtungen sind genaue Angaben über die geforderte Wirkung zu machen.

0.2.15 **Ob bei Überholungsbeschichtungen gut erhaltene Untergründe nur mit einer Schlußbeschichtung zu behandeln sind.**

In Abschnitt 3 sind die jeweiligen Mindestanforderungen an die Beschichtungen genannt.
Bei Überholungsarbeiten, z. B. bei Schönheitsreparaturen, kann es ausreichend sein, die Verschmutzungen zu überstreichen. Häufig reicht hierfür eine Beschichtung aus.
Die entsprechende Ausführung ist in der Leistungsbeschreibung festzulegen.

0.2.16 **Wie Kassettendecken abzurechnen sind**

Es gibt mehrere Möglichkeiten, aufzumessen bzw. abzurechnen, z. B.:
– planeben,
– die einzelnen Kassettierungen nach Stück,
– Kassettierungen in der Abwicklung.
Dabei ist Bauart und Abmessung anzugeben.

0.3 Einzelangaben bei Abweichungen von den ATV.

0.3.1 **Wenn andere als die in dieser ATV vorgesehenen Regelungen getroffen werden sollen, sind diese in der Leistungsbeschreibung eindeutig und im einzelnen anzugeben.**

Nach VOB/A § 10 Nr. 3 sollen die ATV grundsätzlich unverändert bleiben. Für die Erfordernisse des Einzelfalles sind jedoch Ergänzungen

Kommentar zur DIN 18363 0.3.2

und Änderungen in der Leistungsbeschreibung möglich; dies ist sinnvoll, weil Alternativen zu den in den ATV beschriebenen Ausführungen im Einzelfall zweckmäßig sein können.
Der Aufsteller einer Leistungsbeschreibung muß deshalb jeweils entscheiden, welche von mehreren möglichen Lösungen gewollt ist und diese eindeutig und im einzelnen beschreiben (vgl. Abschnitt 0.3.1 der ATV DIN 18299).

0.3.2 Abweichende Regelungen können insbesondere in Betracht kommen bei

Abschnitt 3.1.2,	wenn Beschichtungen nur mit der Hand oder nur maschinell ausgeführt werden dürfen,
Abschnitt 3.1.4,	wenn die Oberfläche entsprechend der Art des Beschichtungsstoffes und des angewendeten Verfahrens anders erscheinen muß, z. B. glatt, gekörnt,
Abschnitt 3.1.5,	wenn Beschichtungen mit Spachtelung, mittel- oder sattgetönt oder im Vollton ausgeführt werden sollen,
Abschnitt 3.1.6,	wenn Fleckspachtelung oder mehrmaliges Spachteln ausgeführt werden soll,
Abschnitt 3.1.7,	wenn Lackierungen, z. B. seidenglänzend, matt, ausgeführt werden sollen,
Abschnitt 3.1.11,	wenn der Auftragnehmer den Beschichtungsaufbau und die zu verarbeitenden Stoffe nicht festlegen soll,
Abschnitt 3.1.12,	wenn Beschichtungen nicht mehrschichtig ausgeführt werden sollen,
Abschnitt 3.2.1.2.6,	wenn bei Dispersionsfarbe auf Außenflächen eine Grundbeschichtung mit wasserverdünnbarem Grundbeschichtungsstoff ausgeführt werden soll; wenn die Innenbeschichtung mit Dispersionsfarbe scheuerbeständig nach DIN 53778 Teil 2 ausgeführt werden soll,
Abschnitt 3.2.1.2.7,	wenn bei Dispersionslackfarbe die Grundbeschichtung mit lösemittelverdünnbarem Grundbeschichtungsstoff ausgeführt werden soll,
Abschnitt 3.2.1.2.8,	wenn bei Dispersionsfarbe mit Füllstoffen die Grundbeschichtung mit lösemittelverdünnbarem Grundbeschichtungsstoff ausgeführt werden soll,
Abschnitt 3.2.1.2.14,	wenn bei Kunstharzlackfarbe eine weitere Zwischenbeschichtung ausgeführt werden soll,
Abschnitt 3.2.1.2.19,	wenn bei Dispersionsfarbe auf Gasbeton-Außenflächen die Schlußbeschichtung nicht aus gefüllter Dispersionsfarbe erfolgen soll,
Abschnitt 3.2.2.1.3,	wenn Beschichtungen auf Holz mit Spachtelung ausgeführt werden sollen,

Abschnitt 3.2.2.1.5, wenn vor der Verarbeitung von Dichtstoffen und vor dem Verglasen nur eine oder keine Beschichtung ausgeführt werden soll,

Abschnitt 3.2.2.1.7, wenn Kitte nicht mit einer Zwischen- und einer Schlußbeschichtung entsprechend dem sonstigen Beschichtungsaufbau versehen werden sollen.

0.4 Einzelangaben zu Nebenleistungen und Besonderen Leistungen

Keine ergänzende Regelung zur ATV DIN 18 299, Abschnitt 0.4.

0.5 Abrechnungseinheiten

Die bisher im Abschnitt 5 der ATV DIN 18 300 ff. getroffenen Regelungen über Abrechnungseinheiten waren als Vertragsbedingungen ungeeignet, weil

– die Abrechnungseinheiten ohnehin für jede Teilleistung in der Leistungsbeschreibung angegeben werden müssen und die dort gemachten Angaben bei Abweichungen von der ATV dieser nach VOB/B § 1 Nr. 2 vorgehen,

– für Teilleistungen, für die in Abschnitt 5 mehrere mögliche Abrechnungseinheiten genannt waren, aus dieser Regelung allein keine Vereinbarung zustande kommen konnte.

Sie konnten also nur dazu dienen, auf die üblichen und zweckmäßigen Abrechnungseinheiten für die jeweiligen Teilleistungen hinzuweisen. Diesem Zweck entsprechend wurden sie nunmehr in Abschnitt 0.5 übernommen, damit der Auftragnehmer bei Aufstellung der Leistungsbeschreibung die zutreffende Abrechnungseinheit wählt.

Eine materielle Änderung der VOB – insbesondere eine Einschränkung von Vergütungsansprüchen – tritt dadurch nicht ein. Abschnitt 5 begründete schon bisher keine Vergütungsansprüche. Dies auch dann nicht, wenn dort Leistungen erwähnt wurden, die für die Ausführung erforderlich, aber in der Leistungsbeschreibung nicht erfaßt waren. In diesen Fällen war bisher und ist künftig eine Vereinbarung über zusätzliche Leistungen und deren Vergütung gemäß VOB/B § 2 Nr. 6 zu treffen.

Bei Abschnitt 0.5 handelt es sich um eine unvollständige Aufzählung möglicher Abrechnungseinheiten. Es erscheint zweckmäßig darauf hinzuweisen, daß insbesondere Deckel von Rolladenkästen, Fensterbänke, farbige Bänder und dergleichen bis 30 cm Breite wie Deckenbalken und Fachwerke nach Längenmaß (m) getrennt nach Bauart und Maßen auszuschreiben und abzurechnen sind.

Kommentar zur DIN 18363

Im Leistungsverzeichnis sind die Abrechnungseinheiten wie folgt vorzusehen:

0.5.1 Flächenmaß (m²), getrennt nach Bauart und Maßen, für

- Decken, Wände, Leibungen, Vorlagen, Unterzüge,
- Treppenuntersichten,
- Fußböden,
- Trennwände,
- Türen, Tore, Futter und Bekleidungen,
- Fenster, Rolläden, Fensterläden
- Stahlteile,
- Stahlprofile und Rohre von mehr als 30 cm Abwicklung,
- Dachuntersichten, Dachüberstände,
- Sparren,
- Holzschalungen,
- Heizkörper,
- Gitter, Geländer, Zäune, Einfriedungen, Roste,
- Trapezbleche, Wellbleche,
- Blechdächer und dergleichen.

0.5.2 Längenmaß (m), getrennt nach Bauart und Maßen, für

- Leibungen,
- Treppenwangen,
- Leisten, Fußleisten,
- Deckenbalken, Fachwerke und dergleichen aus Holz oder Beton,
- Stahlprofile und Rohre bis 30 cm Abwicklung,
- Eckschutzschienen,
- Rolladenführungsschienen, Ausstellgestänge, Anschlagschienen,
- Dachrinnen,
- Fallrohre,
- Kehlen, Schneefanggitter,
- Straßenmarkierungen mit Angabe der Breite und dergleichen.

0.5.3 Anzahl (Stück), getrennt nach Bauart und Maßen, für

- Türen, Futter und Bekleidung,
- Fenster,
- Stahltürzargen,
- Gitter, Roste und Rahmen
- Spülkasten,
- Heizkörperkonsolen und Halterungen,
- Sperrschieber, Flansche,
- Ventile,

0.5.3

- **Motoren,**
- **Pumpen,**
- **Armaturen,**
- **Straßenmarkierungen** (z. B. Richtungspfeile, Buchstaben) und dergleichen.

Kommentar zur DIN 18 363 1.1

1 Geltungsbereich

1.1 Die ATV »Maler- und Lackierarbeiten« – DIN 18 363 – gilt für die Oberflächenbehandlung von Bauten und Bauteilen mit Stoffen nach DIN 55 945 »Lacke, Anstrichstoffe und ähnliche Beschichtungsstoffe; Begriffe« und mit anderen Stoffen.

Die ATV DIN 18 363 »Maler- und Lackierarbeiten« gilt für Anstriche, Lackierungen oder Beschichtungen als Bauleistung. Im Sinne der vorgenannten DIN 55 945, die in der Neuausgabe 1989 »Beschichtungsstoffe (Lacke, Anstrichstoffe und ähnliche Stoffe); Begriffe« lautet, hat sich im Sprachgebrauch insbesondere für den Leistungsbereich »Anstriche« mehr und mehr der Oberbegriff »Beschichtung« durchgesetzt. Anstriche, Lackierungen und Beschichtungen verstehen sich nicht nur als Streichen mit Pinsel oder Bürste, sondern umfassen verschiedene manuelle und maschinelle Applikationsverfahren z. B. mit Rollen, Rakeln, Spachteln, Glättscheiben oder mit Maschinen und Geräten, z. B. Spritz-, Tauch- und Flutgeräten.

Nach DIN 55 945 ist eine Beschichtung der Oberbegriff für eine oder mehrere in sich zusammenhängende, aus Beschichtungsstoffen hergestellte Schichten auf einem Untergrund. Der Beschichtungsstoff kann mehr oder weniger in den Untergrund eindringen. Bei mehrschichtigen Beschichtungen wird auch von einem Beschichtungsaufbau (Beschichtungssystem) gesprochen. Beschichtungen im Sinne dieser Norm sind Lackierungen, Anstriche, Kunstharzputze, Spachtel- und Füllerschichten sowie ähnliche Beschichtungen. Dazu gehören sowohl dünnschichtbildende Lasurbeschichtungen als auch Beschichtungen mit füllstoffhaltigen Kunststoffdispersionsfarben, Bodenbeschichtungen sowie Unterwasserbeschichtungen und der vorbeugende Schutz und die farbige Gestaltung von Betonflächen wie auch die Betonoberflächeninstandsetzung durch das Entfernen nicht

Kommentar zur DIN 18 363

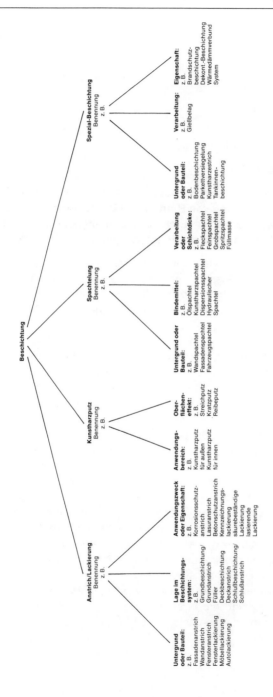

Kommentar zur DIN 18 363 1.1

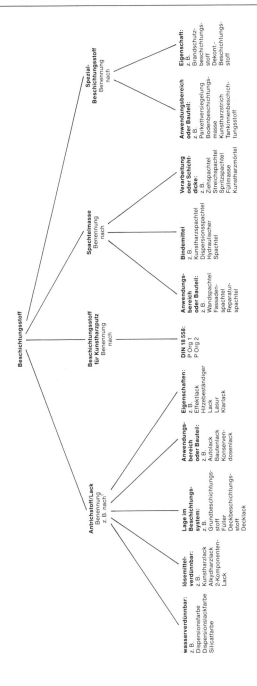

[1] Wortkombinationen mit dem Begriff Anstrichstoff sind nicht gebräuchlich.

mehr fest haftender Schichten, Entrosten freiliegender Bewehrungsstähle und deren Beschichtung mit Korrosionsschutzstoffen, Auffüllen mit Spezialspachtelmassen und anschließender Schutzbeschichtung als Betoninstandsetzungssystem.
Zu den Oberflächenbehandlungen nach dieser Norm zählen auch rißüberbrückende Beschichtungen – auch mit einem Armierungsgewebe (nach Abschnitt 2.6) als Zwischenschicht – und das Wärmedämmverbundsystem als kombiniertes Beschichtungs- und Klebeverfahren aus Beschichtungsstoffen mit Armierung und Dämmstoffen als Zwischenschicht (DIN V 18 559). Zu den Beschichtungen gehören weiterhin Brandschutzbeschichtungen (Abschnitt 3.2.5.4) und Fahrbahn- und Sicherheitsmarkierungen (Abschnitt 3.2.5.5) wie auch andere gestalterische Arbeiten zur Kennzeichnung wie visuelle Leitsysteme. Zu den besonderen Beschichtungsverfahren zählt auch das Belegen von Flächen mit Blattmetallen (Abschnitt 3.2.5.1), Bronzieren (Abschnitt 3.2.5.2) und das Herstellen von Metalleffektlackierungen (Abschnitt 3.2.5.3).

1.2 Die ATV DIN 18 363 gilt nicht für

- **das Beschichten und thermische Spritzen von Metallen an Konstruktionen aus Stahl oder Aluminium, die einer Festigkeitsberechnung oder bauaufsichtlichen Zulassung bedürfen (siehe ATV DIN 18 364 – »Korrosionsschutzarbeiten an Stahl- und Aluminiumbauten«),**
- **Beizen und Polieren von Holzteilen (siehe ATV DIN 18 355 »Tischlerarbeiten«),**
- **Versiegeln von Parkett (siehe ATV DIN 18 356 »Parkettarbeiten«),**
- **Versiegeln von Holzpflaster (siehe ATV DIN 18 367 »Holzpflasterarbeiten«) und**
- **Beschichten von Estrichen (siehe ATV DIN 18 353 »Estricharbeiten«).**

Um die ATV DIN 18 363 »Maler- und Lackierarbeiten« aus technischen und wirtschaftlichen Gründen übersichtlich zu halten, grenzt Abschnitt 1.2 den Geltungsbereich zu den vorgenannten anderen Beschichtungsarbeiten ab.
Beschichtungsarbeiten nach ATV DIN 18 364 für Stahlbauwerke (z. B. für Industriehallen, Brücken oder Masten der Elektrizitätsversorgung) führen bei Beschichtungsarbeiten auf anderen Stahlbauteilen, die damit in Zusammenhang stehen (z. B. auf Fenstern, Toren, Gittern und Rohrleitungen) zu Überschneidungen. Das gilt auch für Beschichtungsarbeiten auf Aluminiumbauteilen, so daß in den Verdingungsunterlagen klare Abgrenzungen zu treffen sind.

Kommentar zur DIN 18363

Beschichtungsarbeiten sind ein wesentlicher Tätigkeitsbereich des Maler- und Lackiererhandwerks. Damit für ein Beschichtungssystem nicht unterschiedliche technische Vertragsbedingungen (VOB Teile B und C) bestehen, gilt die ATV DIN 18356, wenn der Maler Parkett versiegelt, ATV DIN 18355, wenn er Holzbauteile beizt und poliert. Wenn Tischler oder Fensterhersteller Grundbeschichtungen auf Holzbauteilen ausführen, gilt ATV DIN 18363; wenn Schlosser oder Stahlbauer Grundbeschichtungen auf Stahlbauteilen ausführen, gilt ATV DIN 18364 oder ATV DIN 18363. Gleiches gilt für das Versiegeln von Holzpflaster (ATV DIN 18367 »Holzpflasterarbeiten«) und für die Beschichtung von Estrichen (ATV DIN 18353 »Estricharbeiten«). Für Heizkörper gilt DIN 55900.

1.3 **Ergänzend gelten die Abschnitte 1–5 der ATV DIN 18299 »Allgemeine Regelungen für Bauarbeiten jeder Art«. Bei Widersprüchen gehen die Regelungen der ATV DIN 18363 vor.**

2 Stoffe

Ergänzend zur ATV DIN 18299, Abschnitt 2, gilt:
Für die gebräuchlichsten genormten Stoffe und Bauteile sind die DIN-Normen nachstehend aufgeführt.

Bereits im Geltungsbereich unter Abschnitt 1.1 wurde darauf hingewiesen, daß die vorliegende ATV »Maler- und Lackierarbeiten« – DIN 18363 – für die Oberflächenbehandlung von Bauten und Bauteilen mit Stoffen nach DIN 55945 »Beschichtungsstoffe (Lacke, Anstrichstoffe und ähnliche Stoffe); Begriffe« und mit anderen Stoffen gilt. Dieser Hinweis ist von besonderer Bedeutung, da in DIN 55945 auch Werkstoffe definiert sind, die in dieser ATV nicht im einzelnen angesprochen werden. Grundsätzlich gilt, daß auch diese Stoffe, ebenso wie die in Abschnitt 2 aufgeführten Beschichtungsstoffe auf die in Abschnitt 3 genannten Arbeitsleistungen bezogen sind.

Dem jeweiligen Stand der Technik entsprechend können darüber hinaus auch andere Stoffe – zum Beispiel neu- oder weiterentwickelte Beschichtungsstoffe – verwendet werden, wenn hierdurch technisch und/oder wirtschaftlich bessere Leistungen zu erbringen sind, da es dem Sinn dieser Norm entspricht, technische Weiterentwicklungen zu nutzen (siehe VOB/B § 4 Nr. 2). Hierfür ist jedoch vor Beginn der Ausführung die schriftliche Zustimmung des Auftraggebers einzuholen.

Die allgemein anerkannten Regeln der Bautechnik sind teils geschrieben, teils ungeschrieben. Zu den geschriebenen gehören zum Beispiel
- die Bestimmungen des Deutschen Instituts für Normung (DIN-Vorschriften),
- Unfallverhütungsvorschriften der Bau-Berufsgenossenschaften,
- die Richtlinien des Verbandes Deutscher Elektrotechniker (VDE).

Kommentar zur DIN 18 363

Für Maler- und Lackierarbeiten sind die vom Bundesausschuß Farbe und Sachwertschutz (Speyerer Straße 3, 60327 Frankfurt) herausgegebenen technischen Richtlinien und technischen Merkblätter zu nutzen, die von der Deutschen Informationsstelle für technische Regelwerke (DITR) beim Deutschen Institut für Normung in Berlin veröffentlicht sind (Normenanzeiger) und dadurch Normencharakter haben.

Ungeschrieben sind allgemein anerkannte Regeln der Bautechnik dann, wenn sie der praktischen Übung bei der entsprechenden Bauausführung entsprechen. Die allgemein anerkannten Regeln der Bautechnik sind aber nicht starr und für immer feststehend, sondern sie sind nach der jeweiligen Entwicklung und dem Stand der praktischen Erkenntnis wandelbar. Da auch die geschriebenen Regeln immer nach ihrem neuesten Stand beurteilt werden müssen, kann es vorkommen, daß sie – bedingt durch die technische Weiterentwicklung – überholt sind. Diese Frage kann dann von Bedeutung sein, wenn es um die Anwendung neuer, aber bereits erprobter und als technisch einwandfrei erkannter Bauweisen und Baustoffe geht (siehe Ingenstau/Korbion – Kommentar Teile A und B – Werner Verlag GmbH, Düsseldorf).

Wie zuvor ausgeführt, ist der Auftragnehmer nach VOB/B § 4 Nr. 2 zur Berücksichtigung der anerkannten Regeln der Technik und der gesetzlichen und behördlichen Bestimmungen verpflichtet. Dies bedeutet, daß ein Auftragnehmer auch nach VOB/B § 4 Nr. 3 zu prüfen hat, ob er gegen die in der Leistungsbeschreibung geforderten Stoffe – selbst wenn sie einer der genannten DIN-Vorschriften entsprechen – im Hinblick auf seine Gewährleistungsverpflichtung Bedenken hat. Solche Bedenken sind dem Auftraggeber dann *schriftlich* mitzuteilen. Hierbei ist der Auftraggeber auch zu informieren, daß statt des ausgeschriebenen – durch die technische Weiterentwicklung überholten – Stoffes besser ein anderer Werkstoff verwendet wird, der sich zwischenzeitlich in der Praxis bewährt hat. Mehrkosten, die unter Umständen bei der Verarbeitung eines solchen neuen, bereits bewährten Baustoffes anfallen, sind in Form eines Nachtragsangebotes rechtzeitig dem Auftraggeber mitzuteilen.

2.1 Stoffe zur Untergrundvorbehandlung

2.1.1 Absperrmittel

Absperrmittel müssen das Einwirken von Stoffen aus dem Untergrund auf die Beschichtung oder umgekehrt von der Beschichtung auf den Untergrund oder zwischen einzelnen Schichten einer Beschichtung verhindern.

Laut DIN 55945 sollte die für Absperrmittel gebrauchte Benennung »Isoliermittel« vermieden werden, um Verwechslungen mit Wärme- und Schalldämmstoffen sowie elektrischen Isolierstoffen zu vermeiden.

Die Aufgabe eines Absperrmittels ist es zu verhindern, daß Stoffe aus einem Untergrund die nachfolgend vorgesehene Beschichtung schädigen. So kann z. B. die in einer Alkydharzlackfarbenbeschichtung enthaltene Fettsäure mit Zink reagieren. Hierbei bilden sich Seifen, die die Haftung der Beschichtung aufheben. In dem genannten Beispiel müßte ein Absperrmittel eingesetzt werden, das die Wechselwirkungen zwischen Schlußbeschichtung und Untergrund verhindert.

Folgende Stoffe sind für den jeweils genannten Zweck zu verwenden:

2.1.1.1 Absperrmittel auf der Grundlage von Kieselfluorwasserstoffsäure oder Lösungen ihrer Salze – Fluate – zur Verminderung der Alkalität für Kalk- und Zementoberflächen, jedoch nicht für Gips- oder Lehmoberflächen,
- zur Verringerung von Saugfähigkeit,
- zur Oberflächenfestigung von Kalk- und Zementputz,
- zur Verhinderung des Durchschlagens von Wasserflecken;

In der Praxis werden vornehmlich wasserlösliche Salze der Fluorkieselwasserstoffsäure (Siliciumfluorwasserstoffsäure) – entsprechend RAL 820 A –, die vom Herstellerwerk bereits für den speziellen Verwendungszweck zusammengesetzt sind, benutzt. Die Verarbeitungsvorschriften und Sicherheitsvorkehrungen für diese ätzenden Arbeitsstoffe sind sorgfältig zu beachten. Gefährdete Flächen aus Glas, Keramikfliesen, Naturstein, Leichtmetallen o. ä. sind entsprechend zu schützen.

Fluate finden Anwendung auf kalk- und/oder zementhaltigen Untergründen zum Aufschließen von Kalksinterschichten und zur Beseitigung von Karbonatschichten. Hiermit ist auch eine gewisse Egalisierung der Saugfähigkeit und Verfestigung der Oberfläche verbunden. Eine Neutralisation bzw. Verminderung der Alkalität in der Untergrundoberfläche ist nicht möglich, da das Auftreten von löslichen, alkalisch wirksamen Salzen an der Oberfläche von den Feuchtigkeitsbewegungen im Untergrund abhängt. Nach Anwendung eines Fluates auf einem mineralischen Untergrund ist mit Wasser nachzuwaschen. Dieses Wasser dringt zum Teil tief in den mineralischen Untergrund ein und transportiert hier gelöste alkalische Bestandteile beim Austrocknen wieder an die Oberfläche. Eine Neutralisation mit Fluaten ist nur zeitlich begrenzt möglich.

Das Entfernen von Ausblühungen (Ausblühsalzen) muß primär durch Trockenlegung des Bauteiles erfolgen und kann mit Fluaten allein nicht erreicht werden. Das gleiche gilt für das Absperren von Wasserflecken. Schimmelbildungen, Pilzbefall, Moos oder Algen können mit Fluaten nur bedingt beseitigt werden.

Absperrmittel auf der Grundlage von Kieselfluorwasserstoffsäuren oder Lösungen ihrer Salze dürfen nicht auf Gips- oder Lehmoberflächen angewendet werden. Da es sich bei diesem Absperrmittel um stark saure Stoffe handelt, benötigen sie mineralische Untergründe, die alkalisch sind oder karbonatisches Gestein enthalten. Nur in Verbindung hiermit ist die Funktionsfähigkeit dieser Absperrmittel sichergestellt. Gips- und lehmhaltige Untergründe sind weder alkalisch noch enthalten sie karbonatische Zuschläge. Deshalb sind sie hierfür nicht geeignet.

Durch die chemische Reaktion zwischen dem Absperrmittel auf der Grundlage von Kieselfluorwasserstoffsäure oder Lösungen ihrer Salze mit einem alkalischen oder kalksteinhaltigen Untergrund kommt es an der Oberfläche zur Bildung von Kalziumsilikaten, die relativ homogene Schichten ergeben. Hierdurch wird die Saugfähigkeit des Untergrundes verringert und die Oberfläche verfestigt.

Die relativ dichten Kalziumsilikatschichten verhindern nur bedingt das Durchschlagen von Wasserflecken. In diesen Bereichen liegen häufig tiefgehende Durchfeuchtungen vor, durch die beim Austrocknen »Ausblühsalze« immer wieder an die Oberfläche transportiert werden.

2.1.1.2 **Absperrmittel auf der Grundlage von Aluminiumsalzen, z. B. Alaun, für Gips- und Lehmoberflächen,**
– **zur Oberflächenverfestigung und -Dichtung von stark oder ungleichmäßig saugenden Flächen,**
– **zur Verhinderung des Durchschlagens von Wasserflecken;**

Absperrmittel auf der Grundlage von Aluminiumsalzen, z. B. Alaun, bilden relativ dichte gleichmäßige Oberflächen bei Gips- oder Lehmputz. Sie führen zwar nicht zu einer chemischen Reaktion zwischen Absperrmittel und Untergrund, jedoch werden relativ gleichmäßig und geringer saugende Oberflächen erzielt.

Auch hier gilt, daß Aluminiumsalzschichten nicht in der Lage sind, bei Feuchtigkeitseinwirkungen das Auswandern von Salzen aus dem Beschichtungsuntergrund zu verhindern.

2.1.1.3 **Absperrmittel auf der Grundlage von Kunststoffdispersionen, auf allen Untergründen für die Weiterbehandlung mit wasserverdünnbaren, hochdispersen Beschichtungsstoffen,**
— **zur Verhinderung des Durchschlagens von z. B. Bitumen, Teer, Rauch-, Nikotin-, Rost- und Wasserflecken,**
— **zur Verringerung der Saugfähigkeit mineralischer Untergründe für nachfolgendes Beschichten;**

Absperrmittel aus verdünnten Kunststoffdispersionen bilden auf mineralischem Untergrund — bedingt durch das Entweichen des als Verdünnungsmittel enthaltenen Wassers — an der Oberfläche einen dünnen Film, der Einwirkungen aus dem Untergrund auf die nachfolgende Beschichtung »absperrt«.

Zum Absperren von Bitumen- und Teerflecken sind sie geeignet; zum Absperren von Rauch- und Nikotinflecken sind jedoch die unter Abschnitt 2.1.1.4 beschriebenen Absperrmittel geeigneter.

Dies ist darauf zurückzuführen, daß Bestandteile des Rauches und auch Nikotin in Wasser löslich sind und somit durch diese Absperrmittel durchwandern. Dies gilt in gleicher Weise für die Einwirkungen aus Rost- und Wasserflecken.

Diese Absperrmittel sind zur Verringerung der Saugfähigkeit von Untergründen für nachfolgende wasserverdünnbare Beschichtungen geeignet.

2.1.1.4 **Absperrmittel auf der Grundlage von Bindemittellösungen, z. B. Polymerisatharzen, Nitro-Kombinationslacken, Spirituslacken, lösemittelverdünnbar, auf allen Untergründen für die Weiterbehandlung mit lösemittelhaltigen Beschichtungsstoffen,**
— **zur Verhinderung des Durchschlagens von z. B. Bitumen, Teer, Rauch-, Nikotin-, Rost- und Wasserflecken;**

Absperrmittel auf der Grundlage von Bindemittellösungen, z. B. Polymerisatharzen, werden häufig als »Tiefgrund« bezeichnet. Sie eignen sich für das Absperren von Rauch-, Nikotin-, Rost- und Wasserflecken. Diese Absperrmittel dringen in den Untergrund ein und binden z. B. bei mürbem Putz die Oberfläche. Da die Lösemittel, in denen Polymerisatharze gelöst sind, Bitumen und Teer anlösen können, sind sie zum Absperren dieser Stoffe weniger geeignet.

2.1.2 Anlaugstoffe

Zur Verbesserung der Haftfähigkeit für Überholungsbeschichtungen und zum Reinigen und Aufrauhen alter Öllack- und Lackfarbenanstriche ist verdünntes Ammoniumhydroxid (Salmiakgeist) zu verwenden.

Zur Vorbereitung von NE-Metallen und Metallüberzügen sind solche Stoffe in Verbindung mit Netzmitteln als ammoniakalische Netzmittelwäsche zu verwenden.

Die Behandlung von alten Öl- bzw. Alkydharzlackfarbenbeschichtungen mit verdünntem Salmiakgeist rauht die Oberfläche der Altbeschichtung durch Verseifung auf. Deshalb ist nach der Behandlung von Öl- bzw. Alkydharzbeschichtungen mit Salmiakgeist gründlich nachzuwaschen, um die Verseifungsprodukte von der Oberfläche zu entfernen.

Salmiakgeist selbst verdunstet rückstandslos, so daß für nachfolgende Beschichtungen auch Werkstoffe verwendbar sind, die nicht verseifungsresistent sind.

Zink – aber auch Aluminium – wird durch alkalische Mittel angegriffen. So kann mit Salmiakgeist auch bei den genannten Metallen die Oberfläche »aufgerauht« werden. Für die Vorbereitung von Zinkoberflächen hat sich die ammoniakalische Netzmittelwäsche unter Verwendung von Korund-Kunststoffvlies bewährt. Auf 10 l Wasser kommen ca. ein halber Liter einer 25%igen Ammoniaklösung (Salmiakgeist) bzw. eineinviertel Liter einer 10%igen Ammoniaklösung. Auf diese Menge sind zwei Kronenkorken Netzmittel, z. B. Spüli oder Pril, zuzusetzen. Beim Naßschleifen mit Korund-Kunststoffvlies entsteht ein feiner Schaum, der etwa 10 Minuten auf die Fläche einwirken soll. Danach ist gründlich mit klarem Wasser nachzuwaschen, bis der Schaum entfernt ist. Keinesfalls darf Stahlwolle zum Schleifen verwendet werden (Kontaktkorrosion).

2.1.3 Abbeizmittel nach DIN 55945

Nach DIN 55945 sind Abbeizmittel alkalische, saure oder neutrale Mittel, die, auf eine getrocknete Beschichtung aufgebracht, diese so erweichen, daß sie vom Untergrund entfernt werden können. Abbeizmittel können flüssig oder pastenförmig sein.

Die alkalischen Abbeizmittel werden auch »Ablaugemittel« und die neutralen (lösenden) Abbeizmittel auch »Abbeizfluide« genannt.

Es werden sowohl chemisch verändernde als auch lösende Abbeizmittel angeboten.

Reste von Abbeizmitteln mit Altbeschichtungen sind nach den einschlägigen Bestimmungen zum Abfallbeseitigungsgesetz zu entsorgen. Wasser, das beim Nachreinigen mit Hochdruckreinigungsgeräten anfällt, darf nur unter Beachtung der örtlichen Bestimmungen abgeleitet werden.

Zum Entfernen von Dispersions-, Öllack- und Lackfarbenanstrichen sind folgende Stoffe zu verwenden:

2.1.3.1 **Alkalische Stoffe (Alkalien)**, z. B. Natriumhydroxid (Ätznatron), auch mit Zelluloseleim-Zusätzen, Natriumkarbonat (Soda), Ammoniumhydroxid (Salmiakgeist);

Diese wäßrigen, stark alkalischen Stoffe werden bei leicht verseifbaren Beschichtungen verwendet. Diese werden durch Abbeizmittel so »angelöst«, daß sie nachfolgend mit Wasser von der Oberfläche des Beschichtungsuntergrundes entfernt werden können.

Aufgrund hoher Alkalität ist eine nachfolgende Neutralisation und ein gründliches Nachwaschen erforderlich.

In stationären Anlagen werden diese Abbeizmittel auch bei erhöhter Temperatur zum Abbeizen alter Beschichtungen auf Holz und Metall verwendet. Da auch Holz durch diese Alkalien angegriffen wird, ist der nachfolgenden Neutralisation, z. B. mit Essigsäure, Phosphorsäure, besondere Beachtung zu schenken. Die sich hierbei bildenden Salze sind durch gründliches Nachwaschen zu entfernen.

2.1.3.2 **Abbeizfluide**

Lösemittel mit Verdickungsmittel

Die in Abbeizfluiden enthaltenen Lösemittel lösen oder quellen viele Altbeschichtungen an, so daß diese z. B. durch Hochdruckwasserstrahlen entfernt werden können.

Wenn Abbeizfluide Paraffin enthalten, ist gründliches Nachreinigen mit Heißwasser-Hochdruckreiniger unerläßlich.

2.1.4 **Entfettungs- und Reinigungsstoffe**

Zum Entfetten von Untergründen sind neben heißem Wasser saure oder alkalische oder lösende Stoffe zu verwenden, z. B. Gemische aus Alkalien, Phosphaten oder Netzmitteln oder Lösemitteln.

Zum Reinigen von Untergründen sind saure, alkalische Fassaden-, Stein- und Metallreiniger, zum Aufschließen von Kalksinterschichten sind Fluate in Verbindung mit Netzmitteln als Fluatschaumwäsche zu verwenden.

Für die Reinigung von überschüssigen Fett-, Öl- oder Wachsrückständen haben sich alkalische Stoffe in Verbindung mit Heißwasser-Hochdruckreinigung bewährt. Diese werden auch zusammen mit Phosphaten bzw. Netzmitteln verwendet. Lösemittel werden insbesondere für die Entfettung von Metalloberflächen eingesetzt. Saure Entfettungs- und Reinigungsstoffe dienen in Verbindung mit Netzmitteln insbesondere zum Entfernen von Entschalungsmitteln (Schalölen) auf Betonflächen.

Bei größeren Flächen hat sich eine Heißwasser-Hochdruckreinigung mit kontinuierlichem Zusatz von Entfettungs- und Reinigungsstoffen (Gemische von sauren oder alkalischen Stoffen mit Phosphaten und/oder Netzmitteln) als zweckmäßig erwiesen.

Für Aluminium- oder Zinkoberflächen werden neben der ammoniakalischen Netzmittelwäsche (siehe Kommentar zu Abschnitt 2.1.2) Spezialreinigungsmittel angeboten, soweit besondere Maßnahmen zur Entfernung von Fett- und Korrosionsprodukten und anderen Verunreinigungen erforderlich sind (siehe BFS-Merkblätter Nr. 5 und 6).

Bei der Einleitung von anfallenden Abwässern in die Kanalisation sind die örtlichen Abwasserbestimmungen (Indirekteinleiter-Verordnung) zu beachten.

2.1.5 Imprägniermittel

Zum Tränken saugfähiger Untergründe sind nicht-filmbildende Stoffe zu verwenden:

Imprägniermittel ist nach DIN 55945 ein nicht-filmbildender Stoff zum Tränken saugfähiger Untergründe (z. B. Holz, Gewebe, Putz, Beton), um diese zu neutralisieren oder gegen schädliche Einflüsse (z. B. durch Insekten, Pilzbefall), gegen leichtes Entflammen oder Einwirkung von Wasser zu schützen.

– **Holzschutzmittel für tragende Bauteile nach DIN 68800 Teil 1 bis Teil 4 »Holzschutz im Hochbau«;**

Für die Imprägnierung tragender Holzbauteile sind ölige Holzschutzmittel nach DIN 68800 zu verwenden. Hierbei handelt es sich um stark verdünnte Alkydharzlösungen in hoch siedenden, langsam verdunstenden Lösemitteln, um eine möglichst hohe Eindringtiefe zu erreichen.

Diesen Alkydharzlösungen sind Fungizide (Bezeichnung für Chemikalien, die Pilze und deren Sporen abtöten oder ihr Wachstum hemmen), Bakterizide (Bezeichnung für Chemikalien, die Bakterien abtöten) und/oder Insektizide (Bezeichnung für chemische Substanzen, die sich in ihrer Wirkung besonders gegen Insekten und deren Entwicklungsformen richten) zugesetzt.

Tragende Holzbauteile im Hochbau dürfen nur mit Holzschutzmitteln behandelt werden, die ein Prüfzeichen des Instituts für Bautechnik, Berlin, besitzen. Der Prüfbescheid hat an der Verwendungsstätte vorzuliegen.

- **Holzschutzmittel für Fenster und Türen nach DIN 68 805 »Schutz des Holzes von Fenstern und Außentüren; Begriffe; Anforderungen«;**

Für die Imprägnierung maßhaltiger Holzbauteile wie Fenster und Außentüren werden ölige Holzschutzmittel nach DIN 68 805 verwendet. Hierbei handelt es sich um stark verdünnte Alkydharzlösungen in hoch siedenden, langsam verdunstenden Lösemitteln, um eine möglichst hohe Eindringtiefe zu erreichen; sie können pigmentiert oder farblos sein.

Diesen Alkydharzlösungen sind Fungizide (Bezeichnung für Chemikalien, die Pilze und deren Sporen abtöten oder ihr Wachstum hemmen) und Bakterizide (Bezeichnung für Chemikalien, die Bakterien abtöten) zugesetzt.

Imprägniermittel nach DIN 68 805 können gegebenenfalls anstelle eines Grundbeschichtungsstoffes (nach Abschnitt 2.2) verwendet werden.

- **Wasserabweisende Stoffe, zum Hydrophobieren mineralischer Untergründe, Silane, Siloxane, Siliconharze in Lösemitteln, Kieselsäure-Imprägniermittel für Beton, Ziegel- und Kalksandstein-Mauerwerk;
die Imprägniermittel müssen alkalibeständig sein;**

Wasserabweisende Imprägniermittel verhindern das Eindringen von Wasser, lassen jedoch Feuchtigkeit, die das Bauteil belastet, in Dampfform nach außen entweichen.

Für die wasserabweisende Imprägnierung mineralischer Untergründe werden vorwiegend verdünnte Lösungen von Silanen, Siloxanen bzw. Siliconharzen verwendet. Um eine ausreichende Tiefenwirkung zu erzielen, werden diese Stoffe flutend oder »naß in naß« bis zur vollständigen Sättigung auf die Untergründe aufgetragen.

Silane, Siloxane und Siliconharze weisen keine absolute UV-Beständigkeit auf. Die wasserabweisende Wirkung bleibt jedoch unter der Oberfläche bestehen, da UV-Strahlen nur an der Oberfläche einwirken können.

Kieselsäureimprägniermittel werden insbesondere für poröse Naturkalksteine verwendet. Nach ihrem Auftragen – zur Erreichung einer ausreichenden Eindringtiefe, ebenfalls durch Fluten – kommt es in dem Baustoff zu einer chemischen Reaktion. Hierbei entsteht Siliciumdioxid (Quarz), das die oberflächennahe Zone des hiermit behandelten Kalksteines verfestigt und chemisch resistenter gegen Umweltbelastungen macht. Kieselsäureimprägniermittel werden meist in Kombination mit Silanen oder Siloxanen eingesetzt.

Alle Imprägniermittel, die auf alkalische Untergründe appliziert werden, müssen alkalibeständig sein. Diese Alkalibeständigkeit ist bei Silanen am wenigsten ausgeprägt, nimmt über die Siloxane zu den Siliconharzen hin zu.

– **Fungizid-Lösungen zum Beseitigen von Schimmelpilzen und Algenbefall.**

Für die Beseitigung von Schimmelpilzen und Algenbefall werden Fungizide in Lösung verwendet. Diese wirken auch vorbeugend gegen einen Neubefall. Die vorbeugende Wirkung ist jedoch zeitlich begrenzt und abhängig von der Belastung durch Feuchtigkeit.

2.2 Grundbeschichtungsstoffe

Als Grundbeschichtung (Grundierung) definiert DIN 55945 eine auf den Untergrund aufgebrachte Beschichtung, die aus einer oder mehreren Schicht(en) bestehen kann und zur Verbindung zwischen dem Untergrund und weiteren Schichten dient. Sie kann auch noch besondere Aufgaben, wie Korrosionsschutz, erfüllen. Stoffe für das Erstellen einer Grundbeschichtung werden Grundbeschichtungsstoffe genannt.

Zum Beschichten (Grundieren) des Untergrundes sind zu verwenden:

2.2.1 Für mineralische Untergründe

Grundbeschichtungsstoffe müssen aus alkalibeständigen, nicht verseifbaren Bindemitteln bestehen und eine ausreichende Eindringtiefe in die Kapillaren des Untergrundes besitzen. Sie müssen die unterschiedliche Saugfähigkeit des Untergrundes ausgleichen und diesen ggf. geringfügig verfestigen. Es kann allerdings von einem Grundbeschichtungsstoff nicht erwartet werden, daß er einen mürben, zerstörten oder falsch aufgebauten Untergrund dauerhaft festigt.

Alle Grundbeschichtungsstoffe müssen so stark verdünnt – auf die

2.2.1 Kommentar zur DIN 18 363

Saugfähigkeit des Untergrundes eingestellt – werden, daß sie nach der Härtung keinen glänzenden Film hinterlassen.
Für besondere Anwendungsbereiche können Grundbeschichtungsstoffe auch pigmentiert sein.
Die Art des zu verwendenden Grundbeschichtungsstoffes ist abhängig von dem nachfolgenden Beschichtungssystem.

– **wasserverdünnbare Grundbeschichtungsstoffe, feindisperse Kunststoffdispersionen (Dispersion) mit geringem Festkörpergehalt, Emulsionen;**

Verdünnte Kunststoffdispersionen dienen insbesondere als Grundbeschichtungsstoff für Dispersionsfarbenbeschichtungen.
Da verdünnten Kunststoffdispersionen nach dem Auftragen auf einen mineralischen Untergrund recht schnell das Verdünnungsmittel (Wasser) entzogen wird, kommt es zu einer leichten Filmbildung an der Oberfläche dieses Untergrundes. In der Praxis werden verdünnte Kunststoffdispersionen häufig als »Putzgrund« bezeichnet.
Wasserverdünnbare Kunststoffdispersion, gefüllt z. B. mit Quarz, dient als Grundbeschichtungsstoff für Kunstharzputze, gefüllt mit hydraulischen Zusätzen als Haftbrücke auf Betonflächen.
Neben den verdünnten Kunststoffdispersionen werden auch sogenannte »lösemittelfreie Tiefgründe« angeboten. Hierbei handelt es sich um stark verdünnte Lösungen sehr feindisperser Dispersionen (Hydrosole), die aufgrund ihrer Teilchengröße etwas tiefer als übliche Dispersionen in den Untergrund eindringen. Als Bindemittel werden für diese Grundbeschichtungsstoffe insbesondere Acrylharzdispersion oder Mischpolymerisate mit Acrylharzen verwendet. Sie enthalten unterschiedliche Mengen an wasserverdünnbaren Lösemitteln.
Als wasserverdünnbare Grundbeschichtungsstoffe kommen desweiteren für mineralische Untergründe in Frage:
– Wasserglaslösungen
 (Fixativ für Silikatfarbenbeschichtungen) als Grundbeschichtungsstoff für Silikatfarbenbeschichtungen,
– Wasserglaslösungen in Kombination mit Kunststoffdispersionen
 (Fixativ für Dispersionssilikatfarben) als Grundbeschichtungsstoff für Dispersionssilikatfarbenbeschichtungen,
– Siliconharzemulsionen
 als Grundbeschichtungsstoff für Silikonharzemulsionsfarbenbeschichtungen,

- **hydraulisch abbindende Beschichtungsstoffe mit organischen Bindemittelzusätzen und Füllstoffen als Haftbrücke;**

Zu den hydraulisch abbindenden Beschichtungsstoffen mit organischen Bindemittelzusätzen und Füllstoffen als Haftbrücke zählen z. B. die im Handel unter der Bezeichnung »Dichtschlämme« bekannten Werkstoffe. Diese enthalten neben Zement wasserabweisende Zusätze. Des weiteren können diese Werkstoffe Kunststoffdispersionen als Pulver enthalten. Die Anlieferung erfolgt in diesem Fall als trockenes Pulver, das vor der Verarbeitung angeteigt und verarbeitungsfertig verdünnt werden muß. Sie werden insbesondere auf Flächen verwendet, die durch Feuchtigkeit gefährdet sind.

- **lösemittelverdünnbare Grundbeschichtungsstoffe, z. B. auf Polymerisatharzbasis;**

Stark verdünnte Kunstharz-Polymerisatharzlösungen werden in der Praxis als »Tiefgrund« bezeichnet. Sie dringen tiefer in mineralische Untergründe ein als wasserverdünnbare Grundbeschichtungsstoffe. Auf sandenden Putzen bewirken sie eine geringe Verfestigung der Putzoberfläche.

- **eindringende Stoffe und andere Bindemittelkombinationen zur Egalisierung der Saugfähigkeit des Untergrundes;**

Als eindringende Stoffe zur Egalisierung, aber auch zur Verringerung der Saugfähigkeit des Untergrundes werden Siloxan-/Siliconharzlösungen in Kombination mit Polymerisatharz als Bindemittel u. a. für Porenbeton, Gasbeton-, Betonschutz-/Betoninstandsetzungsbeschichtungen verwendet. Sie stellen sicher, daß auch bei kleinsten Rissen, die nach Fertigstellung der Beschichtung in der Betonoberfläche entstehen können, kein Wasser in den Beschichtungsuntergrund gelangen und die Schutzbeschichtung hinterwandern kann.
Sie sind stark wasserabweisend, können aber mit Beschichtungsstoffen überarbeitet werden.

- **Grundbeschichtungsstoffe oder Haftbrücken auf Epoxidharzbasis.**

Zwei-Komponenten-Epoxidharzlösungen verfestigen in besonderer Weise den Untergrund. Insbesondere ist die Beschichtung mineralischer Estriche mit Zwei-Komponenten-Beschichtungsstoffen zu nennen.

2.2.2 Kommentar zur DIN 18 363

2.2.2 Für Holz und Holzwerkstoffe

– **Grundbeschichtungsstoffe auf Basis von Alkydharz-, Nitrozellulose-Kombinationen, schnelltrocknende Stoffe für innen;**

Für die Grundbeschichtung von Möbeln u. ä. Holzbauteilen werden stark verdünnte Lösungen von Alkydharz-Nitrozellulose-Kombinationslacken eingesetzt.

– **Grundbeschichtungsstoffe auf Basis von Lacken;**

Für Grundbeschichtungen auf anderen Holz-Untergründen werden Stoffe verwendet auf der Basis von verdünnten Lacken. Sie sollen auf Holz und Holzwerkstoffuntergründen verhindern, daß die nachfolgenden Beschichtungsstoffe zu stark in den Untergrund eindringen.

– **Bläueschutz-Grundbeschichtungsstoffe nach DIN 68 805.**

Holzbauteile, die ständig der Bewitterung bzw. hoher Luftfeuchte ausgesetzt sind oder in Mauerwerk/Beton einbinden – Fenster, Türen, Futter und Bekleidungen, Dachsparren und ähnliche Bauteile – müssen vor dem Einsetzen allseitig mit einem Holzschutzmittel nach DIN 68 805 bei bläuepilz-empfindlichen Hölzern auch mit Bläueschutz behandelt werden, soweit sie nicht bereits bei der Herstellung – durch werkmäßige Imprägnierung – ausreichend geschützt sind.
Bläueschutz-Grundbeschichtungsstoffe nach DIN 68 805 können farblos oder pigmentiert sein. Imprägnierlasur-Beschichtungsstoffe können Schutzfunktionen nach DIN 68 805 aufweisen.
Für tragende Holzbauteile sind Holzschutzmittel nach DIN 68 800 zu verwenden.

2.2.3 Für Metalle

2.2.3.1 Für Stahl

Korrosionsschutz-Grundbeschichtungsstoffe mit Bindemitteln, z. B. aus Alkydharzen, Bitumen-Öl-Kombinationen, Vinylchlorid-Copolymerisaten, Vinylchlorid-Copolymerisat-Dispersionen, Epoxidharz, Polyurethan, Chlorkautschuk und Pigmenten, z. B. Bleimennige, Eisenoxide, Zinkphosphaten, Zinkstaub-Grundbeschichtungsstoffe;

Für Korrosionsschutz-Grundbeschichtungsstoffe sind die einschlägigen Vorschriften und Bestimmungen zu beachten. Die nachfolgenden Beschichtungen müssen auf die Art und Zusammensetzung der Korrosionsschutz-Grundbeschichtung abgestimmt sein.

2.2.3.2 Für Zink und verzinkten Stahl

Grundbeschichtungsstoffe auf Basis von Polymerisatharzen oder Zwei-Komponenten-Lacke auf Basis von Epoxidharz;

Grundbeschichtungsstoffe für Zink und verzinkten Stahl müssen in besonderer Weise auf die nachfolgenden Beschichtungen abgestimmt sein. Grundbeschichtungsstoffe auf Basis von Polymerisatharzen dürfen z. B. nicht mit Alkydharzlackfarben überstrichen werden, da sie nicht in der Lage sind, Wechselwirkungen zwischen dem nachfolgenden Alkydharz-Beschichtungsstoff und dem Zinkuntergrund zu verhindern (siehe BFS-Merkblatt Nr. 5).

Washprimer sind keine Grundbeschichtungsstoffe. Sie werden als Haftgrundmittel bezeichnet und dienen der Metallvorbehandlung, indem sie mit der Metalloberfläche eine chemische Verbindung eingehen.

2.2.3.3 Für Aluminium

Grundbeschichtungsstoffe auf Basis von Polymerisatharzen oder Zwei-Komponentenlackfarbe auf Basis von Epoxidharz

Die Haftfestigkeit von Grundbeschichtungen auf Aluminium wird wesentlich durch die Art der Untergrundvorbereitung, aber auch durch die Art der Aluminiumlegierung bestimmt. Für Grundbeschichtungen sind nur solche Stoffe zu verwenden, die ausdrücklich der Hersteller empfiehlt.

2.3 Spachtelmassen (Ausgleichsmassen)

Zum Glätten, Ausgleichen des Untergrundes und Füllen von Rissen, Löchern, Lunkern und sonstigen Beschädigungen sind hydraulisch abbindende oder organisch gebundene Spachtelmassen zu verwenden.
Spachtelmassen dürfen nach dem Trocknen keine Schwindrisse aufweisen.

Nach DIN 55 945 ist eine Spachtelmasse ein pigmentierter, hochgefüllter Beschichtungsstoff, vorwiegend zum Ausgleichen von Unebenheiten des Untergrundes. Die Spachtelmasse kann zieh-, streich- oder spritzbar eingestellt werden.

Spachtelmassen werden unterschieden nach dem Auftragsverfahren, nach dem Bindemittel und nach dem Verwendungszweck. Organisch gebundenen Spachtelmassen muß eine entsprechende Beschichtung vorausgehen; hydraulisch abbindende Spachtelmassen sind ohne Grundbeschichtung direkt auf den Untergrund aufzutragen.

2.3.1 für mineralische Untergründe

- Zement-Spachtelmasse,
  hydraulisch abbindend mit Füllstoffen, z. B. Quarzmehl, gegebenenfalls mit organischen Bindemittelzusätzen;
  nicht zu verwenden auf grundierten, beschichteten oder gipshaltigen Untergründen;
- Hydrat-Spachtelmasse (Gipsspachtelmasse),
  hydraulisch abbindend mit organischen Zusätzen, z. B. Zelluloseleim oder Kunststoffdispersionen und Füllstoffen;
  nicht zu verwenden auf Außenflächen;
- Leim-Spachtelmasse,
  z. B. aus Zelluloseleim mit geringen Zusätzen von Kunststoffdispersionen, Pigmenten und Füllstoffen;
  nur zu verwenden bei Innenbeschichtungen mit Leimfarben;
- Dispersions-Spachtelmasse,
  Kunststoffdispersionen mit Pigmenten und Füllstoffen;
  nur zu verwenden auf grundierten oder beschichteten Untergründen als Spachtelung innen oder als Fleckspachtelung außen;
- Kunstharz-Spachtelmasse (Lackspachtel),
  auf der Basis von Alkydharz, Epoxidharz oder Polyurethan mit Pigmenten, Füllstoffen und gegebenenfalls Härter;
  nur zu verwenden auf trockenen, grundierten oder beschichteten Untergründen;
- Alkydharz-Spachtelmasse;
  nicht zu verwenden auf zementhaltigen Untergründen;
- Epoxidharz-Spachtelmasse (EP-Egalisierspachtel);
  nur zu verwenden auf Epoxidharz-Grundbeschichtungen;
- Polyurethan-Spachtelmasse (PUR-Spachtel);
  nur zu verwenden auf Untergründen mit Polyurethan-Grundbeschichtung.

Außer den genannten Spachtelmassen werden noch Silikat-Spachtelmassen verwendet, die immer dann einzusetzen sind, wenn für den nachfolgenden Beschichtungsaufbau Silikatfarben bzw. Dispersionssilikatfarben eingesetzt werden.
Mischungen von Kunststoffdispersionen mit Füllstoffen und Zement werden ebenfalls verwendet.

2.3.2 für Holz und Holzwerkstoffe

- Kunstharz-Spachtelmasse (Lackspachtel), für grundierte oder beschichtete Untergründe ist Kunstharz-Spachtelmasse nach Abschnitt 2.3.1 zu verwenden, jedoch auf Außenflächen nur als Fleckspachtelung,

- für unbehandelte Untergründe ist Kunstharz-Spachtelmasse auf der Basis von Polyesterharzen mit Pigmenten, Polyurethanharzen oder Alkydharz/Nitrozellulose-Kombination mit Holzmehl (Holzspachtel) zu verwenden;
- Holzspachtel (Holzkitt),
  Holzspachtel ist nur zum Füllen von Rissen und Löchern zu verwenden; zum Füllen von Poren ist eine transparente Spachtelmasse aus Alkydharz/Nitrozellulose-Kombination mit Füllstoffen zu verwenden.

Spachtelmassen auf Holz- und Holzwerkstoffen außen sind unzulässig. Sie können Ursache für Beschichtungsschäden sein.

2.3.3 für Metalle

Für grundierte oder beschichtete Untergründe ist Kunstharz-Spachtelmasse auf der Basis von Alkydharz/Epoxidharz oder Polyurethan zu verwenden. Für entfettete und korrosionsfreie Untergründe ist Polyester-Spachtelmasse (UP-Spachtel) zu verwenden.

Epoxidharz- oder Polyurethan-Spachtelmassen können – wenn dies vom Hersteller ausdrücklich empfohlen wird – unmittelbar auf entfettete und korrosionsfreie Untergründe aufgetragen werden.

2.4 Wasserverdünnbare Beschichtungsstoffe (Beschichtungssysteme)

Beschichtungsstoffe nach DIN 55945 sind flüssig bis pastenförmig oder auch pulverförmig. Beschichtungsstoffe, die nach dem Bindemittel benannt sind, müssen soviel von diesem Bindemittel enthalten, daß dessen charakteristische Eigenschaften im Beschichtungsstoff und in der Beschichtung vorhanden sind.

Zu verwenden sind:

2.4.1 für mineralische Untergründe

- **Kalkfarbe**
  aus Kalk nach DIN 1060 Teil 1 »Baukalk; Begriffe, Anforderung, Lieferung, Überwachung« mit kalkbeständigen Pigmenten bis zu einem Massenanteil von 10%; Kalkfarben sind nicht auf gipshaltigen Untergründen zu verwenden;

Nach DIN 55945 ist Kalkfarbe eine wäßrige Aufschlämmung von gelöschtem Kalk, dem gegebenenfalls Pigmente und/oder geringe Mengen anderer Bindemittel zugefügt sind. Gelöschter Kalk ist gleichzeitig Bindemittel und Pigment.

Kalkfarben sind nur auf mineralischen Untergründen – ausgenommen sind Gipsputze – geeignet.

Für Beschichtungen mit Kalk wird bevorzugt Sumpfkalk (Weißkalk) verwendet oder Kalkhydrat, das vor Verarbeitung ausreichend lange eingesumpft ist. Zum Abtönen sind nur kalk-echte Buntpigmente bis zu einem Masseanteil von 10% zum Kalkbrei zu verwenden (siehe BFS-Merkblätter Nr. 9 und 10).

- **Kalk-Weißzementfarbe**
  aus weißem Zement nach DIN 1164 Teil 1 »Portland-, Eisenportland, Hochofen- und Traßzement; Begriffe, Bestandteile, Anforderungen, Lieferung« und Kalk nach DIN 1060 Teil 1 mit zementbeständigen Pigmenten, Kalk-Weißzementfarben sind nicht auf gipshaltigen Untergründen zu verwenden;

Bei Kalk-Weißzementfarben handelt es sich ausschließlich um bereits vom Hersteller fertig konfektionierte weiße oder leicht getönte Stoffe, die nach dessen Angaben auf den von ihm ausdrücklich angegebenen Untergründen zu verarbeiten sind. Nicht geeignet sind Kalk-Weißzementfarben z. B. für die Beschichtung von Kalksandstein-Sichtmauerwerk. Ebenfalls sind sie nicht auf gipshaltigen Untergründen zu verwenden.

- **Silikatfarbe**
  aus Kali-Wasserglas (Fixativ) und kali-wasserglasbeständigen Pigmenten als Zwei-Komponentenfarbe; Silikatfarben dürfen keine organischen Bestandteile, z. B. Kunststoffdispersionen, enthalten.
  Silikatfarben sind nicht auf gipshaltigen Untergründen zu verwenden;

Silikatfarbe besteht aus zwei Komponenten: dem Bindemittel Kali-Wasserglas (Fixativ) und Pigmenten. Beide Komponenten sind nach Herstellervorschrift und unter Berücksichtigung der Saugfähigkeit des Untergrundes vor der Verarbeitung zu vermischen.

Die Härtung von Silikatfarbe erfolgt durch eine chemische Reaktion zwischen dem als Bindemittel verwendeten Kaliwasserglas (Fixativ), dem Pigment und dem mineralischen Untergrund. Es muß sichergestellt sein, daß dieser mineralische Untergrund sauber ist und eine chemische Reaktion zwischen der Silikatfarbe und dem mineralischen Untergrund stattfindet.

Silikatfarben besitzen eine hohe Durchlässigkeit für Wasserdampf und für Kohlendioxid. Aus diesem Grunde werden sie für die Beschichtung von karbonatischen Baustoffen verwendet.

Silikatfarben sind vom Hersteller bereits vorkonfektionierte Wasserglasfarben. Sie dürfen keine organischen Bestandteile enthalten, werden als Zwei-Komponenten-Beschichtungsstoff angeliefert und erst vor der Verarbeitung in den angegebenen Verhältnissen nach den Angaben des Herstellers gemischt. Zusätze sind unzulässig.

- **Dispersionssilikatfarbe**
  aus Kaliwasserglas mit kaliwasserglasbeständigen Pigmenten, Zusätzen von Hydrophobierungsmitteln und maximal 5% Massenanteil organische Bestandteile, bezogen auf die Gesamtmenge des Beschichtungsstoffes; mit Quarz gefüllte Dispersions-Silikatfarben werden zu Strukturbeschichtungen verwendet; Dispersionssilikatfarben sind auf gipshaltigen Untergründen nur mit besonderer Grundbeschichtung zu verwenden.

Dispersionssilikatfarben enthalten Kunstharze und/oder Kunststoffdispersionszusätze, die eine Anlieferung als Ein-Komponentenbeschichtungsstoff ermöglichen.

Dispersionssilikatfarben dürfen nicht als Silikat- oder Ein-Komponenten-Silikatfarbe bezeichnet werden, da sie zum Teil andere Anwendungsgebiete und Eigenschaften haben als Silikatfarben.

Dispersionssilikatfarben dürfen maximal 5 Gewichtsprozent an organischen Bestandteilen, bestimmt durch den Glühverlust, bezogen auf die Gesamtmenge des Beschichtungsstoffes in Lieferform, aufweisen.

Auf gipshaltigen Untergründen sind Dispersionssilikatfarben nur in Verbindung mit einer speziellen Grundbeschichtung anwendbar. Eine »Verkieselung« kann auf diesem Beschichtungsuntergrund nicht stattfinden.

- **Leimfarbe**
  aus wasserlöslichen Bindemitteln (Leim) mit Pigmenten und gegebenenfalls Füllstoffen, z. B. Faserstoffen; Leimfarben dürfen keine Zusätze von Kunststoffdispersion enthalten; sie sind nur auf Innenflächen zu verwenden;

Nach DIN 55 945 handelt es sich bei Leimfarbe um einen Beschichtungsstoff mit wasserlöslichen Klebstoffen (Leim) als Bindemittel, die ihre Löslichkeit in Wasser nach dem Trocknen nicht verlieren. Die Beschichtung bleibt also empfindlich gegen Feuchtigkeit und Nässe. Als Bindemittel für Leimfarben wird heute vorwiegend Methylzellulose verwendet. Wischfestigkeit kann bei Leimfarben dauerhaft nicht gewährleistet werden, da das Bindemittel Leim relativ schnell abbaut. Leimfarbe muß bei Überholungs- bzw. Erneuerungsbeschichtungen durch Abwaschen mit Wasser vom Untergrund leicht entfernbar sein. Zusätze von Kunststoffdispersionen zu Leimfarben sind nicht zulässig.

2.4.1

- **Kunststoffdispersion**
  nach DIN 55947 »Anstrichstoffe und Kunststoffe; Gemeinsame Begriffe« für farblose Beschichtungen auf Innenflächen;
  Kunststoffdispersionen sind nach DIN 55947 feinverteilte Polymere bzw. Kunststoffe in einer Flüssigkeit, meist Wasser. Früher wurden im Sprachgebrauch diese Stoffe auch als »Binder« bezeichnet.
  Nicht pigmentierte Kunststoffdispersionen sind auch als wasserverdünnbare Grundbeschichtungsstoffe (siehe 2.2.1) geeignet.
  Kunststoffdispersionen werden auch als Schutzbeschichtung auf vorhandene Beschichtungen aufgetragen. Hierdurch erhöht sich z. B. die Wasch- und Scheuerbeständigkeit (Reinigungsfähigkeit) dieser Beschichtungen.

- **Kunststoffdispersionsfarbe (Dispersionsfarbe)** aus Kunststoffdispersionen nach DIN 55947 mit Pigmenten und Füllstoffen;
  Dispersionsfarben können dünnflüssig, pastös oder gefüllt sein;
  Kunstharzdispersionsfarben für Innenflächen müssen nach DIN 53778 Teil 1 »Kunststoffdispersionsfarben für innen; Mindestanforderungen« waschbeständig oder scheuerbeständig sein;
  für Außenbeschichtungen sind nur wetterbeständige Dispersionsfarben zu verwenden; für das Überbrücken von Haarrissen sind plastoelastische Dispersionsfarben zu verwenden;

Kunststoffdispersionsfarbe ist nach DIN 55945 ein aus Kunststoff-Dispersionen und Pigmenten hergestellter Beschichtungsstoff. Kunststoffdispersionsfarben werden auch Kunststoff-Latexfarben genannt. Der Begriff »Latexfarbe« ist kein Qualitätsmerkmal. Im täglichen Sprachgebrauch wird anstelle der Benennung »Kunststoffdispersionsfarbe« auch die Benennung »Dispersionsfarbe« verwendet. Für Innenbeschichtungen dürfen nur Dispersionsfarben verwendet werden, die den Mindestanforderungen für Kunststoff-Dispersionsfarben für innen gemäß DIN 53778 entsprechen und mindestens der Güteanforderung »waschbeständig« gemäß DIN 53778 Abschnitt 6.2.6, wenn nicht »scheuerbeständig« gemäß DIN 53778 Abschnitt 6.2.7, entsprechen.

Die Eigenschaften von Beschichtungen mit Kunststoff-Dispersionsfarben sind nicht nur von der Qualität der Beschichtungsstoffe, sondern auch vom Untergrund, dem Auftragsverfahren und den Trocknungsbedingungen abhängig. Die Güteanforderungen und Beurteilungen nach DIN 53778 lassen sich nicht auf »Beschichtungen am Bau« übertragen. Die Beurteilung auf Wasch- oder Scheuerbeständigkeit einer hiermit hergestellten Beschichtung bleibt einer labormäßigen Qualitätsprüfung vorbehalten.

Kommentar zur DIN 18 363 2.4.1

Für Außenbeschichtungen sind Kunststoffdispersionsfarben zu verwenden, die wetterbeständige Beschichtungen ergeben. Wetterbeständig ist eine Beschichtung, wenn sie unter Wettereinflüssen, mit denen normalerweise gerechnet werden muß, noch nach zwei Jahren in zweckentsprechendem Zustand ist. Außenbeschichtungen dienen im besonderen dem schöneren Aussehen der mit ihnen behandelten Bauteile und ihrem Schutz. Eine Beschichtung ist daher in »zweckentsprechendem Zustand«, wenn sie diese Funktionen in der beabsichtigten Weise voll erfüllt, d. h., wenn ihr Aussehen – ausgenommen übliche, nicht zu verhindernde Verschmutzungen, z. B. durch Atmosphärilien – nicht durch Verfärbungen, Ausbleichungen, Rißbildungen, Abblättern und andere Beschichtungsschäden beeinträchtigt wird und wenn sie ihre volle Schutzwirkung auf den Untergrund ausübt.

Nicht zu beanstanden sind in diesem Zusammenhang geringfügige Glanzverluste und leichte Kreidungen in der Oberfläche, weil dadurch weder das Erscheinungsbild noch die Schutzwirkung beeinträchtigt wird. Es handelt sich hierbei um natürliche Alterungsvorgänge, die vom Tag der Applikation an einsetzen und nicht zu verhindern sind. Es kommt allerdings bei der Beurteilung der Kreidung darauf an, daß sie sich nicht durch Ablaufspuren auf den angrenzenden – vor allem dunkleren – Flächen bemerkbar macht. Unter einer kaum merklichen kreidenden Oberfläche soll ein intakter Beschichtungsfilm vorhanden sein, der keine Beschädigungen aufweist.

Für das Überbrücken von Haarrissen sind plastoelastische Dispersionsfarben gegebenenfalls mit Einbettung von Kunststoffgewebe grundsätzlich im System zu verwenden.

– Mehrfarbeneffektfarbe auf Dispersionsbasis aus unterschiedlich gefärbten Pigmentanreibungen, die sich nach dem Verarbeiten nicht vermischen, sondern einen Sprenkeleffekt bewirken;

Mehrfarbeneffektlackfarben werden insbesondere innen
– z. B. in Treppenhäusern – zur farbigen Gestaltung verwendet. Je nach verwendetem Fabrikat können sie gespritzt oder aber auch von Hand mit der Walze aufgetragen werden.

**– Siliconharzemulsionsfarbe
aus Siliconharzemulsionen mit Kunststoffdispersionen, Pigmenten, Füllstoffen und Hilfsstoffen; sie sind wasserabweisend (hydrophob);**

Siliconharzemulsionsfarben sind im System zu verarbeiten. Sowohl für die Grundbeschichtung (siehe Abschnitte 2.1.5 und 2.2.1) als auch

2.4.1

für die nachfolgenden Beschichtungen sind Stoffe auf der Bindemittelbasis von Siliconemulsionen eines Herstellers zu verwenden. Siliconharzemulsionsfarben sind im System zu verarbeiten. Sowohl für die Grundbeschichtung (siehe Abschnitte 2.1.5 und 2.2.1) als auch für die nachfolgenden Beschichtungen sind Stoffe auf der Bindemittelbasis von Siliconemulsionen eines Herstellers zu verwenden.

Siliconharzemulsionsfarben ergeben Beschichtungen mit hoher Wasserdampf- und Kohlendioxiddurchlässigkeit sowie besonders wirksamer Wasserabweisung. Im Gegensatz zu hydrophobierten Dispersion- oder Dispersionssilikatfarben hat die Siliconharzemulsion einen wesentlichen Anteil am Bindemittelgehalt.

Beschichtungen mit Siliconharzemulsionsfarben neigen wie Silikat- bzw. Dispersionssilikatfarben nach längerer Bewitterung zum Kreiden.

– **Dispersionslackfarbe**
aus Kunststoffdispersionen mit wassermischbaren Lösemitteln sowie Pigmenten und Hilfsstoffen für Beschichtungen mit dem Aussehen von Lackierungen;

Dispersionslackfarbe ist nach DIN 55 945 ein Beschichtungsstoff auf der Grundlage einer wäßrigen Kunststoffdispersion, der einen Beschichtungsfilm mit dem Aussehen einer Lackierung ergibt.

Für die Herstellung von Dispersionslackfarben werden feinstdisperse Kunststoffdispersionen (Hydrosole) als Bindemittel verwendet.

Zur Verbesserung ihrer anwendungstechnischen Eigenschaften enthalten sie langsam verdunstende, wasserverdünnbare, organische Lösemittel.

– **Kunstharzputz nach DIN 18 558 »Kunstharzputze; Begriffe, Anforderungen, Ausführung«.**

Die Bezeichnung »Kunstharzputz« wird sowohl für den Beschichtungsstoff als auch für die fertige Beschichtung verwendet. Nach DIN 18 558 werden für die Herstellung der Kunstharzputz-Beschichtungen Beschichtungsstoffe aus organischen Bindemitteln in Form von Dispersionen oder Lösungen und aus Zuschlägen/Füllstoffen mit überwiegendem Kornanteil $> 0{,}25$ mm verwendet.

Kunstharzputze erfordern eine vorherige Grundbeschichtung.

Kunstharzputze werden im Werk gefertigt und verarbeitungsfähig geliefert. Mit Ausnahme geringer Zugaben von Verdünnungsmitteln (Wasser oder organisches Lösemittel) zur Regulierung der Konsistenz sind Veränderungen der Beschichtungsstoffe unzulässig. Kunstharz-

Kommentar zur DIN 18 363

putze werden nach Anwendung und Bindemittelanteil in zwei Typen unterschieden:

Beschichtungsstoff-Typ	für Kunstharzputz als
P Org 1	Außen- und Innenputz
P Org 2	Innenputz.

DIN 18 558 enthält sowohl Anforderungen an den Beschichtungsstoff als auch an die fertige Beschichtung (siehe Abschnitt 2.2.1).

Neben den oben beschriebenen deckenden Beschichtungsstoffen werden auch wasserverdünnbare Lasuren verwendet, um Farbtonunterschiede der Flächen anzugleichen. Hierbei handelt es sich um

- **Silikatlasuren**
  Silikatfarbe nach Abschnitt 2.4.1 mit geringem Pigmentanteil,
- **Dispersionssilikatlasuren**
  Dispersionssilikatfarbe nach Abschnitt 2.4.1 mit geringem Pigmentanteil,
- **Dispersionslasurfarbe**
  Mischungen von Kunststoffdispersion nach Abschnitt 2.4.1 mit Kunststoffdispersionsfarbe nach Abschnitt 2.4.1 zur Verringerung des Pigmentanteils.

2.4.2 für Holz und Holzwerkstoffe

Wasserverdünnbare Beschichtungsstoffe dürfen außen auf Holz und Holzwerkstoffen nur verwendet werden, wenn diese Beschichtungsuntergründe vorher mit Bläueschutz-Grundbeschichtungsstoffen behandelt wurden. Für tragende Holz- und/oder Holzwerkstoffe sind Holzschutzmittel nach DIN 68 800 zu verwenden. Laubhölzer benötigen nicht immer einen chemischen Holzschutz.

Die Eigenschaften von Beschichtungen, die mit wasserverdünnbaren Beschichtungsstoffen ausgeführt werden – insbesondere ihre Wetterbeständigkeit – werden auf Holz und Holzwerkstoffen in besonderer Weise durch die Konstruktion dieser Bauteile beeinflußt. Dies gilt insbesondere für »maßhaltige« Holz- und Holzwerkstoff-Bauteile (siehe BFS-Merkblatt Nr. 18).

- **Kunststoffdispersion nach Abschnitt 2.4.1;**

Hierfür wird ausschließlich Dispersions-Lasur, farblos (siehe 2.5.2), auf der Bindemittelbasis feinstdisperser Acryl-Mischpolymerisate (Hydrosole), farblos, verwendet. Für Innenbeschichtungen können sie ohne chemischen Holzschutz verwendet werden.

Für Außenbeschichtungen sind farblose Kunststoffdispersionen nicht geeignet, da sie keinen ausreichenden UV-Schutz bieten. Dies gilt auch dann, wenn sie UV-Absorber enthalten.

- **Kunststoffdispersions-Lasurfarbe mit Lasurpigmenten zur lasierenden Behandlung von Innenflächen;**

Hierfür werden ausschließlich Dispersions-Lasuren (siehe 2.5.2) auf der Bindemittelbasis feinstdisperser Acryl-Mischpolymerisate (Hydrosole) verwendet.

Für Innenbeschichtungen können Dispersions-Lasuren ohne chemischen Holzschutz verwendet werden.

- **Acryl-Lasurfarbe (Dickschichtlasur) aus feindispergierter Kunststoffdispersion mit Lasurpigmenten, UV-Absorbern und anderen Zusätzen; Acryl-Lasurfarbe ist wasserverdünnbar, wetterbeständig, wasserabweisend;**

Es werden Dispersions-Lasuren (siehe 2.5.2) auf der Bindemittelbasis von Acryl-Mischpolymerisaten verwendet.

Für Außenbeschichtungen sind Dispersionslasuren mit Zusatz von Bläueschutzstoffen sowie UV-Absorbern zu verwenden. Da die Wirkung der UV-Absorber zeitlich begrenzt ist, sind farblose Dispersions-Lasuren auf Dauer außen bei direkter Sonnenbestrahlung nicht geeignet. Lasurpigmente, die Dispersions-Lasuren zugesetzt werden, bieten auf Dauer einen höheren UV-Schutz. Voraussetzung ist, daß der Anteil an Lasurpigmenten hierfür ausreichend ist. Dies trifft bei mittleren und dunkleren Farbtönen zu.

- **farbloser Dispersionslack aus Kunststoffdispersionen für lackähnliche Beschichtung.**

Diese sind für Innenbeschichtungen ohne UV-Belastung geeignet. Es sind farblose Dispersions-Lasuren auf Bindemittelbasis von feinstdispersen Dispersionen ohne Zusatz chemischer Holzschutzstoffe.

Neben den farblosen Dispersionslacken werden auch pigmentierte Dispersionslackfarben verwendet. Sie haben auf Außenflächen auf Holz und/oder Holzwerkstoffen eine gute Glanzhaltung. Gegenüber Feuchtigkeitswechsel sind sie bedingt unempfindlich und können auf »maßhaltigen« und »nicht-maßhaltigen« Bauteilen aus Holz und/oder Holzwerkstoffen verwendet werden.

Je nach Anwendungsbereich können Holz und/oder Holzwerkstoffe – z. B. zum Beschichten von Fachwerkbalken – auch mit geeigneten Dispersionsfarben bzw. Dispersionslackfarben (Abschnitt 2.4.1) beschichtet werden.

2.4.3 für Metalle

Kunststoffdispersionsfarbe nach Abschnitt 2.4.1 auf Zink und verzinktem Blech, z. B. für Regenfallrohre, Dachrinnen.

Für Beschichtungen auf Zink und verzinktem Blech haben sich wasserverdünnbare Kunststoffdispersionsfarben im Farbton weiß oder hell getönt bewährt. Beschichtungen mit diesen Stoffen verhindern chemische Reaktionen zwischen der Atmosphäre und dem Zink nicht. Es kommt im Laufe der Zeit zu Salzbildungen, die sich auf dunkel eingefärbten Beschichtungen störend bemerkbar machen.

2.5 Lösemittelhaltige Beschichtungsstoffe (Beschichtungssysteme)

Zu verwenden sind:

2.5.1 Lacke (farblose Kunstharzlacke)

Aus Lacken nach DIN 55945 werden Lackierungen hergestellt. Sie haben die Aufgabe, die Oberfläche, z. B. Holz, Metall, Kunststoff, mineralische Untergründe, gegen die Beanspruchung durch Wettereinflüsse, Chemikalien oder mechanische Belastungen zu schützen. Unterschieden werden Lacke (Abschnitt 2.5.1) für farblose, Lasuren (Abschnitt 2.5.2) für transparente und Lackfarben (Abschnitt 2.5.3) für pigmentierte Beschichtungen.

2.5.1.1 für mineralische Untergründe

- **Polymerisatharzlacke auf der Basis von Polymerisatharzlösungen zum Beschichten von Betonflächen;**

Beschichtungen mit farblosen Lacken auf der Bindemittelbasis von Acryl-Mischpolymerisaten haben eine hohe Dichtigkeit gegenüber Kohlendioxid (CO_2) sowie anderen sauren Gasen (z. B. Schwefeldioxid (SO_2) oder Stickoxiden (NO_X)). Aus diesem Grunde sind sie für den Schutz von Beton gut geeignet.

- **Epoxidharzlacke (EP-Lacke)**
  Zwei-Komponenten-Lacke auf der Basis von Epoxidharz aus Stammlack und Härter zum Beschichten von Beton, Asbestzement und Zementestrichen;

Epoxidharzlacke vergilben bei Lichteinfall stark und kreiden. Sie sind für Außenbeschichtungen z. B. auf Beton, Zementputz oder Faserzementflächen nur in Ausnahmefällen zu verwenden.
Für Beschichtungen von mineralischen Bodenflächen sind sie geeig-

net, da sie in diese Untergründe eindringen und auf der Oberfläche einen dünnen Film hinterlassen, dessen Farbtonveränderung keinen Einfluß auf die Haltbarkeit der Beschichtung hat. Aufgrund der chemischen Reaktion zwischen Härter und Stammlack kommt es zu einer Oberflächenverfestigung, die z. B. bei Garagenböden gewünscht wird.

– **Polyurethanlacke (PUR-Lacke)**
  auf der Basis von Polyisocyanaten zum Beschichten von Beton, Asbestzement und Zementestrichen;

Farblose Polyurethanlacke gibt es sowohl als Ein-Komponenten- als auch als Zwei-Komponenten-Beschichtungsstoff.

Als Härterkomponente für Zwei-Komponenten-Polyurethan-Lacke (PUR-Lacke) stehen zwei unterschiedliche Polyisocyanatharz-Gruppen zur Verfügung:
a) aromatische Polyisocyanate
   Sie ergeben hoch chemikalienfeste Beschichtungen, die jedoch vergilben und kreiden.
b) aliphatische Polyisocyanate
   Sie ergeben lichtbeständige, vergilbungsfreie, nicht kreidende Beschichtungen mit guter Glanzhaltung und ausreichender Chemikalienbeständigkeit gegen Atmosphärilien.

Die Auswahl des Polyisocyanathärters muß je nach Verwendungszweck der hiermit hergestellten Beschichtung durch den Werkstoffhersteller gewährleistet sein.

Polyurethanlacke verfügen über eine hohe Dichtigkeit gegenüber Kohlendioxid und sind damit geeignet, die »Karbonatisation« von Beton zu verhindern. Da sie alkalibeständig sind, können Polyurethanlacke ebenfalls auf Faserzement verwendet werden. Auf Zementestrichen bewirken sie, wie Epoxidharzlacke, eine Verfestigung der Estrichoberfläche.

2.5.1.2 für Holz und Holzwerkstoffe

Farblose Beschichtungen auf Holz und Holzwerkstoffen sind – aufgrund der hohen UV-Durchlässigkeit – nur für Innenbeschichtungen geeignet. Bei direkter Sonnenbestrahlung kommt es durch UV-Strahlen zu einer Schädigung der Holzoberfläche.

– **Alkydharzlacke**
  aus langöligen Alkydharzen, Hilfsstoffen und Lösemitteln;

Alkydharzlack ist nach DIN 55 945 ein Lack, der als charakteristischen Filmbildner Alkydharze enthält.

Kommentar zur DIN 18 363 2.5.1.2

Unter der Oberbezeichnung »Alkydharzlack« werden heute jedoch auch Werkstoffe angeboten mit modifizierten Alkydharzen, z. B. PUR-Alkydharzen. Hierdurch erreicht man zum Teil höhere Oberflächenhärte und damit eine bessere Beständigkeit gegenüber mechanischen Einwirkungen, wie dies bei reinen langöligen Alkydharzlacken der Fall ist.

– **Nitrozelluloselacke (Nitrolacke, Nitrokombinationslacke) aus Nitrozellulose mit Weichmachern und Lösemitteln für Innenflächen;**

Nitrozelluloselacke sind schnelltrocknende Beschichtungsstoffe, die insbesondere für die Lackierung von Möbelflächen Verwendung finden.

– **Säurehärtende Reaktionslacke (SH-Lacke) in Form von Einkomponentenlacken auf der Basis von Alkydharz/Melaminharz/Kombinationen oder Zwei-Komponentenlack auf der Basis von Alkydharz/Harnstoffharz/Kombinationen;**

Säurehärtende Reaktionslacke weisen eine hohe Oberflächenfestigkeit auf und werden daher bevorzugt für die Versiegelung von Parkett verwendet.

– **Polyurethanlacke (PUR-Lacke) nach Abschnitt 2.5.1.1 für Innenflächen, z. B. Parkett.**

Farblose Polyurethanlacke gibt es sowohl als Ein-Komponenten- als auch als Zwei-Komponenten-Beschichtungsstoff.
Als Härterkomponente für Zwei-Komponenten-Polyurethan-Lacke (PUR-Lacke) stehen zwei unterschiedliche Polyisocyanat-Gruppen zur Verfügung:
a) aromatische Polyisocyanate
   Sie ergeben chemikalienfeste Beschichtungen, die vergilben und kreiden.
b) aliphatische Polyisocyanate
   Sie ergeben lichtbeständige, vergilbungsfreie, nicht kreidende Beschichtungen mit guter Glanzhaltung und ausreichender Chemikalienbeständigkeit gegen Atmosphärilien.

Die Auswahl des Polyisocyanates muß je nach Verwendungszweck der hiermit hergestellten Beschichtung durch den Werkstoffhersteller gewährleistet sein.
Für Innenflächen aus Holz und/oder Holzwerkstoffen – z. B. Parkett – sind Polyurethanlacke mit aliphatischen Polyisocyanaten als Härter zu verwenden.

2.5.1.3 Für Metalle

– **Polymerisatharzlacke nach Abschnitt 2.5.1.1 für lichtbeständige Beschichtungen auf Aluminium, Kupfer und Edelstahl;**

Als Polymerisatharzlacke werden vorwiegend Lösungen von Acryl- und/oder Acryl-Mischpolymerisatharzen verwendet. Sie härten physikalisch durch Verdunsten der Lösemittel. Sie ergeben reversible Beschichtungen, die beim Überstreichen mit gleichartigen Stoffen wieder erweichen.

– **Polyurethanlacke (PUR-Lacke) nach Abschnitt 2.5.1.2;**

Farblose Polyurethanlacke gibt es sowohl als Ein-Komponenten- als auch als Zwei-Komponenten-Beschichtungsstoff.
Als Härterkomponente für Zwei-Komponenten-Polyurethan-Lacke (PUR-Lacke) stehen zwei unterschiedliche Polyisocyanat-Gruppen zur Verfügung:
a) aromatische Polyisocyanate
Sie ergeben chemikalienfeste Beschichtungen, die vergilben und kreiden.
b) aliphatische Polyisocyanate
Sie ergeben lichtbeständige, vergilbungsfreie, nicht kreidende Beschichtungen mit guter Glanzhaltung und ausreichender Chemikalienbeständigkeit gegen Atmosphärilien.
Die Auswahl des Polyisocyanates muß je nach Verwendungszweck der hiermit hergestellten Beschichtung durch den Werkstoffhersteller gewährleistet sein.

– **Epoxidharzlacke (EP-Lacke) nach Abschnitt 2.5.1.1;**

Epoxidharzlacke vergilben und kreiden bei Lichteinfall. Sie sind für Außenbeschichtungen nur in Ausnahmefällen zu verwenden.

– **Nitrokombinationslacke nach Abschnitt 2.5.1.2;**

Nitrokombinationslacke werden für die farblose Behandlung von Metallen nur selten verwendet. Sie werden auch als »Zapon-Lack« bezeichnet.

– **Acrylharzlacke;**

Acrylharzlacke sind Lösungen von Acryl- und/oder Acryl-Mischpolymerisatharzen (siehe auch Polymerisatharzlacke).

Kommentar zur DIN 18 363

2.5.2 Lasuren

Lasuren sind transparente Beschichtungsstoffe mit geringem Pigmentanteil.

2.5.2.1 für mineralische Untergründe

Mineralische Untergründe werden häufig mit Lasuren behandelt, um Farbtonunterschiede der Flächen anzugleichen.

– **Acryllasuren**
  aus Polymerisatharz mit Lasurpigmenten und Bindemittel;
  Lasurpigmente müssen alkali-beständig sein.

Verwendet werden Lösungen von Acryl- und/oder Acryl-Mischpolymerisatharzen mit geringen Mengen alkali-beständiger Pigmente.
Häufig verwendet werden auch Mischungen zwischen farblosen Polymerisatharzlacken nach Abschnitt 2.5.1.1 und Polymerisatharzlackfarben nach Abschnitt 2.5.3.1. Je nach Mischungsverhältnis kann der Lasureffekt beeinflußt werden.
Neben den oben beschriebenen lösemittelverdünnbaren Mischpolymerisatharzlasuren auf Acrylharzbasis werden auch wasserverdünnbare Lasuren verwendet. Hierbei handelt es sich um
– Silikatlasuren
Silikatfarbe nach Abschnitt 2.4.1 mit geringem Pigmentanteil,
– Dispersionssilikatlasuren
Dispersionssilikatfarbe nach Abschnitt 2.4.1 mit geringem Pigmentanteil,
– Dispersionslasurfarbe
Mischungen von Kunststoffdispersion nach Abschnitt 2.4.1 mit Kunststoffdispersionsfarbe nach Abschnitt 2.4.1 zur Verringerung des Pigmentanteils.

2.5.2.2 für Holz und Holzwerkstoffe

Farblose Lasur-Beschichtungen auf Holz und Holzwerkstoffen sind – aufgrund der hohen UV-Durchlässigkeit – nur für Innenbeschichtungen geeignet. Bei direkter Sonnenbestrahlung kommt es durch UV-Strahlen zu einer Schädigung der Holzoberfläche (siehe BFS-Merkblatt Nr. 18).

– **Imprägnierlasuren (Dünnschichtlasuren)**
  aus langöligen Alkydharzen oder aus Acrylharzen mit Lasurpigmenten,
  fungiziden Zusätzen u. a. Wirkstoffen;

Imprägnierlasuren (Dünnschichtlasuren) sind Stoffe mit geringem Festkörpergehalt zur Erzielung hoch wasserdampfdurchlässiger Beschichtungen mit geringer Schichtdicke.

Imprägnierlasuren sind aufgrund der geringeren Schichtdicke allein für außen nicht geeignet. Zum Einsatz im Außenbereich empfehlen sich kombinierte Beschichtungen aus Imprägnierlasuren und Dickschichtlasuren.

– **Lacklasuren (Dickschichtlasuren)**
  aus langöligen Alkydharzlacken mit UV-Absorber und Lasurpigmenten; sie müssen wetterbeständig und wasserabweisend sein.

Lacklasuren (Dickschichtlasuren) mit erhöhtem Festkörpergehalt zur Erzielung höherer Schichtdicken.

2.5.3 Lackfarben (Kunstharzlackfarben)

Lackfarbe ist nach DIN 55945 ein deckend pigmentierter Lack.

2.5.3.1 für mineralische Untergründe

– **Alkydharzlackfarben**
  aus mittel- bis langöligen Alkydharzen mit Pigmenten und Hilfsstoffen zum Beschichten von nicht mehr alkalisch reagierenden Untergründen;

Alkydharzlackfarben ergeben Beschichtungen, die gegenüber Wasserdampf dichter sind als Beschichtungen mit Dispersionsfarben. Alkydharzlackfarben für die Beschichtung von Außenflächen aus mineralischen Baustoffen sind nur dann zu verwenden, wenn Feuchtigkeitseinflüsse von der Rückseite her ausgeschlossen sind. Feuchtigkeitseinflüsse aus dem Untergrund führen durch die hiermit verbundene Alkalität zur Verseifung der Beschichtung.

– **Polymerisatharzlackfarben**
  auf der Basis von Polymerisatharzlösungen mit Pigmenten und Hilfsstoffen;

Beschichtungen mit Polymerisatharzlackfarben – insbesondere auf der Basis von Acryl- bzw. Acryl-Mischpolymerisaten – haben eine hohe Dichtigkeit gegenüber Kohlendioxid (CO_2) und anderen sauren Gasen – z. B. Schwefeldioxid (SO_2), Stickoxide (NO_x) –. Sie eignen sich daher in besonderer Weise für Betonschutz-/Betoninstandsetzungsbeschichtungen.

– **Kunstharzputze nach DIN 18558;**

Die Bezeichnung »Kunstharzputz« wird sowohl für den Beschich-

tungsstoff als auch für die fertige Beschichtung verwendet. Nach DIN 18 558 werden für die Herstellung von Kunstharzputz-Beschichtungen Beschichtungsstoffe aus organischen Bindemitteln in Form von Dispersionen oder Lösungen und Zuschlägen/Füllstoffen mit überwiegendem Kornanteil > 0,25 mm verwendet.
Kunstharzputze erfordern einen vorherigen Grundanstrich (siehe 2.1.1).
Kunstharzputze werden im Werk gefertigt und verarbeitungsfähig geliefert. Mit Ausnahme geringer Zugabe von Verdünnungsmitteln (Wasser oder organisches Lösemittel) zur Regulierung der Konsistenz sind Veränderungen der Beschichtungsstoffe unzulässig. Kunstharzputze werden nach Anwendung und Bindemittelanteil in zwei Typen unterschieden:

Beschichtungsstoff-Typ: für Kunstharzputz als:
P Org 1   Außen- und Innenputz
P Org 2   Innenputz.

DIN 18 558 enthält sowohl Anforderungen an den Beschichtungsstoff als auch an die fertige Beschichtung.

– **Chlorkautschuklackfarben (RUC-Lackfarben)**
  aus chloriertem Polyisopren mit Pigmenten und Hilfsstoffen;

Chlorkautschukfarben bestehen aus Lösungen von chloriertem Kautschuk in Mischung mit Weichmachern und/oder Alkydharzen, Ölen, Pigmenten und Lösemitteln. Beschichtungen aus Chlorkautschuklackfarben sind beständig gegen Säuren, Alkalien, Witterungseinflüsse und schwer entflammbar. Sie werden eingesetzt zum Schutz von Metallen in Chemiebetrieben, Wasserwerken, Bleichereien, Kokereien, für Unterwasserbeschichtungen, auf Zementuntergründen in Schwimmbecken und Silos sowie für Straßenmarkierungen. Sie sind nicht beständig gegen tierische Fette. Ihre Verwendung in Fleischereien, Molkereien usw. ist daher nicht möglich.

– **Cyclokautschuklackfarben (RUI-Farben)**
  aus cyclisiertem Naturkautschuk mit Pigmenten; auf Innenflächen, insbesondere bei Schwitzwasserbelastung;

Beschichtungen aus Cyclokautschuklackfarbe sind säure-, laugen- und schwitzwasserbeständig. Zur Verbesserung der Wasserfestigkeit kann Cyclokautschuklackfarbe Alkydharz enthalten. Beschichtungen aus Cyclokautschuklackfarben sind nicht beständig gegen Kraftstoffe, Fette, Milch, Maschinen- und Schmieröle. Sie erreichen nicht die

Wetterbeständigkeit von Beschichtungen aus Chlorkautschuklackfarben.

– Polyurethanlackfarben (PUR-Lackfarben)
auf der Basis von Polyisocyanaten mit Pigmenten und Hilfsstoffen;

Polyurethanlackfarben sind Zwei-Komponenten-Lackfarben.

Als Härterkomponente für Zwei-Komponenten-Polyurethan-Lacke (PUR-Lacke) stehen zwei unterschiedliche Polyisocyanat-Gruppen zur Verfügung:

a) aromatische Polyisocyanate
   Sie ergeben chemikalienfeste Beschichtungen, die vergilben und kreiden.

b) aliphatische Polyisocyanate
   Sie ergeben lichtbeständige, vergilbungsfreie, nicht kreidende Beschichtungen mit guter Glanzhaltung und ausreichender Chemikalienbeständigkeit gegen Atmosphärilien.

Die Auswahl des Polyisocyanates muß je nach Verwendungszweck der hiermit hergestellten Beschichtung durch den Werkstoffhersteller gewährleistet sein.

– Epoxidharzlackfarben (EP-Lackfarben)
auf der Basis von Epoxidharz mit Pigmenten und Hilfsstoffen; sie sind nur bedingt wetterbeständig;

Epoxidharzlackfarben sind Zwei-Komponenten-Lackfarben.

Die Eigenschaften von Epoxidharzlackfarben werden durch die Art und chemische Zusammensetzung des Härters bestimmt. Es sind daher nur Beschichtungsstoffe zu verwenden, deren Eignung der Hersteller für den vorgesehenen Verwendungszweck empfiehlt.

Beschichtungen aus Epoxidharzlackfarben vergilben und kreiden. Für Außenbeschichtungen sind sie nur bedingt geeignet.

– Teerpech-Kombinationslackfarben
auf der Basis von Steinkohlen-Teerpech-Epoxidharz-Kombination zur Beschichtung von Beton, z. B. im Abwasserbereich;

Teerpech-Kombinationslackfarben werden für Beschichtungen in wasserbelasteten Bereichen, z. B. Abwasserkanälen, im Erdreich bzw. in der Bodenzone (Übergangsbereich) verwendet.

– Mehrfarbeneffektlackfarben
aus pastösen Lackfarben mit farblosen wäßrigen Harzlösungen.

Mehrfarbeneffektlackfarben werden für die Gestaltung von Wandflächen – z. B. in Treppenhäusern – verwendet.

2.5.3.2 für Holz und Holzwerkstoffe

– Alkydharzlackfarben nach Abschnitt 2.5.3.1;

Zur Anwendung kommen Lösungen aus mittel- bis langöligen Alkydharzen als Bindemittel mit Pigmenten und Hilfsstoffen. Sie ergeben mechanisch belastbare Beschichtungen, z. B. für Türflächen, Möbelflächen.

Alkydharzlackfarbe nach DIN 55 945 ist ein pigmentierter Lack, der als charakteristischen Filmbildner Alkydharz enthält.

Unter der Oberbezeichnung »Alkydharzlackfarbe« werden heute jedoch auch Werkstoffe angeboten mit modifizierten Alkydharzen, z. B. PUR-Alkydharzen. Hierdurch erreicht man zum Teil höhere Oberflächenhärte und damit eine bessere Beständigkeit gegenüber mechanischen Einwirkungen, wie dies bei reinen langöligen Alkydharzlackfarben der Fall ist.

– Polyurethanlackfarben (PUR-Lackfarben) nach Abschnitt 2.5.3.1;

Polyurethanlackfarben sind Zwei-Komponenten-Lackfarben.

Als Härterkomponente für Zwei-Komponenten-Polyurethan-Lacke (PUR-Lacke) stehen zwei unterschiedliche Polyisocyanate zur Verfügung:

a) aromatische Polyisocyanate
   Sie ergeben chemikalienfeste Beschichtungen, die vergilben und kreiden.

b) aliphatische Polyisocyanate
   Sie ergeben lichtbeständige, vergilbungsfreie, nicht kreidende Beschichtungen mit guter Glanzhaltung und ausreichender Chemikalienbeständigkeit gegen Atmosphärilien.

Polyurethanlacke verfügen über eine hohe Oberflächenfestigkeit. Sie werden bevorzugt für farbige Beschichtungen auf Holzfußböden, Tischplatten u. ä. verwendet.

– Mehrfarbeneffektlackfarben nach Abschnitt 2.5.3.1;

Hierbei handelt es sich um Mischsysteme aus pastösen Lackfarben und wäßrigen Harzlösungen. Die einzelnen Phasen dieses Mischsystems sind gegebenenfalls unterschiedlich eingefärbt, so daß nach Auftragen dieser Beschichtungsstoffe auf einen Untergrund ein »Mehrfarbeneffekt« entsteht.

– Nitrozelluloselackfarben
   aus Nitrozellulose mit Weichmacher und Pigmenten für Innenflächen.

Nitrozelluloselackfarben sind schnell trocknende Beschichtungen, die z. B. für die Lackierung von Möbelflächen Verwendung finden. Aufgrund der schnellen Trocknung werden diese Stoffe vorwiegend im Spritzverfahren verarbeitet.

2.5.3.3 für Metalle

- **Alkydharzlackfarben nach Abschnitt 2.5.3.1 auf Korrosionsschutz-Grundbeschichtungen, ausgenommen auf Zink und verzinktem Stahl;**

    Zur Anwendung kommen Lösungen aus mittel- bis langöligen Alkydharzen als Bindemittel mit Pigmenten und Hilfsstoffen. Sie ergeben mechanisch belastbare Beschichtungen mit guter Korrosionsschutzeigenschaft.

    Alkydharzlackfarbe ist nach DIN 55945 ein pigmentierter Lack, der als charakteristischen Filmbildner Alkydharz enthält.

    Unter der Oberbezeichnung »Alkydharzlackfarbe« werden heute jedoch auch Werkstoffe angeboten mit modifizierten Alkydharzen, z. B. PUR-Alkydharz. Hierdurch erreicht man zum Teil höhere Oberflächenhärte und damit eine bessere Beständigkeit gegenüber mechanischen Einwirkungen, wie dies bei mittel- bis langöligen Alkydharzlackfarben der Fall ist.

    Auf Zink und verzinktem Stahl dürfen Alkydharzlackfarben nicht aufgetragen werden. Aufgrund von Wechselwirkungen zwischen dem Untergrund und dem Alkydharz kommt es zu Haftungsverlust des gesamten Beschichtungssystems – einschließlich der Grundbeschichtung – und zu relativ kurzfristiger Versprödung (siehe BFS-Merkblatt Nr. 4).

- **Heizkörperlackfarben**
    aus hitzebeständigen Alkydharzkombinationen mit Pigmenten und Hilfsstoffen;
    für Grundbeschichtungsstoffe gilt DIN 55900 Teil 1 »Beschichtungen für Raumheizkörper; Begriffe, Anforderungen, Prüfung, Grundbeschichtungsstoffe, industriell hergestellte Grundbeschichtungen« (DIN 55900 -G);
    für Deckbeschichtungsstoffe gilt DIN 55900 Teil 2 »Beschichtungen für Raumheizkörper; Begriffe, Anforderungen, Prüfung, Deckbeschichtungsstoffe, industriell hergestellte Fertiglackierungen« (DIN 55900 – F);

    Heizkörperlackfarben müssen so beschaffen sein, daß sie auch durch längerfristige erhöhte Temperaturen nicht vergilben und nicht verspröden. Sie müssen DIN 55900 entsprechen.

- **Polymerisatharzlackfarben nach Abschnitt 2.5.3.1;**

    Polymerisatharzlackfarben bestehen aus Lösungen von Polymerisatharzen mit Pigmenten, Füllstoffen und Lösemitteln. Für Metalluntergründe werden sie zum Teil in Kombination mit anderen Bindemitteln, z. B. Alkydharzen, verwendet.

Auf Zink und verzinkten Stahluntergründen dürfen Polymerisatharzlackfarben – auch Grundbeschichtungen auf dieser Basis – nicht mit Alkydharzlacken überarbeitet werden.

– **Polymerisatharz-Dickschicht-Beschichtungsstoffe;**

Dies sind thixotropierte Polymerisatharzlackfarben, die Beschichtungen mit relativ hoher Schichtdicke ergeben.

Polymerisatharz-Dickschicht-Beschichtungsstoffe werden für Beschichtungen mit guter Wetterbeständigkeit und guter Haftfestigkeit im Korrosionsschutz auf Stahl, Zink und verzinkten Flächen verwendet.

Polymerisatharz-Dickschicht-Beschichtungsstoffe werden unter anderem für zusätzlichen Kantenschutz – zur Erreichung ausreichender Schichtdicke im Bereich der Kanten – verwendet.

– **Chlorkautschuklackfarben (RUC-Farben) nach Abschnitt 2.5.3.1;**

Chlorkautschuklackfarben – gegebenenfalls auch in Kombination mit Alkydharzen – werden im Korrosionsschutz, insbesondere im Bereich des Chemiebaus, verwendet. Sie ergeben Beschichtungen mit guter Korrosionsschutzeigenschaft. Sie sind beständig gegen Säuren und Alkalien, jedoch nicht beständig gegen tierische Fette und Mineralöle. Im Einzelfall sind bei ihrer Verwendung die Hinweise des Herstellers zu beachten.

– **Cyclokautschuklackfarben (RUI-Lackfarben) nach Abschnitt 2.5.3.1;**

Beschichtungen aus Cyclokautschuklackfarben weisen eine gute Chemikalienfestigkeit und Wärmebeständigkeit auf. Sie finden daher bevorzugt im Korrosionsschutz, bei der Behälterbeschichtung in Molkereien, Brauereien und in anderen Zweigen der Lebensmittelindustrie Verwendung. Im Einzelfall sind bei ihrer Verwendung die Hinweise des Herstellers zu beachten.

– **Siliconharzlackfarben**
   aus Siliconharzen mit Pigmenten und Hilfsstoffen für Beschichtungen auf Stahl, hochhitzebeständig bis 400°C;

Die Hitzebeständigkeit von Siliconharzlackfarben liegt je nach verwendetem Harztyp zwischen 180°C und 230°C. Kurzzeitige Spitzenbelastungen bis ca. 500°C sind möglich.

Außer der hohen Wärmefestigkeit weisen Siliconharzbeschichtungen gute Wetterbeständigkeit auf. Sie sind wasserabweisend.
Siliconharzlackfarben sind physikalisch trocknende Beschichtungsstoffe, die ihre optimale Filmfestigkeit durch Einbrennen der hiermit hergestellten Beschichtung oberhalb 180°C in Abhängigkeit von der Einbrenndauer erreichen.
Neben den reinen Siliconharzlackfarben finden auch Lackfarben, die als Bindemittel modifizierte Siliconharze enthalten, Verwendung. Durch die Modifizierung mit Siliconharz werden z. B. Alkydharze bzw. die daraus hergestellte Beschichtung in Wärme- und Wetterbeständigkeit verbessert.
Wegen der hohen Kosten der Siliconharze beschränkt sich ihre Verwendung auf Beschichtungen, bei denen eine hohe Wärme- bzw. Wetterbeständigkeit unverzichtbar ist.

– **Polyurethanlackfarben (PUR-Lackfarben) nach Abschnitt 2.5.3.1;**

Polyurethanlackfarben sind Zwei-Komponenten-Lackfarben.
Als Härterkomponente für Zwei-Komponenten-Polyurethan-Lackfarben (PUR-Lackfarbe) stehen zwei unterschiedliche Polyisocyanate zur Verfügung:
a) aromatische Polyisocyanate
   Sie ergeben chemikalienfeste Beschichtungen, die vergilben und kreiden.
b) aliphatische Polyisocyanate
   Sie ergeben lichtbeständige, vergilbungsfreie, nicht kreidende Beschichtungen mit guter Glanzhaltung und ausreichender Chemikalienbeständigkeit gegen Atmosphärilien.
Polyurethanlackfarben verfügen über eine hohe Oberflächenfestigkeit. Sie finden im Korrosionsschutz Verwendung.
Je nach Härtertyp ergeben sie hochchemikalienbeständige Beschichtungen oder aber Beschichtungen mit guter Wetterbeständigkeit.
Sie benötigen einen gestrahlten Untergrund.
Polyurethanlackfarben finden auch als Schlußbeschichtung auf Epoxidharzgrundbeschichtungen Anwendung.

– **Epoxidharzlackfarben (EP-Lackfarben) nach Abschnitt 2.5.3.1;**

Epoxidharzlackfarben werden im Korrosionsschutz insbesondere dort verwendet, wo hohe Alkalibeständigkeit gefordert wird.
Da sie stark gilben und kreiden, werden sie selten als Schlußbeschichtung verwendet. Ist hohe Chemikalienfestigkeit, verbunden mit guter Wetterbeständigkeit, gefordert, so sollte für die Schlußbeschichtung Polyurethanlackfarbe verwendet werden.

- **Mehrfarbeneffektlackfarben nach Abschnitt 2.5.3.1;**

Mehrfarbeneffektlackfarben sind nur für Innenbeschichtungen, die keiner direkten Wetterbeanspruchung ausgesetzt sind, geeignet. Sie erfordern auf Metall eine korrosionsschützende Grundbeschichtung.

- **Bitumenlackfarben**
  auf der Basis von Naturasphalt und Standölen, gelöst in Lösemitteln mit Schuppen-Pigmenten zum Beschichten von zinkstaubgrundbeschichtetem Stahl, Zinkblech und verzinktem Stahl, z. B. zum Beschichten von Blechdächern;

Bitumenlackfarben sind nicht in allen Farbtönen lieferbar.
Beschichtungen mit Bitumenlackfarben kreiden bei Wetterbeanspruchung. Die guten Korrosionsschutzeigenschaften sind hiervon nicht betroffen.

- **Bitumenlackfarben**
  auf der Basis von Bitumen der Erdöldestillation, gelöst in Lösemittel, phenolfrei, mit Pigmenten, z. B. im Trinkwasserbereich;

Bitumenlackfarben sind wasserbeständig. Sie sind geeignet für die Innenbeschichtung von Behältern und Rohren.

- **Teerpech-Kombinationslackfarben nach Abschnitt 2.5.3.1;**

Teerpech-Kombinationslackfarben werden für Beschichtungen in wasserbelasteten Bereichen, z. B. Abwasserkanälen, im Erdreich bzw. in der Bodenzone (Übergangsbereich), im Stahlwasserbau, verwendet.

- **Bronzelackfarben (Bronzen)**
  aus chemisch neutralen Lacken und feinpulvrigen Metallen oder Metallegierungen.

Bronzelackfarben bestehen aus feinpulvrigen Metallen oder Metallegierungen, die mit speziellen Bindemitteln kombiniert Beschichtungen mit metallisch aussehenden Oberflächen ergeben.

2.6 Armierungsstoffe

Zur Armierung von Beschichtungen und zum Überbrücken von Rissen, z. B. Netzrissen im Untergrund, sind zu verwenden:

- **Armierungskleber**
  aus Kunststoffdispersionen nach DIN 55947, gegebenenfalls mit Zuschlagstoffen (Einbettungsmasse) zum Einbetten von Geweben oder Vliesen;

Armierungskleber werden bei Rissen auf mineralische Untergründe, bei Wärmedämm-Verbundsystemen auf die Oberfläche des Dämmstoffes aufgetragen. Je nach Verwendungszweck werden Gewebe oder Vliese eingebettet.

Bei Wärmedämm-Verbundsystemen werden nach DIN 18 559 »Wärmedämm-Verbundsysteme; Begriffe, allgemeine Angaben« Armierungskleber als Armierungsmassen bezeichnet. Diese bestehen auch bei Anwendung innerhalb eines Wärmedämm-Verbundsystems aus Kunststoffdispersionen mit oder ohne Zuschlagstoffen. Nach DIN 18 559 werden hierfür unterschieden:

a) Armierungsmasse auf Basis einer Kunststoffdispersion, gefüllt, ohne weitere Zusätze verarbeitbar,

b) Armierungsmasse auf Basis einer Kunststoffdispersion, gefüllt, unmittelbar vor Verarbeitung mit Zement zu versetzen,

c) Kunststoffdispersion mit Sand und Zement als Baustellenmischung,

d) Armierungsmasse, hergestellt aus einer Trockenmischung aus Sand und Zement und Zusatz von Kunststoffdispersion,

e) Armierungsmasse in Pulverform, werksgemischt.

Armierungskleber müssen in der Lage sein, gemeinsam mit dem eingebetteten Gewebe oder Vlies punktförmige Kräfte, die auf eine Beschichtung einwirken, auf eine größere Fläche zu verteilen, um so Schäden an der Schlußbeschichtung zu verhindern.

– **Armierungsgewebe**
aus Kunstfaser oder Glasfaser zum Überbrücken gerissener Flächen oder Einzelrisse;

Verwendet werden Gewebe aus Kunststoffen oder Glas. Bei Glasfasergeweben muß die Glasfaser durch eine Appretur vor Einwirkung alkalischer Substanzen geschützt sein.

Glasfasergewebe wird auch in Wärmedämm-Verbundsystemen mittels Armierungsmasse zur Armierung von Dämmplatten verwendet. Für die Sanierung von Rissen sind die Herstellervorschriften zu beachten.

– **Armierungsvliese**
aus Glasfaser oder Kunststoffen.

Armierungsvliese sind nur in Ausnahmefällen auf ausdrückliche Anweisung des Armierungssystem-Herstellers zu verwenden.

2.7 Klebstoffe

Klebstoffe müssen so beschaffen sein, daß durch sie eine feste und dauerhafte Verbindung erreicht wird. Die Klebstoffe dürfen den Untergrund und die aufzuklebenden Stoffe nicht nachteilig beeinflussen und nach der Verarbeitung keine Belästigung durch Geruch hervorrufen.

2.8 Dampfsperren

Zu verwenden sind:
- Verbundfolien, z. B. Metallfolien mit Polystyrolhartschaum;
- Kunststoff-Folien mit und ohne Kaschierung;
- Metall-Folien mit und ohne Kaschierung.

Um zu verhindern, daß aus Räumen mit erhöhter Raumluftfeuchtigkeit – z. B. Hallenbäder – Feuchtigkeit von innen in den Untergrund eindringen kann, werden die Oberflächen mit Dampfsperren beschichtet. Diese sind zur besseren Verarbeitung vorwiegend auf Papier oder Polystyrolhartschaum kaschiert. Bei der Verarbeitung von Dampfsperren ist darauf zu achten, daß in den Klebstoffen enthaltene Lösemittel ausreichend abdunsten können, bevor die Verklebung erfolgt, da sonst Blasenbildungen in der Dampfsperre auftreten können.

2.9 Stoffe für das Belegen von Flächen mit Blattmetall

Für metallische Überzüge wie Vergoldungen, Versilberungen und Überzüge mit anderen Blattmetallen sind zu verwenden:
- Mixtion
  farbloser, langsam trocknender langöliger Alkydharzlack als Klebemittel, z. B. für Ölvergoldung (Mattvergoldung), Versilberung;
- Knochenleim oder Hautleim
  zur Herstellung von Kreidegrund für Polimentvergoldung;
- Klebstoffe aus Gelatine
  als Klebemittel z. B. für Glanzvergoldungen hinter Glas;
- Blattgold
  aus reinem Gold geschlagen oder aus hochkarätigen Goldlegierungen (Gold-Silber-Kupferlegierungen);
- Kompositionsgold
  Schlagmetall aus Kupfer-Zinn-Zink-Legierungen zur Goldimitation mit farbloser Lackierung;
- Blattsilber
  Blattmetall aus reinem Silber zur Blattversilberung mit farbloser Lackierung;
- Blattaluminium
  Blattmetall aus Aluminiumlegierungen zur Imitation von Blattversilberungen.

2.10 Dichtstoffe

DIN 18540 Teil 2 Abdichten von Außenwandfugen im Hochbau mit Fugendichtungsmassen; Fugendichtungsmassen, Anforderungen und Prüfung

DIN 18545 Teil 2 Abdichten von Verglasungen mit Dichtstoffen; Dichtstoffe; Bezeichnung, Anforderungen, Prüfung

Zu unterscheiden sind:
a) erhärtende Dichtstoffe (Kitte, z. B. Leinölkitt nach RAL 849 B 2); Erhärtende Dichtstoffe sind in der vom Dichtstoffhersteller vorgeschriebenen Zeit zu überstreichen.
b) plastisch bleibende Dichtstoffe (Spezialkitte); Plastisch bleibende Dichtstoffe sind in der vom Dichtstoffhersteller vorgeschriebenen Zeit zu überstreichen, sofern der Hersteller nicht ausdrücklich die Beschichtung ausschließt.

Erhärtende und plastisch bleibende Dichtstoffe, insbesondere als freiliegende Dreieckskittphasen, bilden nach einiger Zeit eine »Kitthaut«, die zu Rissebildung und zum Abplatzen neigt.

c) elastisch bleibende Dichtstoffe (Versiegelungsmassen); Es sind nur »anstrichverträgliche« Dichtstoffe zu verwenden, die nicht ganzflächig beschichtet werden dürfen. Sie können bis zu einer Breite von 1 mm durch die angrenzende Beschichtung überdeckt (beschnitten) werden. Das Beschichten von elastischen Dichtstoffen mit Stoffen, die nicht die hohe Elastizität der Dichtstoffe aufweisen, führt dazu, daß Beschichtung und Dichtstoff reißen können. Eine Beschichtung führt grundsätzlich zu einer Schädigung des Abdichtungssystems.

Die Bezeichnung »überstreichbar« ist irreführend.

Die Verträglichkeit des Systems Dichtstoff/Beschichtung muß gewährleistet sein. Es darf nicht zu Verlauf- und Haftungsstörungen oder Trocknungsbeeinträchtigungen kommen. Es dürfen keine Bestandteile aus dem Dichtstoff auswandern, die zu beschichtungstechnischen Schwierigkeiten, z. B. Haftstörungen, Verfärbungen, Erweichungen, führen. Sie müssen den üblichen Temperaturwechseln standhalten und innerhalb des vorkommenden Temperaturbereiches standfest bleiben. Die Beschichtungsverträglichkeit ist durch den Dichtstoffhersteller/Beschichtungsstoffhersteller sicherzustellen. Sie kann mit baustellenüblichen Prüfmethoden nicht festgestellt oder überprüft werden.

Elastisch bleibende Dichtstoffe müssen Bewegungen, Ausdehnungen und Schwinden aufnehmen, ohne zu reißen.

Kommentar zur DIN 18 363

2.11 Brandschutz-Beschichtungsstoffe

Zu verwenden sind:
Schaumschutzbildende Brandschutz-Beschichtungsstoffe zum Flammschutz von Holz, Holzwerkstoffen und Metall.

Unterschieden werden:
a) Beschichtungsstoffe zum Schwerentflammbarmachen von Baustoffen (Holz). Die dazu verwendeten Stoffe sind prüfzeichenpflichtig. Die Stoffe sind nach den Vorschriften des Prüfzeichens zu verarbeiten.
b) Beschichtungsstoffe zum Verbessern der Feuerwiderstandsdauer von Bauteilen (Stahl). Die dazu verwendeten Stoffe sind zulassungspflichtig. Die Stoffe sind nach den Vorschriften des Zulassungsbescheides zu verarbeiten.

2.12 Fahrbahnmarkierungsstoffe

Zur Fahrbahnmarkierung sind Beschichtungsstoffe aus PVC-Mischpolymerisatlösungen, Acrylharz oder Alkydharz-Chlorkautschuk-Kombination mit Titandioxid und Zuschlagstoffen, z. B. Reflexkörper aus Glasperlen, Quarzmehl zu verwenden. Als Nachstreumittel sind Reflexperlen für die Oberflächenreflexion und Quarzsand zum Erzielen der Rutschfestigkeit zu verwenden.

Verwendet werden ein- oder mehrkomponentige Beschichtungsstoffe. Die Applikation muß gleichmäßig unter Einhalt der geforderten Schichtdicke erfolgen. Nachstreumittel müssen gleichmäßig verteilt und ausreichend tief eingebettet sein.

3 Ausführung

Ergänzend zur ATV DIN 18 299, Abschnitt 3, gilt:

In diesem Abschnitt werden die allgemeingültigen Grundlagen für die Verarbeitung von Beschichtungsstoffen und die Ausführung von Maler- und Lackierarbeiten behandelt.
In DIN 18 299, Abschnitt 3, sind keine Vorschriften, die bei Maler- und Lackierarbeiten zu beachten sind, enthalten.

3.1 Allgemeines

Bei der Neufassung der ATV DIN 18363 »Maler- und Lackierarbeiten« wurde davon ausgegangen, daß die unter den Abschnitten 3.2 bis 3.4 beschriebenen Leistungen gewerbeübliche Regelausführungen sind.
Minderungen an diesen Regelausführungen sind wegen der unter Umständen resultierenden Mängel und/oder Schäden bedenklich. Verbesserungen der Leistungen sind jederzeit durch Vorgaben in der Leistungsbeschreibung möglich, z. B. wenn eine weitere Zwischenbeschichtung oder wenn eine oder mehrere Spachtelungen zusätzlich gefordert werden.
Die Leistungen sind nach den Regeln der Technik auszuführen. Hierbei sind auch die Forderungen des Umweltschutzes sowie – die Möglichkeit vorausgesetzt – der physiologischen Unbedenklichkeit der eingesetzten Verfahren, Techniken und Werkstoffe zu beachten.
Nach DIN 55945 »Beschichtungsstoffe (Lacke, Anstrichstoffe und ähnliche Stoffe) Begriffe« ergeben Leistungen, die nach den Abschnitten 3.2 bis 3.4 erbracht werden, Beschichtungen.
Beschichtung ist der Oberbegriff für eine oder mehrere in sich zusammenhängende, aus Beschichtungsstoffen hergestellte Schichten auf einem Untergrund. Der Beschichtungsstoff kann mehr oder weniger in den Untergrund eindringen. Bei mehrschichtigen Beschichtungen

Kommentar zur DIN 18 363

spricht man auch von einem Beschichtungsaufbau (Beschichtungssystem).
Beschichtungen nach DIN 55 945 sind
- Lackierungen,
- Anstriche,
- Kunstharzputze,
- Spachtel- und Füllerschichten
- sowie ähnliche Beschichtungen.

Die Begriffe Beschichtung, Anstrich und Lackierung werden z. T. alternativ verwendet.

Nach VOB/B, § 4, Nr. 2 hat der Auftragnehmer die Leistung in eigener Verantwortung nach dem Vertrag, unter Beachtung der anerkannten Regeln der Technik und der gesetzlichen und behördlichen Bestimmungen auszuführen.

In der VOB 1988 ist aus Abschnitt 3 der bisherige Standardsatz »Stoffe und Bauteile, für die Verarbeitungsvorschriften des Herstellerwerkes bestehen, sind nach diesen Vorschriften zu verarbeiten« entfallen.

Wegen der Verantwortung des Auftragnehmers für ein mangelfreies Werk ist diese Regelung überflüssig. Im übrigen würde der Anschein erweckt, es solle unnötig in die Dispositionsfreiheit des Auftragnehmers eingegriffen werden.

Dies schließt nicht aus, daß der Auftragnehmer die Verarbeitungsvorschriften o. ä. des Werkstoffherstellers zu berücksichtigen hat. Nur der Hersteller eines Stoffes kann die Richtigkeit seiner Verarbeitungsvorschrift übersehen.

Beachtet der Auftragnehmer Verarbeitungsvorschriften nicht oder nicht ausreichend, so kann er nicht für sich in Anspruch nehmen, die vertragliche Leistung erbracht zu haben. Dies kann Mängelrügen und sogar Schadensersatzansprüche des Auftraggebers nach sich ziehen.

Besondere Beachtung muß hierbei den Verarbeitungsvorschriften für solche Stoffe geschenkt werden, die zwar nach den anerkannten Regeln der Technik verwendet werden dürfen, die aber noch nicht unter Abschnitt 2 aufgeführt sind. Da der Auftragnehmer nach VOB/B, § 13 dem Auftraggeber gegenüber die Gewährleistung für eine mängelfreie Leistung zu übernehmen hat, sind die Verarbeitungsvorschriften für diese neuen Stoffe besonders zu beachten. Zur Verteilung der Gefahr (Risiko) ist es z. B. bei problematischen Untergründen, bei Fehlen der erforderlichen Erfahrung in der Verarbeitung und der Anwendung bestimmter Stoffe ratsam, die schriftliche Zusage des Herstellers über die Eignung und Verwendbarkeit an dem vorgesehenen Objekt einzuholen.

Bei der Vielzahl der auszuführenden Leistungen kann es unterschiedliche Auffassungen zwischen Auftraggeber und Auftragnehmer bei der Feststellung geben, welche klimatischen Bedingungen für das Auftragen der vorgesehenen Beschichtungen geeignet sind. Nach VOB/B, § 4, Nr. 2 bleibt die Verantwortung für die Ausführung beim Auftragnehmer. Deshalb hat dieser seine Bedenken, z. B. Ausführung bei ungeeigneten Wetterbedingungen, dem Auftraggeber entsprechend VOB/B, § 4, Nr. 3 schriftlich vorzutragen und bei vorhandenen Verarbeitungsrichtlinien auf diese hinzuweisen.

Zwischen den Ausführungsbeschreibungen in den Abschnitten 3.2 bis 3.4 und den Verarbeitungsvorschriften der Werkstoffhersteller kann es zu unterschiedlichen Angaben über die Anzahl der auszuführenden Anstriche bzw. Beschichtungen bei Verwendung sogenannter »Dickschichtsysteme« o. ä. kommen. Obwohl vielleicht die Trockenschichtdicke gleich oder höher sein mag und die Qualität solcher Beschichtungen sogar besser sein kann, darf z. B. eine solche »Dickschichtausführung« nur nach vorheriger Vereinbarung mit dem Auftraggeber ausgeführt werden, da eine solche Arbeitsweise sonst nicht der vertraglich vereinbarten Leistung entspricht. In diesen Fällen müssen die voneinander abweichenden Techniken zwischen Auftraggeber und Auftragnehmer vereinbart werden; auch hierfür empfiehlt sich die Schriftform.

3.1.1 Der Auftragnehmer hat bei seiner Prüfung Bedenken (siehe B, § 4 Nr. 3) insbesondere geltend zu machen bei:

Dem Auftragnehmer obliegt nach VOB/B, § 4, Nr. 3 die allgemeine Beurteilung und Prüfung des Untergrundes. Für die spezielle Beurteilung und Prüfung des Untergrundes für Maler- und Lackierarbeiten reicht diese allgemeine Formulierung jedoch nicht aus. Aus diesem Grunde ist in der ATV die Prüfung und Beurteilung des Untergrundes besonders erwähnt.

Obwohl zu Abschnitt 3.1.1 nichts Näheres ausgesagt wird, kann es sich bei der vorgeschriebenen Prüfung und Beurteilung des Untergrundes hinsichtlich seiner Eignung für Maler- und Lackierarbeiten nur um die Feststellung sichtbarer oder anderweitig erkennbarer Mängel sowie um baustellenübliche Prüfungen handeln. Es kann daher als Prüfung des Untergrundes für Maler- und Lackierarbeiten im wesentlichen nur die Oberfläche des Untergrundes beurteilt werden. Für den Auftragnehmer nicht sichtbare oder anderweitig erkennbare Mängel im Beschichtungsuntergrund müssen als verdeckt vorliegende Mängel gewertet werden.

Kommentar zur DIN 18 363 3.1.1

Strukturunterschiede im Putz, z. B. hinter Gerüstlagen oder -elementen, sind zwar keine verdeckten Mängel, können jedoch häufig erst nach der Beschichtung oder nach dem Abbau des Gerüstes erkannt werden.

Wenn in besonderen Fällen eine über den üblichen Rahmen hinausgehende Prüfung vom Auftragnehmer erbracht werden soll, ist dies zusätzlich zu vereinbaren und zu vergüten.

Bedenken des Auftragnehmers gegen die vorgesehene Art der Ausführung, gegen die vorgesehenen Stoffe, gegen die Leistung anderer Unternehmer (Vorleistungen) oder gegen die Beschaffenheit des Untergrundes sind dem Auftraggeber unverzüglich und möglichst schon vor Beginn der Arbeiten *schriftlich* mitzuteilen.

Prüfung, Unterrichtung und schriftliche Anzeige gehören zur Hauptpflicht des Auftragnehmers, deren Verletzung Gewährleistungsansprüche des Auftraggebers auslösen kann. In welchem Umfang diese Pflichten erbracht werden müssen, hängt von der Person und fachlichen Qualifikation des Auftraggebers und seines Beauftragten ab. So ist z. B. bei einem Auftraggeber, der Laie auf bautechnischem Gebiet ist, die Anzeige- und Unterrichtungsverpflichtung des Auftragnehmers verhältnismäßig weitgehend. Ist der Auftraggeber hingegen selbst Fachmann oder hat er einen Architekten bzw. Bauleiter beauftragt, können die Bedenken weniger ausführlich dargestellt werden (siehe VOB/B, § 13, Nr. 3).

Reagiert der Auftraggeber in einer vom Auftragnehmer vorgegebenen, dem Arbeitsablauf entsprechenden Frist auf die Bedenken des Auftragnehmers nicht, so trägt er das Risiko. Der Auftragnehmer ist in diesem Fall verpflichtet, die ihm übertragene Leistung – entsprechend der Leistungsbeschreibung – auszuführen. Ein Leistungsverweigerungsrecht ist hieraus nicht abzuleiten.

Die wichtigsten Prüfmethoden, der Umfang der Prüfung, die Erkennungsmöglichkeiten sowie technische Hinweise und Maßnahmen, die bei Feststellung eines Mangels zu ergreifen sind, sind in dem BFS-Merkblatt Nr. 20 festgelegt.

– absandendem und kreidendem Putz,

Absanden und Kreiden der Putzoberfläche können durch Abreiben mit der Hand beurteilt werden.

Die Beurteilung, ob die Tragfähigkeit, z. B. eines vorhandenen Putzes, für einen vorgeschriebenen Beschichtungsaufbau ausreicht, ist dem Auftragnehmer auch deshalb nicht möglich, weil dies weitgehend vom Aufbau und von der Herstellung des Putzes abhängig ist.

3.1.1 Kommentar zur DIN 18 363

- nicht genügend festem, gerissenem und feuchtem Untergrund (der Feuchtigkeitsgehalt des Holzes darf – an mehreren Stellen in mindestens 5 mm Tiefe gemessen – bei Nadelhölzern 15%, bei Laubhölzern 12% nicht überschreiten),

Mineralische Untergründe müssen sowohl im trockenen als auch im angenäßten Zustand fest sein.

Die Festigkeit eines mineralischen Untergrundes ist nur bedingt prüfbar. Durch leichtes Klopfen und Reiben mit der Hand bzw. durch Kratzen mit einem harten Gegenstand (Schraubenzieher, Taschenmesser u. ä.) kann man Hinweise über die Festigkeit eines Untergrundes erhalten.

Feine Risse können in mineralischen Untergründen durch Annässen mit Wasser erkannt werden.

Die Prüfung auf Feuchtigkeit kann sich bei mineralischen Untergründen baustellenüblich nur auf die Oberfläche des Untergrundes beziehen. Mit elektrischen Prüfgeräten sind exakte Messungen des Feuchtigkeitsgehaltes – wie bei Holz üblich – nicht möglich. Bei mineralischen Baustoffen ist dies nur nach Entnahme von entsprechenden Proben im Labor gravimetrisch möglich.

Bei Holz soll der Feuchtigkeitsgehalt bei Vollhölzern in der Außenanwendung an mehreren Stellen in mindestens 5 mm Tiefe gemessen, bei Nadelhölzern 15%, bei Laubhölzern 12% nicht überschreiten. Bei Holzwerkstoffen (Leimbinder, Faser-, Span- oder Furnierplatten) gelten die Angaben der Hersteller über die zulässige Holzfeuchtigkeit.

Die Feuchtigkeitsprüfung kann mit elektrischen Feuchtigkeitsmeßgeräten mit ausreichender Genauigkeit gemessen werden.

Es ist davon auszugehen, daß solche Prüfungen nur stichprobenartig ausgeführt werden. Bei Holzfenstern sind die Feuchtigkeitsmessungen jeweils an waagerechten und senkrechten Holzteilen durchzuführen. Die Feuchtigkeitsmessung kann sich hier nur auf Holzoberflächenfeuchtigkeit bis in ca. 5 mm Tiefe beschränken. Eine Beurteilung der Kern- oder tatsächlichen Querschnittsfeuchtigkeit ist mit dieser Meßmethode nicht möglich.

Mit der Feststellung des Feuchtigkeitsgehaltes allein können Feuchtigkeitsschäden nicht generell beurteilt bzw. ausgeschaltet werden (Zeitpunkt- und Witterungsbedingungen etc.).

Bei Holzbauteilen im Gebäudeinneren darf der Feuchtigkeitsgehalt 8–12% nicht überschreiten (siehe hierzu auch DIN 18 355 »Tischlerarbeiten«, Abschnitt 2.1.5). Die Feuchtigkeitsbestimmung ist hier mit der erforderlichen Genauigkeit meist nur mit Präzisionsholzfeuchtigkeits-

meßgeräten möglich (besondere Berücksichtigung von Holztemperatur und Holz- bzw. Holzwerkstoffart).
Gerissenes Holz ist als Untergrund für filmbildende Beschichtungen ungeeignet.

– **Sinterschichten,**

Sinterschichten lassen sich durch die unterschiedliche Saugfähigkeit der Fläche bei einer Benetzungsprobe mit Wasser feststellen.
Bindemittelanreicherungen und Zementpuderung können an der Oberfläche von Beton sinterschichtartige Verdichtungen und Glätte mit unterschiedlicher Saugfähigkeit ergeben. Dies kann in der Regel durch Kratzprobe und Annetzen mit Wasser nachgewiesen werden. Sinterschichten o. ä. sind kein geeigneter Untergrund für Beschichtungen. Sie sind vor Ausführung der geforderten Leistung zu entfernen. Hierbei handelt es sich um Besondere Leistungen.

– **Ausblühungen,**

Ausblühungen können zu Beanstandungen und Schäden bei Beschichtungen führen. Ausblühungen sind nicht immer vor Beginn der Beschichtungsarbeiten erkennbar; sie treten oft erst später – bedingt durch Feuchtigkeitswechselwirkungen im Untergrund an der Untergrundoberfläche – gegebenenfalls auch unter bereits applizierten Beschichtungen – auf.
Ausblühungen sind trocken durch Abbürsten zu entfernen. Entfernen durch Abwaschen mit Wasser ist nicht empfehlenswert, da hierdurch die Salze, aus denen die Ausblühungen bestehen, gelöst und wieder in den Untergrund zurücktransportiert werden. Beim Austrocknen des Wassers gelangen sie wieder auf die Oberfläche des Untergrundes. Sie können daher auf diese Weise nicht entfernt werden.

– **Holz, das erkennbar von Bläue, Fäulnis oder Insekten befallen ist,**

Holz, das erkennbar von Pilzen oder Insekten befallen ist, eignet sich nicht als Untergrund für Beschichtungen.
Die hier gestellte Forderung kann sich jedoch nur auf einen erkennbaren Befall des Holzes durch Pilze oder Insekten erstrecken. Ein Lencites-Befall (Holz- oder Braunfäule) des Holzes ist auf der Baustelle im Anfangsstadium nicht erkennbar, da Lencites nicht die Oberfläche des Holzes, sondern den Holzkern befällt.
Für Holzbauteile, die mit Beschichtungen zu behandeln sind, ist die Verwendung möglichst harzarmen Holzes zu verlangen. Bei verschiedenen Holzarten ist ein gewisser Harzanteil naturbedingt und das

Auftreten eines Harzausflusses nicht auszuschließen. Bei Verwendung dunkler Farbtöne erwärmt sich unter Sonnenbestrahlung die Holzoberfläche stärker, wodurch ein stärkerer Harzausfluß bedingt sein kann. Dunkle Farbtöne steigern den Harzausfluß erheblich.

Harzreiches Holz kann als nicht geeigneter Untergrund für Beschichtungsarbeiten nur dann erkannt werden, wenn bereits Harzausflüsse sichtbar sind. Bei neuen Holzbauteilen ist dies meist nicht gegeben, so daß hier keine Bedenken angemeldet werden können.

– **nicht tragfähige Grundbeschichtungen,**

Zur Beurteilung, ob und wieweit bereits vorhandene Grundbeschichtungen für den weiteren Beschichtungsaufbau geeignet sind, muß dem Auftragnehmer vom Auftraggeber mitgeteilt werden, welche Stoffe und Vorbehandlungen verwendet bzw. angewendet worden sind.

Sind keine Hinweise in der Leistungsbeschreibung vorhanden, muß der Auftragnehmer davon ausgehen, daß vorhandene Grundbeschichtungen für die nachfolgend geforderte Leistung geeignet sind.

Die Haftung der vorhandenen Grundbeschichtung kann baustellenüblich nur bedingt durch Gitterschnitt überprüft werden. Ungeeignete Grundbeschichtungen sind grundsätzlich zu entfernen. Hierbei handelt es sich um eine Besondere Leistung.

Durch die dem Auftragnehmer zur Verfügung stehenden Prüfmittel ist eine Beurteilung von vorhandenen Grundanstrichen nur bedingt möglich. So kann beispielsweise nicht erkannt werden, ob eine auf einem Zinkuntergrund vorhandene Grundbeschichtung eine ausreichende »Absperrung« gegenüber Reaktionen zwischen der nachfolgenden Beschichtung und dem Zinkuntergrund hat.

– **korrodierten Metallbauteilen,**

Korrosionsschutz von Metallbauteilen ist nur möglich, wenn der Untergrund frei ist von Rost, Walzhaut, Zunder, Fett, Öl und anderen Verunreinigungen.

Liegt ein Untergrund mit Verunreinigungen vor, müssen diese vor Beginn der Korrosionsschutzbeschichtung entfernt werden. Verrosteter Bewehrungsstahl ist vor Ausführung von Betoninstandsetzungsbeschichtungen metallisch rein zu entrosten. Dies ist eine Besondere Leistung nach Abschnitt 4.2.

Unterrostungen u. a. sind unter vorhandenen Beschichtungen nicht erkennbar.

– ungeeigneten Witterungsbedingungen,

Für die Haltbarkeit von Beschichtungen sind die vorherrschenden Klima- und Wetterbedingungen von Bedeutung. Hier sind vor allem Außenbeschichtungen betroffen.

Regen, hohe Luftfeuchtigkeit, Nebel und Frost gestatten keine Außenbeschichtungen – ganz gleich, von welcher Art und Zusammensetzung der zu verwendende Stoff ist. Dies kann auch für intensive Sonnenbestrahlung und starken Wind gelten. Maßgebend ist die Temperatur der zu beschichtenden Bauteile.

Auch bei Innenbeschichtungen können durch klimatische Bedingungen Mängel in bzw. an der Beschichtung auftreten. Ungünstige Bedingungen innen sind beispielsweise eine sehr hohe Luftfeuchtigkeit in Folge unzureichender Belüftung, schlechter Bauaustrocknung, Schwitzwasser u. dgl.

3.1.2 Beschichtungen dürfen mit der Hand oder maschinell ausgeführt werden.

Sofern in der Leistungsbeschreibung keine bestimmte Ausführungsart ausgeschlossen ist, kann der Auftragnehmer die Arbeitsweise frei wählen. Nach DIN 55945 können Beschichtungen durch Streichen, Rollen, Spritzen, Tauchen, Fluten oder durch andere Verfahren hergestellt werden.

Die in der Leistungsbeschreibung geforderte Anzahl der Einzelbeschichtungen ist aufzutragen.

Verlangt der Auftraggeber nach Vergabe des Auftrages vom Auftragnehmer ein bestimmtes Auftragsverfahren (Applikationsverfahren), das dieser bei der Ermittlung des Vertragspreises nicht berücksichtigt hatte, ist ein neuer Preis zu vereinbaren.

3.1.3 Beschichtungen müssen fest haften.

Die ausreichende Haftung der einzelnen Schichten untereinander bzw. der Beschichtung oder des Beschichtungssystems am Untergrund ist für die Haltbarkeit der Beschichtung Voraussetzung. Hierfür ist erforderlich, daß die aufzutragenden Beschichtungsstoffe in ihrer Zusammensetzung aufeinander und auf den Untergrund abgestimmt sind. Da die Zusammensetzung von Grundbeschichtungsstoffen sehr unterschiedlich sein kann, ist es für den Auftragnehmer erforderlich, zu erfahren, mit welchem Stoff und Fabrikat die Grundbeschichtung ausgeführt wurde, wenn er sie als Vorleistung eines anderen Unternehmers vorfindet. Nur wenn ihm dies bekannt ist, kann er den dafür geeigneten weiteren Beschichtungsaufbau wählen. Immer häufiger werden bereits vorbehandelte bzw. vorbeschichtete Bauteile geliefert (Shop-Primer bzw. werksseitige Grundbeschichtungen). Das gleiche gilt auch für die Vorbehandlung des Bauteils, z. B. mit Holzschutzmittel nach DIN 68 800, Washprimer, Chromatierungen, Phosphatierungen, u. a. bevor es mit der Grundbeschichtung versehen wurde. Gerade die Art und der Grad der Vorbehandlung ist für die feste Haftung des gesamten Beschichtungsaufbaus von ausschlaggebender Bedeutung.

3.1.4 **Die Oberfläche muß entsprechend der Art des Beschichtungsstoffes und des angewendeten Verfahrens gleichmäßig ohne Ansätze und Streifen erscheinen.**

Bei der Regelausführung entspricht die Oberfläche der Art des Beschichtungsstoffes und des angewendeten Verfahrens. So können z. B. bei Verwendung lösemittelverdünnbarer Lackfarben wesentlich glattere Oberflächen erzielt werden als dies beispielsweise bei Verwendung von Dispersionsfarben, Dispersionslackfarben u. ä., der Fall ist.

Die Art des Auftragsverfahrens beeinflußt das Erscheinungsbild der Beschichtungsoberfläche. So können bei Verwendung thixotroper Beschichtungsstoffe im Spritzverfahren glattere Oberflächen erreicht werden als mit der Walze.

Ist eine bestimmte Oberflächenstruktur verlangt, so sind der Beschichtungsstoff und das Auftragsverfahren hierauf abzustimmen. Dies muß jedoch dem Auftragnehmer bereits vor Abgabe seines Angebotes bekannt sein, damit er in der Lage ist, dies bei der Kalkulation zu berücksichtigen (siehe VOB/A, § 9).

3.1.5 **Alle Beschichtungen sind ohne Spachtelung weiß oder hell getönt auszuführen.**

Spachtelarbeiten sind nur dann auszuführen, wenn dies in der Leistungsbeschreibung ausdrücklich gefordert wird. Zu beschichtende Flächen sind bauseitig so herzurichten, daß keine Spachtelarbeiten erforderlich sind.

Poren und Vertiefungen im Untergrund lassen sich durch Spachteln ausgleichen. Ein planebener Untergrund ist durch Spachteln nicht erreichbar.

Beschichtungen sind grundsätzlich weiß oder hell getönt auszuführen. Unter weiß oder hell getönt sind Beschichtungsstoffe zu verstehen, die der Hersteller zum Grundpreis liefert. Alle Farbtöne, die zu mischen sind – ob hell, mittel oder stark getönt – oder Volltonfarben erfordern einen Mehrpreis und sind deshalb in der Leistungsbeschreibung anzugeben.

3.1.6   Ist Spachtelung vorgeschrieben, sind die Flächen ganzflächig einmal mit Spachtelmasse zu überziehen und zu glätten.

Die zu spachtelnden Flächen sind vollflächig mit Spachtelmasse zu überziehen. Eine teilweise Spachtelung oder das sogenannte Fleckspachteln ist nur dann erlaubt, wenn dies ausdrücklich in der Leistungsbeschreibung vorgeschrieben ist.

Erfordert die zu verwendende Spachtelmasse eine Grundbeschichtung, so sind die Verarbeitungsvorschriften des Herstellers zu beachten. Wenn diese keine Verwendung der Spachtelmasse auf ungrundierten Untergründen zulassen, müssen Bedenken geltend gemacht werden. Gegebenenfalls ist eine erforderliche Grundbeschichtung als Besondere Leistung zu vereinbaren.

Poren und Vertiefungen im Untergrund lassen sich durch Spachteln ausgleichen. Ein planebener Untergrund ist durch Spachteln nicht erreichbar.

3.1.7   Lackierungen sind glänzend auszuführen.

Nach DIN 55 945 sind Lackierungen Beschichtungen, die mit Lack oder Lackfarbe ausgeführt worden sind. Solche Beschichtungen sind glänzend auszuführen. Beschichtungen, die z. B. mit Dispersionsfarbe oder Ölfarbe ausgeführt werden, bleiben von dieser Regelung unberührt.

Mit vielen Lacken bzw. Lackfarben – z. B. den Polymerisatharzlackfarben – sind aufgrund der Zusammensetzung dieser Werkstoffe keine glänzenden Beschichtungen erreichbar. In diesem Fall gilt, daß jeweils der höchste Glanzgrad, der erreichbar ist, vorausgesetzt wird.

3.1.8   Bei mehrschichtigen Beschichtungen muß jede vorhergehende Beschichtung trocken sein, bevor die folgende Beschichtung aufgebracht wird. Dies gilt nicht für Naß-in-Naß-Techniken.

Die Forderung, daß bei mehrfachen Beschichtungen jede vorhergehende Beschichtung trocken sein muß, ist sehr differenziert zu betrachten. Sie ist abhängig vom vorgeschriebenen Stoff.

Grundsätzlich ist bei allen physikalisch – durch Verdunsten der Lösemittel – härtenden Beschichtungssystemen auf eine gute und ausreichende Trockenzeit zu achten. Auf diese Weise werden Lösemittelretentionen (Zurückhalten von Lösemitteln durch das Bindemittel des Beschichtungsstoffes) vorgebeugt, die zu Schäden (z. B. Blasenbildung) in der fertigen Beschichtung führen können.

Bei chemisch trocknenden Systemen darf die durch den Hersteller vorzugebende Zwischentrockenzeit nicht überschritten werden. Beim Überschreiten dieser Zeiten wird die Haftfestigkeit beeinträchtigt. Können die Zwischentrockenzeiten (Überarbeitungszeiten) z. B. aus Gründen der terminlichen Arbeitsabwicklung oder Wettereinflüsse nicht eingehalten werden, muß die vorgehende Beschichtung angeschliffen werden, um auf diese Weise einen ausreichenden Verbund zwischen den einzelnen Beschichtungen sicherzustellen.

Bei Beschichtungen nach der »Naß-in-Naß-Technik« sind die einzelnen Schichten aufzutragen, bevor die vorausgegangenen Beschichtungen trocken sind.

3.1.9 **Alle Anschlüsse an Türen, Fenstern, Fußleisten, Sockeln u. ä. sind scharf und gradlinig zu begrenzen.**

3.1.10 **Die Leistungen dürfen bei Witterungsverhältnissen, die sich nachteilig auf die Leistung auswirken können, nur ausgeführt werden, wenn durch besondere Maßnahmen nachteilige Auswirkungen verhindert werden. Solche Witterungsverhältnisse sind z. B. Feuchtigkeit, Sonneneinwirkung, ungeeignete Temperaturen.**

Für die Haltbarkeit von Beschichtungen sind die vorherrschenden Klima- und Wetterbedingungen von Bedeutung. Hier sind vor allem Außenbeschichtungen betroffen.

Regen, hohe Luftfeuchtigkeit, Nebel und Frost gestatten keine Außenbeschichtungen – ganz gleich von welcher Art und Zusammensetzung der zu verwendende Stoff ist. Dies kann auch für intensive Sonnenbestrahlung und für starken Wind gelten. Maßgebend ist die Temperatur der zu beschichtenden Bauteile.

Maßnahmen, die nachteilige Auswirkungen auf die Beschichtung verhindern – z. B. Beheizung – sind, soweit sie nicht in der Leistungsbeschreibung angegeben sind, zusätzlich als Besondere Leistung zu vereinbaren.

3.1.11 **Der Auftragnehmer hat den Beschichtungsaufbau festzulegen und die zu verarbeitenden Stoffe auszuwählen. Bei Beschichtungssystemen müssen die Stoffe von demselben Hersteller stammen.**

Diese Bestimmung gilt nur, wenn dem Auftragnehmer keine Leistungsbeschreibung zur Verfügung gestellt wird. Ansonsten sind in den Abschnitten 3.2 bis 3.4 Regelausführungen festgelegt.

Kommentar zur DIN 18363

Die Wahl der zu verarbeitenden Stoffe obliegt dem Auftragnehmer, sofern ihm nicht bereits bestimmte Werkstoffe in der Leistungsbeschreibung vorgeschrieben sind.

Werden neue, noch nicht allgemein bekannte Beschichtungssysteme verwendet, so hat der Auftragnehmer im Einvernehmen mit dem Auftraggeber und dem Werkstoffhersteller den Schichtenaufbau festzulegen.

Die Forderung, daß nur Werkstoffe eines Herstellers zu verarbeiten sind, ist nicht immer zu erfüllen. In der Praxis werden heute Bauteile, die bereits grundiert sind, angeliefert und montiert. Ein Auftragnehmer hat diese ihm dann zur Verfügung stehenden Grundbeschichtungen zu überarbeiten. Es ist Aufgabe des Auftraggebers, den Lieferanten dieses Grundbeschichtungsstoffes zu benennen, damit die Forderung nach Verarbeitung von Stoffen nur eines Herstellers erfüllt werden kann. Ist der Hersteller nicht bekannt, kann in Abstimmung mit dem Auftraggeber auf praxiserprobte allgemein erhältliche Stoffe namhafter Hersteller zurückgegriffen werden, um den weiteren Beschichtungsaufbau durchzuführen.

Bei Wärmedämm-Verbundsystemen müssen Kleber, Dämmplatte, Armierungsmasse, Armierungsgewebe und Beschichtungsstoff, bei Betoninstandsetzungssystemen müssen Korrosionsschutzbeschichtungsstoff, Haftbrücke, Grob- und Feinspachtel und Beschichtungsstoff aufeinander abgestimmt sein.

3.1.12 Beschichtungen sind mehrschichtig auszuführen.

Soweit Einschicht-Systeme gefordert sind, ist nur eine Schicht auszuführen.

3.1.13 Auf alkalischen Untergründen, z. B. auf Zementputz, Beton, Gasbeton, Asbestzement und Kalksandstein, sind nur alkalibeständige Beschichtungssysteme zu verwenden.

Beschichtungen mit nicht-alkalibeständigen Beschichtungsstoffen führen auf den genannten Beschichtungsuntergründen bei Feuchtigkeitseinwirkungen durch Verseifungen zu Schäden.

In trockenem Zustand sind die genannten Baustoffe neutral. Erst bei Feuchtigkeit reagieren sie alkalisch. Auf trockenen Baustoffen sind Verseifungen daher nicht zu befürchten.

3.1.14 Auf Gasbeton-Untergründen für Außenflächen sind eine Zwischen- und eine Schlußbeschichtung mit zusammen mindestens 1800 g/m² aufzutragen.

Außenflächen auf Gasbeton sind dickschichtig zu beschichten. Die Mindestauftragsmenge beträgt 1800 g/m² Beschichtungsstoff.

Die hohe Schichtdicke ist erforderlich, um Spannungen, die in der Gasbeton-Oberfläche auftreten, aufzufangen. Dies setzt neben der geforderten Schichtdicke auch eine bestimmte Elastizität der Beschichtung voraus. Dies muß durch den Werkstoffhersteller sichergestellt sein.

3.2 Erstbeschichtungen

Erstbeschichtungen sind Beschichtungen auf unbehandelten oder grundierten Untergründen. Sie dienen dem Schutz und der farblichen Gestaltung von Bauteilen.

3.2.1 auf mineralischen Untergründen und Gipskartonplatten

3.2.1.1 Allgemeines

Bei schadhaften Untergründen ist eine Vorbehandlung notwendig. Die erforderlichen Maßnahmen sind besonders zu vereinbaren (siehe Abschnitt 4.2.1), z. B.:
- Putze der Mörtelgruppe P I–P III und Betonflächen sind zu fluatieren und nachzuwaschen, wenn
  - die Oberfläche zu starke Saugfähigkeit besitzt,
  - Ausblühungen und Pilzbefall zu beseitigen sind,
  - das Durchschlagen von abgetrockneten Wasserflecken zu verhindern ist.

Weist einer der genannten Untergründe Schäden auf, deren Beseitigung über die in Abschnitt 4.1.5 genannten Nebenleistungen hinausgehen, so sind für ihre Beseitigung besondere Vereinbarungen nötig (siehe Abschnitt 4.2.1).

Ergibt die in Abschnitt 3.1.1 vorgeschriebene Prüfung, daß Putze der Mörtelgruppe P I–P III oder Betonflächen Sinterschichten aufweisen, so sind diese zu fluatieren und ausreichend nachzuwaschen, gegebenenfalls mechanisch zu beseitigen. Hierfür sind besondere Vereinbarungen zu treffen.

Weist die Oberfläche der oben genannten Untergründe eine zu hohe Saugfähigkeit auf, so muß eine entsprechende Untergrundvorbehandlung vereinbart werden.

Die Saugfähigkeit kann durch mehrere Verfahren beeinflußt werden. Geeignet hierfür sind:

Kommentar zur DIN 18 363 3.2.1.1

a) Stoffe nach Abschnitt 2.1.1.1 – Fluate
Fluate sind dann zu verwenden, wenn die zu beschichtenden Untergründe Sinterschichten, Kalkauslaugungen, Zementanreicherungen u. ä. an der Oberfläche aufweisen. Diese können durch eine Benetzungsprobe mit Wasser erkannt werden.
Eine Behandlung solcher Flächen mit Fluaten zerstört diese Oberflächenschichten. Durch die sich bildenden Salze entsteht eine relativ homogene, saugende Oberfläche.
Nach der Behandlung ist gründlich nachzuwaschen.

b) Absperrmittel nach Abschnitt 2.1.1.3
Absperrmittel auf der Grundlage von Kunststoffdispersionen können beim nachfolgenden Beschichtungsaufbau mit wasserverdünnbaren Beschichtungsstoffen die Saugfähigkeit verringern.

c) Absperrmittel nach Abschnitt 2.1.1.4
Absperrmittel auf der Grundlage von Bindemittellösungen, z. B. Polymerisatharzen – sogenannter Tiefgrund –, können bei allen Beschichtungen mit organisch gebundenen Beschichtungsstoffen, ausgenommen Zwei-Komponenten-Systemen, die Saugfähigkeit verringern.

Ausblühungen von Salzen können durch die Behandlung der oben genannten Baustoffe mit Fluaten nicht beseitigt werden. Ausblühungen sollten möglichst trocken abgebürstet werden. Werden sie z. B. durch Wasser abgewaschen, so löst dieses Wasser einen Teil der Salze auf, transportiert sie in den Untergrund zurück und bringt sie beim Austrocknen erneut an die Oberfläche. Dies gilt auch, wenn solche Ausblühungen mit Fluaten behandelt werden.

Nach dem trockenen Abbürsten von Ausblühungen empfiehlt sich eine Behandlung des Beschichtungsuntergrundes mit einem Absperrmittel nach Abschnitt 2.1.4 – einem lösemittelverdünnbarem Tiefgrund. Dieser verhindert weitgehend, daß bei einem fast trockenen Untergrund Ausblühungen auf die Oberfläche gelangen können.

Pilze können grundsätzlich nur dort wachsen, wo eine erhöhte Feuchtigkeit den Pilzen eine Lebensgrundlage bietet. Zur Verhinderung eines Befalls ist daher in jedem Fall sicherzustellen, daß Feuchtigkeit von den Flächen ferngehalten wird.

Pilzbefall kann durch Fluatieren nur bedingt beseitigt werden. Flächen, die mit Pilzen befallen sind, können mit einer Fungizidlösung behandelt werden. Hierdurch werden Pilze abgetötet. Nach dem Trocknen des Untergrundes sind sie abzubürsten. Die Behandlung von mit Pilzen befallenen Bauteiloberflächen mit einer Fungizid-Lösung verzögert einen Neubefall.

Flächen, die mit Fungizid-Lösung behandelt worden sind, können nachfolgend zusätzlich mit wasserabweisenden Imprägniermitteln nach Abschnitt 2.1.5 behandelt werden.

Das Durchschlagen von abgetrockneten Wasserflecken kann durch Fluatieren nur bedingt verhindert werden. Besser geeignet sind Absperrmittel nach Abschnitt 2.1.4 – Tiefgrund –.

Das Durchschlagen von abgetrockneten Wasserflecken kann auch mit Grundbeschichtungen nach Abschnitt 2.5.3.1 – Polymerisatharzlackfarben – auf der Basis von Polymerisatharzlösungen mit Pigmenten und Hilfsstoffen, verhindert werden.

- **Sind Kalksinterschichten vorhanden, die zu Abplatzungen der auf ihnen ausgeführten Beschichtungen führen können, ist die Fläche mit einer Fluatschaumwäsche (Fluat mit Netzmittelzusatz) zu behandeln und nachzuwaschen.**

Kalksinterschichten sind sehr dichte Schichten von Kalziumkarbonat – Kalkstein –, die sich beim Austrocknen von Baufeuchtigkeit auf der Oberfläche von kalkhaltigen Untergründen bilden können. Sie sind schwer abzugrenzen.

Stark saure Fluate ätzen diese dichte Kalziumkarbonatschicht – die Sinterschicht – an. Hierdurch wird eine relativ gleichmäßig saugende Oberflächenschicht erzielt. Zu beseitigen sind Kalksinterschichten nur mechanisch, z. B. durch Schleifen.

Durch Zusatz von geringen Mengen Netzmittel zu dem Fluat wird eine bessere Benetzbarkeit der Sinterschicht erreicht. Der sich dabei bildende sogenannte Fluatschaum verhindert, daß die sauren Fluate zu schnell in den Untergrund abwandern.

- **Schalölrückstände auf Sichtbeton sind durch Fluatschaumwäsche zu beseitigen.**

Schalölrückstände (Entschalungsmittel) an der Oberfläche des Betons können durch eine Benetzungsprobe mit Wasser erkannt werden. Ob ein Rückstand von Schalöl nachfolgende Beschichtungen beeinflußt, ist prüftechnisch an der Baustelle nicht zu ermitteln. Schalölrückstände lassen sich durch eine Fluatschaumwäsche nicht immer ausreichend von der Betonoberfläche beseitigen. Es empfiehlt sich deshalb, Bedenken anzumelden.

- **Nicht saugende Putze und Betonflächen sind bei Beschichtungen aus Silikatfarben vorzuätzen und nachzuwaschen.**

Nicht saugende Putze und Betonflächen müssen, um die geforderte Haftfestigkeit der Beschichtungen sicherzustellen, vorgeätzt und nachgewaschen werden. Dadurch wird eine ausreichende Saugfähigkeit erreicht.

Hierdurch können Grundbeschichtungen ausreichend tief in den Beschichtungsuntergrund eindringen. Dies stellt den Verbund mit dem Beschichtungsuntergrund einerseits und der nachfolgenden Beschichtung andererseits sicher.

Diese Forderung gilt für Silikatfarben und für alle anderen Beschichtungsarten.

- **Bei stark saugendem Untergrund ist bei Beschichtungen mit Silikat- und Dispersionssilikatfarben eine zusätzliche Vorbehandlung mit Fixativ erforderlich.**

Stark saugende Untergründe müssen, um ein Abwandern des Beschichtungsstoffes in den Untergrund zu verhindern, vorbehandelt werden. Das zu verwendende Fixativ ist durch Verdünnen mit Wasser auf die Saugfähigkeit des Untergrundes einzustellen.

- **Gipshaltige Putze und Lehmputze sind mit Absperrmittel zu behandeln, die Aluminiumsalze, z. B. Alaun enthalten, wenn die Fläche ungleichmäßig saugt, die Oberfläche gefestigt oder das Durchschlagen von Wasserflecken verhindert werden soll.**

Gipshaltige Putze und Lehmputze sind mit Absperrmittel auf der Grundlage von Aluminiumsalzen (Abschnitt 2.1.1.2) – z. B. Alaun – zur Ausbildung einer gleichmäßig saugenden Oberfläche zu behandeln. Bei Verwendung dieser Salze kommt es zwar nicht zu einer chemischen Reaktion zwischen dem Absperrmittel und dem Untergrund, jedoch werden durch bloße Anwendung dieses Absperrmittels gleichmäßig saugende Oberflächen erzielt.

Eine Oberflächenverfestigung ist mit diesen Absperrmitteln nicht zu erreichen.

Das Durchschlagen von Wasserflecken kann nur dann mit diesen Absperrmitteln verhindert werden, wenn die Feuchtigkeit, die diese Wasserflecken verursacht hat, ausgetrocknet ist.

Je nach Art der vorhandenen Mängel, die bei gips- oder lehmhaltigen Untergründen erkannt werden, ist es unter Umständen sinnvoll, statt der genannten Absperrmittel auf der Basis von Aluminiumsalzen wasserverdünnbare oder lösemittelverdünnbare Absperrmittel nach Abschnitt 2.1.1.3 bzw. Abschnitt 2.1.1.4 zu verwenden. Hiermit kann gegebenenfalls auch eine geringe Verfestigung der entsprechenden Putzoberfläche erreicht werden.

- **Wenn Gipskartonplatten für Feuchträume nicht werkseits imprägniert sind, sind sie mit lösemittelhaltigen Grundbeschichtungsstoffen vorzubehandeln.**

Gipskartonplatten für Feuchträume, die nicht werkseitig imprägniert sind, sind mit lösemittelhaltigen Grundbeschichtungsstoffen vorzubehandeln. Da Gips wasserlöslich ist, muß sichergestellt sein, daß solche Beschichtungsuntergründe nicht mit Wasser in Berührung kommen.

3.2.1.2 Deckende Beschichtungen

Sie sind bei Verwendung nachstehender Stoffe wie folgt auszuführen:

Mineralische Baustoffe können grob in zwei Gruppen eingeteilt werden:
a) karbonatisches Gestein (Kalkstein),
b) silikatisches Gestein (Quarzstein).

Da in der Natur häufig Mischungen beider Steinarten vorliegen, gibt es keine baustellenübliche Prüfmethode, um festzustellen, ob ein Untergrund überwiegend aus karbonatischem oder aus silikatischem Gestein besteht. Eine Prüfung ist nur durch chemische Laboruntersuchung möglich.

Putze werden nach ihrer Zusammensetzung in Putzmörtelgruppen eingeteilt. DIN 18550, Teil 2, »Putz, Putze aus Mörteln mit mineralischen Bindemitteln, Ausführung« unterscheidet die in Tabelle 1 wiedergegebenen Putzarten.

Baustoffe – z. B. Putz der Mörtelgruppe 1 (Luftkalkputz) – deren Festigkeit überwiegend auf karbonatischem Gestein beruht, sind nur als Untergrund für Beschichtungen geeignet, die kohlendioxid-durchlässig sind. Dies trifft auf Silikatfarben, Dispersionssilikatfarben sowie Siliconharzemulsionsfarben zu. Nicht geeignet sind diese überwiegend karbonathaltigen Untergründe für organische Beschichtungen mit geringer Kohlendioxid-Durchlässigkeit. Solche Beschichtungen sind für silikatisches Gestein, z. B. Beton (siehe BFS-Merkblatt Nr. 9) geeignet.

Wenn daher der Auftraggeber eine Dispersions-, Öl- oder Lackfarbenbeschichtung für Putzuntergründe fordert, ist bei Neubeschichtungen die Mörtelgruppe anzugeben. Sind keine Hinweise auf die Art des

Kommentar zur DIN 18 363 3.2.1.2

Zeile	Mörtelgruppe	Mörtelart	Baukalke DIN 1060 Teil 1 Luftkalk Kalkteig	Baukalke DIN 1060 Teil 1 Luftkalk Wasserkalk/Kalkhydrat	Baukalke DIN 1060 Teil 1 Hydraulischer Kalk	Baukalke DIN 1060 Teil 1 Hochhydraulischer Kalk	Putz- und Mauerbinder DIN 4211	Zement DIN 1164 Teil 1	Baugipse ohne werkseitig beigegebene Zusätze DIN 1168 Teil 1 Stuckgips	Baugipse ohne werkseitig beigegebene Zusätze DIN 1168 Teil 1 Putzgips	Anhydritbinder DIN 4208	Sand
1	P I a	Luftkalkmörtel	$1,0^2$									3,5 bis 4,5
2				$1,0^2$								3,0 bis 4,0
3	P I b	Wasserkalkmörtel		1,0								3,5 bis 4,5
4				1,0								3,0 bis 4,0
5	P I c	Mörtel mit hydraulischem Kalk			1,0							3,0 bis 4,0
6	P II a	Mörtel mit hochhydraulischem Kalk oder Mörtel mit Putz- und Mauerbinder				1,0 oder 1,0						3,0 bis 4,0
7	P II b	Kalkzementmörtel		1,5 oder 2,0				1,0				9,0 bis 11,0
8	P III a	Zementmörtel mit Zusatz von Kalkhydrat		≤ 0,5				2,0				6,0 bis 8,0
9	P III b	Zementmörtel						1,0				3,0 bis 4,0
10	P IV a	Gipsmörtel							$1,0^3$			–
11	P IV b	Gipssandmörtel							$1,0^3$ oder 1,0			1,0 bis 3,0
12	P IV c	Gipskalkmörtel		1,0 oder 1,0					0,5 bis 1,0 oder 1,0 bis 2,0			3,0 bis 4,0
13	P IV d	Kalkgipsmörtel		1,0 oder 1,0					0,1 bis 0,2 oder 0,2 bis 0,5			3,0 bis 4,0
14	P V a	Anhydritmörtel									1,0	≥ 2,5
15	P V b	Anhydritkalkmörtel		1,0 oder 1,5							3,0	12,0

[1] Die Werte dieser Tabelle gelten nur für mineralische Zuschläge mit dichtem Gefüge.
[2] Ein begrenzter Zementzusatz ist zulässig.
[3] Um die Geschmeidigkeit zu verbessern, kann Weißkalk in geringen Mengen, zur Regelung der Versteifungszeiten können Verzögerer zugesetzt werden.

3.2.1.2.1 Kommentar zur DIN 18 363

Beschichtungsuntergrundes in der Leistungsbeschreibung enthalten, so kann der Auftragnehmer davon ausgehen, daß eine Beschichtung mit den vorgeschriebenen Beschichtungsstoffen möglich ist.

Dies gilt auch für Kalkzementputze oder hoch hydraulische Kalkputze mit überwiegend karbonatischen Zuschlagstoffen oder überhöhtem Kalkanteil (sogenannte mineralische Edelputze), die sich unter filmbildenden organischen Beschichtungen, wie Putze der Mörtelgruppe I – also wie karbonatisches Gestein –, verhalten. Organische Beschichtungen auf der Basis von Dispersionsfarben oder Polymerisatharzlackfarben o. ä. dürfen bei Außenbeschichtungen nur auf Putze der Mörtelgruppe II oder III aufgebracht werden.

Wie bekannt, basiert der Schutz von Stahl in Stahlbeton auf dem alkalischen Milieu des Betons. Es muß somit sichergestellt werden, daß die Alkalität in der Betonoberfläche nicht durch z. B. Kohlendioxid oder andere saure Bestandteile der Atmosphäre verringert wird. Diese Forderung kann erfüllt werden, wenn für den Schutz Beschichtungsstoffe verwendet werden, die eine geringe Durchlässigkeit für Kohlendioxid oder andere saure Bestandteile der Atmosphäre aufweisen. Nach der Richtlinie des Deutschen Ausschusses für Stahlbeton »Schutz- und Instandsetzung von Betonbauteilen« ist hierfür mindestens eine diffusions-äquivalente Luftschichtdicke für Kohlendioxid von > 50 m zu fordern. Diese Werte müssen durch den Beschichtungsstoff-Hersteller für Beschichtungen auf Beton sichergestellt werden.

Sind mineralische Beschichtungsstoffe zu verwenden, ist zu unterscheiden:
– Kalkfarbe,
– Kalkweißzementfarbe,
– Silikatfarbe,
– Dispersionssilikatfarbe.

3.2.1.2.1 Kalkfarbe
– Annässen,
– eine Grundbeschichtung,
– eine Zwischenbeschichtung,
– eine Schlußbeschichtung;

Kalkfarben sind nur für mineralische Untergründe geeignet, ausgenommen sind gipshaltige Putze.
Beschichtungen aus Kalkfarbe bestehen aus Kalziumkarbonat. Aufgrund des in der Atmosphäre enthaltenen Schwefeldioxids und der

Stickoxide, die beide in Verbindung mit Wasser starke Säuren bilden (Schwefelsäure, Salpetersäure), sind Kalkfarben in der Außenanwendung nur bedingt geeignet, da das sich bildende Kalziumkarbonat (Kalkstein) mit diesen Säuren reagiert und wasserlösliche Salze bildet.
Vor dem Auftragen von Kalkfarbe ist der Untergrund z. B. vorzunässen, um zu verhindern, daß das in Kalkfarbe enthaltene Wasser unmittelbar in den Beschichtungsuntergrund abwandert. Dies würde eine ordnungsgemäße Härtung der Kalkfarbenbeschichtung verhindern (Aufbrennen).

3.2.1.2.2 **Kalk-Weißzementfarbe**
– **Annässen,**
– **eine Grundbeschichtung,**
– **eine Schlußbeschichtung;**

Verwendet werden dürfen nur vom Hersteller fertig konfektionierte weiße oder leicht getönte Stoffe, die auf den von ihm angegebenen Untergründen zu verarbeiten sind. Nicht geeignet sind Kalk-Weißzementfarben z. B. für die Beschichtung von Kalksandstein-Sichtmauerwerk. Ebenfalls sind sie nicht auf gipshaltigen Untergründen zu verwenden.

3.2.1.2.3 **Silikatfarbe**
– **eine Grundbeschichtung aus verdünntem Fixativ,**
– **eine Zwischenbeschichtung aus Silikatfarbe,**
– **eine Schlußbeschichtung aus Silikatfarbe;**

Als Silikatfarben sind nur die vom Hersteller vorkonfektionierten Wasserglasfarben zu verwenden, die keine organischen Bestandteile enthalten, als Zwei-Komponenten-Beschichtungsstoff angeliefert und kurz vor der Verarbeitung in den angegebenen Mischungsverhältnissen zu verarbeiten sind. Zusätze, z. B. Abtönfarben, Dispersionen, sind unzulässig.
Da Silikatfarben eine hohe Durchlässigkeit für Kohlendioxid besitzen, sind sie insbesondere für Kalk bzw. kalkhaltige Untergründe – Putz der Mörtelgruppe I – geeignet.
Sie sind nicht geeignet für gipshaltige mineralische Untergründe und für Gipskartonplatten.
Auf Stahlbetonuntergründen, die vor Einwirkung von Kohlendioxid geschützt werden sollten, um die Betonoberfläche vor einer Neutralisation zu schützen, sind Silikatfarben nicht geeignet.

3.2.1.2.4 Dispersionssilikatfarbe
- eine Grundbeschichtung,
- eine Schlußbeschichtung;

Beschichtungen mit Dispersionssilikatfarbe neigen, je nach Art des Untergrundes, zum Kreiden.
Es ist zweckmäßig, die Grundbeschichtung mit Wasserglaslösungen in Kombination mit Kunststoffdispersion – Fixativ für Dispersionssilikatfarben – (siehe auch Abschnitt 2.2.1) auszuführen und dann zusätzlich eine Zwischenbeschichtung aufzutragen.

3.2.1.2.5 Leimfarbe
- eine Grundbeschichtung,
- eine Schlußbeschichtung;

Es dürfen nur Leimfarben-Beschichtungsstoffe verwendet werden, die sich wieder leicht mit Wasser vom Untergrund entfernen lassen.
Zusätze von Kunststoffdispersionen sind unzulässig (siehe 2.4.1).

3.2.1.2.6 Dispersionsfarbe
- eine Grundbeschichtung auf Außenflächen aus lösemittelverdünnbarem Grundbeschichtungsstoff; bei stark saugendem Untergrund auf Innenflächen eine Grundbeschichtung aus lösemittelverdünnbarem Grundbeschichtungsstoff; ist dies im Vertrag nicht vorgesehen, ist dies besonders zu vereinbaren (siehe Abschnitt 4.2.1),
- eine Zwischenbeschichtung aus Dispersionsfarbe,
- eine Schlußbeschichtung aus Dispersionsfarbe;

Ausführung der Innenbeschichtung mit waschbeständiger Dispersionsfarbe nach DIN 53778 Teil 1 und Teil 2;

Die Grundbeschichtung kann sowohl auf Außenflächen als auch auf Innenflächen mit wasserverdünnbaren Grundbeschichtungsstoffen (siehe Abschnitt 2.2.1) – mit verdünnten Kunststoffdispersionen (Putzgrund) oder verdünnten feindispersen Kunststoffdispersionen (lösemittelfreier Tiefgrund) ausgeführt werden.
Für Betonschutz- bzw. Betoninstandsetzungsbeschichtungen werden auch Grundbeschichtungsstoffe auf der Basis von Siloxan/Siliconharz in Kombination mit Polymerisatharz als Bindemittel verwendet.
Innenbeschichtungen mit Dispersionsfarben müssen mindestens der Güteanforderung »waschbeständig« gemäß DIN 53778, Teil 1 »Kunststoffdispersionsfarben, für Innen, Mindestanforderungen« entsprechen, wenn nicht »scheuerbeständig« nach der gleichen Vorschrift gefordert ist.

Kommentar zur DIN 18363

Da die Eigenschaften von Beschichtungen mit Dispersionsfarben nicht nur von der Qualität der verwendeten Werkstoffe, sondern auch vom Untergrund, dem Auftragsverfahren, den Trocknungsbedingungen u. a. abhängen, lassen sich die Güteanforderungen und die Beurteilungen nach DIN 53778, Teil 2, »Kunststoffdispersionsfarben, für Innen, Beurteilung der Reinigungsfähigkeit und der Wasch- und Scheuerbeständigkeit von Anstrichen« nicht ohne weiteres auf die Beschichtung am Bau übertragen. Die Beurteilung auf Wasch- oder Scheuerbeständigkeit der ausgeführten Beschichtung ist daher nach dieser Norm am Objekt nicht möglich.

Betonschutz-, Betoninstandsetzungsbeschichtungen müssen nach der Richtlinie des Deutschen Ausschusses für Stahlbeton »Schutz- und Instandsetzung von Betonbauteilen« mindestens eine diffusionsäquivalente Luftschichtdicke für Kohlendioxid von > 50 m aufweisen. Dieser Wert muß durch den Beschichtungsstoff-Hersteller für Beschichtungen auf Beton sichergestellt werden.

3.2.1.2.7 **Dispersionslackfarbe**
- eine Grundbeschichtung aus wasserverdünnbarem Grundbeschichtungsstoff;
- eine Zwischenbeschichtung aus Dispersionslackfarbe;
- eine Schlußbeschichtung aus Dispersionslackfarbe;

Die Grundbeschichtungen können auch mit lösemittelverdünnbaren Grundbeschichtungsstoffen, z. B. auf Polymerisatharzbasis, ausgeführt werden.

3.2.1.2.8 **Dispersionsfarbe mit Füllstoffen zur Oberflächengestaltung, z. B. Dispersionsplastikfarbe**
- eine Grundbeschichtung aus wasserverdünnbarem Grundbeschichtungsstoff,
- eine Schlußbeschichtung aus plastischer Kunststoff-Dispersionsfarbe einschließlich Modellieren durch Stupfen, Rollen, Strukturieren und dergleichen;

Die Grundbeschichtung kann auch mit lösemittelverdünnbaren Grundbeschichtungsstoffen, z. B. auf Polymerisatharzbasis, ausgeführt werden.

3.2.1.2.9 **Kunstharzputz nach DIN 18558;**

Kunstharzputze dürfen nicht bei starker Sonneneinstrahlung oder bei Windeinwirkung auf die zu beschichtenden Flächen aufgebracht werden.

Bei der Verarbeitung muß die Temperatur des Untergrundes und der umgebenden Luft mindestens 5° C betragen.

Die Härtung von Kunstharzputzen wird bei hoher relativer Luftfeuchtigkeit und/oder niedrigen Temperaturen stark verzögert.

Kunstharzputze erfordern eine Grundbeschichtung nach Vorschrift des Herstellers des Kunstharzputzes. Für die Herstellung des Kunstharzputzes ist jeweils die Art und Menge der Grundbeschichtung zu verwenden, die vom Hersteller des Kunstharzputzes für die jeweilige Oberflächenstruktur angegeben ist.

Die Auswahl von Putzsystemen mit Kunstharzputz als Oberputz muß nach Abschnitt 8 der DIN 18558 »Kunstharzputze, Begriffe, Anforderungen, Ausführung« erfolgen.

Für die Anwendung von Kunstharzputz auf Bauteilen aus Gasbeton nach DIN 4223 »Gasbeton« liegt das BFS-Merkblatt Nr. 11 »Beschichtungen, Tapezier- und Klebearbeiten auf Gasbeton« vor.

Die DIN 18558 gilt nicht für Kunstharzputzbeschichtungen auf Wärmedämm-Verbundsystemen. Hier sind an die zu verwendenden Beschichtungsstoffe weitere Anforderungen zu stellen, die auf das System abgestimmt und sichergestellt sein müssen.

3.2.1.2.10 Polymerisatharzlackfarbe
– eine Grundbeschichtung,
– eine Zwischenbeschichtung,
– eine Schlußbeschichtung;

Für Beschichtungen mit Polymerisatharzlackfarbe sind für die Grundbeschichtung lösemittelverdünnbare Grundbeschichtungsstoffe, z. B. auf Polymerisatharzbasis, nach Abschnitt 2.2.1 zu verwenden.

Betonschutz-, Betoninstandsetzungsbeschichtungen müssen nach der Richtlinie des Deutschen Ausschusses für Stahlbeton »Schutz- und Instandsetzung von Betonbauteilen« mindestens eine diffusionsäquivalente Luftschichtdicke für Kohlendioxid von > 50 m aufweisen. Dieser Wert muß durch den Beschichtungsstoff-Hersteller für Beschichtungen auf Beton sichergestellt werden.

3.2.1.2.11 Siliconharz-Emulsionsfarbe
– eine Grundbeschichtung aus Siliconharz-Grundbeschichtungsstoff,
– eine Zwischenbeschichtung aus Siliconharz-Emulsionsfarbe,
– eine Schlußbeschichtung aus Siliconharz-Emulsionsfarbe;

Für die Grundbeschichtung sind wasserverdünnbare Grundbeschichtungsstoffe auf der Basis von Siliconharz-Emulsionen oder lösemittelverdünnbare Grundbeschichtungsstoffe auf der Basis von Siloxan- und/oder Siliconharz in Kombination mit Polymerisatharz in organischen Lösemitteln gelöst zu verwenden.

3.2.1.2.12 plastoelastische Dispersionsfarbe zum Beschichten von Flächen mit Haarrissen
- eine Grundbeschichtung aus Grundbeschichtungsstoff,
- eine Zwischenbeschichtung aus plastoelastischer Dispersionsfarbe,
- eine Schlußbeschichtung aus plastoelastischer Dispersionsfarbe;

Die vom Hersteller des Beschichtungssystems vorgeschriebene Auftragsmenge ist zur Sicherstellung der rißüberbrückenden Wirkung unbedingt einzuhalten.

Zur Sicherstellung der rißüberbrückenden Eigenschaften dürfen nur Werkstoffe eines Herstellers verwendet werden.

3.2.1.2.13 plastoelastische Dispersionsfarbe zum Beschichten von Flächen mit Einzelrissen
- eine Grundbeschichtung aus lösemittelhaltigem Grundbeschichtungsstoff,
- eine Zwischenbeschichtung aus plastoelastischer Dispersionsfarbe (Einbettungsmasse) und Einbetten des Armierungsgewebes,
- eine Schlußbeschichtung aus plastoelastischer Dispersionsfarbe;

Es dürfen nur Armierungsgewebe verwendet werden, die auf das Beschichtungssystem abgestimmt und von dem Hersteller des Beschichtungssystems empfohlen werden.

Die von dem Hersteller des Beschichtungssystems vorgeschriebenen Verbrauchsmengen pro m^2 sind zur Sicherstellung der rißüberbrückenden Wirkung unbedingt einzuhalten.

Es dürfen nur Werkstoffe eines Herstellers verwendet werden.

Armierungsgewebe muß in die äußere Hälfte der Armierungsmasse eingebettet werden und darf keinesfalls am zu armierenden Untergrund liegen.

3.2.1.2.14 Kunstharzlackfarbe
je nach der vorgesehenen Beanspruchung und der Oberflächenwirkung, z. B.:
- Alkydharzlackfarbe für Wand- und Sockelflächen,
- Chlorkautschuklackfarbe für Schwimmbeckenbeschichtungen, säure- und laugebeständige Beschichtungen in Laborräumen,
- Cyklokautschuklackfarbe für Innenräume, z. B. Brauereien, Textilbetriebe, Lederfabriken (Naßräume),

3.2.1.2.15

- Polyurethanlackfarbe für Sichtbetonflächen, Wände in Werkstatträumen, Tankstellen,
- Epoxidharzlackfarbe für säure- und laugebeständige, lösemittelbeständige, mineralölbeständige und fettbeständige Beschichtungen,

jeweils
- eine Grundbeschichtung,
- eine Zwischenbeschichtung,
- eine Schlußbeschichtung;

Für die Grundbeschichtung sind lösemittelverdünnbare Grundbeschichtungsstoffe nach Angabe des Werkstoffherstellers der nachfolgenden Beschichtung zu verwenden.

3.2.1.2.15 Bitumenlackfarbe
- eine Grundbeschichtung aus Bitumenlackfarbe,
- eine Schlußbeschichtung aus Bitumenlackfarbe;

3.2.1.2.16 Teerpech-Kombinationslackfarbe gegen hohe Beanspruchung durch Wasser, Laugen und Säuren
- eine Grundbeschichtung aus Teerpech-Epoxidharzlackfarbe,
- eine Zwischenbeschichtung aus Teerpech-Epoxidharzlackfarbe,
- eine Schlußbeschichtung aus Teerpech-Epoxidharzlackfarbe;

Die von dem Hersteller des Beschichtungssystems vorgeschriebenen Zwischentrockenzeiten sind einzuhalten, um Haftfestigkeitsprobleme nachfolgender Beschichtungen zu verhindern.

3.2.1.2.17 Mehrfarbeneffektlackfarbe
- eine Grundbeschichtung aus lösemittelverdünnbarem Grundbeschichtungsstoff,
- eine Zwischenbeschichtung aus Dispersionsfarbe, getönt im Farbton der Mehrfarbeneffektlacke,
- eine Schlußbeschichtung aus Mehrfarbeneffektlackfarbe;

Je nach verwendetem Beschichtungssystem können auch Grundbeschichtungen aus wasserverdünnbarem Grundbeschichtungsstoff, z. B. aus verdünnten Kunststoffdispersionen (Putzgrund), verwendet werden.

3.2.1.2.18 Dispersions-Silikatfarbe auf Gasbeton-Außenflächen
- eine Grundbeschichtung aus Grundbeschichtungsstoff,
- eine Zwischenbeschichtung aus Dispersions-Silikatfarbe,
- eine Schlußbeschichtung aus Dispersions-Silikatfarbe;

Auf Gasbeton-Außenflächen sind nur Dispersionssilikatfarben zu verwenden, deren Eignung die Gasbetonhersteller bestätigt haben.

3.2.1.2.19 Dispersionsfarbe, wetterbeständig auf Gasbeton-Außenflächen
- eine Grundbeschichtung aus Grundbeschichtungsstoff, lösemittelverdünnbar,
- eine Zwischenbeschichtung aus gefüllter Dispersionsfarbe,
- eine Schlußbeschichtung aus gefüllter Dispersionsfarbe;

Nach Abschnitt 3.1.14 sind auf Gasbeton-Untergründen für Außenflächen eine Zwischen- und eine Schlußbeschichtung mit zusammen mindestens 1800 g/m² aufzutragen.

3.2.1.2.20 Kunstharzputz nach DIN 18 558 auf Gasbeton-Außenflächen
- eine Grundbeschichtung aus Grundbeschichtungsstoff, lösemittelverdünnbar,
- eine Zwischenbeschichtung mit gefüllter Dispersionsfarbe,
- eine Schlußbeschichtung aus Kunstharzputz.

Die Grundbeschichtung kann auch mit wasserverdünnbaren Grundbeschichtungsstoffen ausgeführt werden.
Für die Anwendung von Kunstharzputz auf Bauteilen aus Gasbeton nach DIN 4223 liegt das BFS-Merkblatt Nr. 11 vor.

3.2.1.3 Lasierende Beschichtungen

Sie sind bei Verwendung nachstehender Stoffe wie folgt auszuführen:

3.2.1.3.1 Dispersionssilikatlasur
- eine Grundbeschichtung aus verdünntem Fixativ oder verdünnter Dispersionssilikatlasur,
- eine Schlußbeschichtung aus Dispersionssilikatlasur;

3.2.1.3.2 Dispersionslasur
- eine Grundbeschichtung aus lösemittelverdünnbarem Grundbeschichtungsstoff,
- eine Schlußbeschichtung aus Dispersions-Lasur;

Für die Grundbeschichtung können auch wasserverdünnbare Grundbeschichtungsstoffe aus verdünnten Kunststoffdispersionen (Putzgrund) oder verdünnten feinstdispersen Kunststoffdispersionen (lösemittelfreier Tiefgrund) verwendet werden.

3.2.1.3.3 Polymerisatharzlasur
- eine Grundbeschichtung aus Polymerisatharzlösung,
- eine Schlußbeschichtung aus Polymerisatharzlasurfarbe.

3.2.1.4 Kommentar zur DIN 18 363

3.2.1.4 Farblose Beschichtungen und Imprägnierungen
Sie sind bei Verwendung nachstehender Stoffe wie folgt auszuführen:

3.2.1.4.1 Silan-, Siloxan-, Silicon-Imprägniermittel, nicht pigmentiert
- Beschichtungen bis zur vollständigen Sättigung des Untergrundes, gegebenenfalls in mehreren Arbeitsgängen, naß in naß zur farblosen Hydrophobierung poröser mineralischer Untergründe, z. B. Putz, Beton, Sichtmauerwerk;

Die Neutralisation (Karbonatisation) von Beton erfolgt bei einer relativen Luftfeuchtigkeit zwischen 40 und 70 Prozent am schnellsten. Andererseits korrodiert Bewehrungsstahl nur bei einer relativen Luftfeuchtigkeit > 80 Prozent.

Wird Beton nur mit einer hydrophobierenden Silicon-Imprägnierung behandelt, so werden durch die wasserabweisende Wirkung in der Oberfläche die für die Neutralisation der Betonoberfläche idealen Bedingungen von relativer Luftfeuchtigkeit von 40 bis 70 Prozent geschaffen. Eine Korrosion des Bewehrungsstahls ist unter diesen Gegebenheiten zwar nicht zu befürchten, jedoch muß davon ausgegangen werden, daß bei nachlassender Wirkung der Hydrophobierung dann kurzfristig – nach Neutralisation der Betonoberfläche – bei erhöhter Feuchtigkeit der Bewehrungsstahl unmittelbar korrodieren kann.

Eine Hydrophobierung der Betonoberfläche ist nur in Verbindung mit einer kohlendioxid-dichten Beschichtung empfehlenswert.

3.2.1.4.2 Kieselsäureester-Imprägniermittel
- eine Grundbeschichtung,
- eine Zwischenbeschichtung,
- eine Schlußbeschichtung,

mit einer Auftragsmenge von zusammen 2000 g/m² im Flutverfahren oder naß in naß;

Kieselsäureester-Imprägniermittel sind nur bei karbonatischem Gestein sinnvoll.

Eine Grund-, Zwischen- und Schlußbeschichtung ist durch mehrfaches Fluten naß in naß sicherzustellen, damit möglichst viel des Imprägniermittels in die Oberfläche eindringen kann.

Je nach Saugfähigkeit des Untergrundes schwankt die Auftragsmenge zwischen ca. 700 g/m² und ca. 3000 g/m².

3.2.1.4.3 Polymerisatharzlösung
- eine Grundbeschichtung,
- eine Schlußbeschichtung;

Beschichtungen mit Polymerisatharzlösungen werden für farblose Beschichtungen und Imprägnierungen auf Waschbeton verwendet. Betonschutz-, Betoninstandsetzungsbeschichtungen mit Polymerisatharzlösungen müssen nach der Richtlinie des Deutschen Ausschusses für Stahlbeton »Schutz- und Instandsetzung von Bauteilen« mindestens eine diffusions-äquivalente Luftschichtdicke für Kohlendioxid von > 50 m aufweisen. Dieser Wert muß durch den Beschichtungsstoff-Hersteller für Beschichtungen auf Beton sichergestellt werden.
Als Grundbeschichtung werden Siloxan- und/oder Siliconharze in Kombination mit Polymerisatharz in organischen Lösemitteln, die möglichst im Flutverfahren auf die zu behandelnden Flächen aufzutragen sind, verwendet.

3.2.1.4.4 **Kunststoffdispersion**
 – eine Grundbeschichtung aus wasserverdünnbarem Grundbeschichtungsstoff,
 – eine Schlußbeschichtung aus Kunststoffdispersion.

Beschichtungen mit Kunststoffdispersionen werden insbesondere für Innenbeschichtungen auf mineralischen Untergründen zur Verringerung der Verschmutzungsneigung verwendet. Sie dienen auch zur Verbesserung der Reinigungsfähigkeit von Dispersionsfarbenbeschichtungen bzw. Tapeten.

3.2.2 auf Holz und Holzwerkstoffen

3.2.2.1 Allgemeines

3.2.2.1.1 **Bauteile aus Holz und Holzwerkstoff (im folgenden Holz genannt) sind vor dem Einbau allseitig mit einer Grundbeschichtung zu versehen.**

Bei Feuchtigkeitseinwirkung unterliegt Holz einer Volumenveränderung. Als Faustregel kann gelten: Pro 1 Prozent Feuchtigkeitsveränderung = 0,2 Prozent Volumenveränderung.
Um Feuchtigkeitseinwirkungen – und damit verbunden Volumenveränderungen – bei Holz auszuschließen, ist dieser Baustoff allseitig durch Beschichtungen zu schützen.
Holzbauteile, wie Fenster, die einseitig eingebunden sind, müssen vor Feuchtigkeitseinflüssen durch Beschichtungen geschützt sein.
Grundbeschichtungen mit Holzschutzmitteln nach DIN 68 800 »Holzschutz im Hochbau« bzw. DIN 68 805 »Schutz des Holzes von Fenstern und Außentüren; Begriffe; Anforderungen« können, sofern sie nicht pigmentiert waren, nicht immer an Holzbauteilen sicher erkannt wer-

3.2.2.1.2

den. Der Auftragnehmer muß davon ausgehen, daß Grundbeschichtungen – gegebenenfalls chemischer Holzschutz – entsprechend den Vorschriften ausgeführt wurden.

3.2.2.1.2 Nadelhölzer, die eine Holzschutzimprägnierung erhalten haben, sind vor dem Einbau mit einer Grundbeschichtung zu versehen.

Dies gilt auch für einseitig eingebundene Holzbauteile. Auch diese müssen allseitig mit einer Grundbeschichtung versehen werden.

3.2.2.1.3 Beschichtungen auf Holz sind ohne Spachtelung auszuführen.

Grundsätzlich sind alle Beschichtungen auf Holz ohne Spachtelung auszuführen. Ist eine Spachtelung vorgeschrieben (siehe Abschnitt 3.1.6), sind die Flächen ganzflächig einmal mit Spachtelmasse zu überziehen.

Vollflächige Spachtelungen auf Holzbauteilen außen sind nicht zulässig, da sie zu Schäden an der Beschichtung führen. Fleckspachtelungen jedoch sind möglich.

Bei Innenbauteilen dürfen vollflächige Spachtelungen nur dann ausgeführt werden, wenn die Holzfeuchtigkeit 10% nicht überschreitet.

3.2.2.1.4 Fenster und Außentüren aus Holz sind vor dem Einbau und vor der Verglasung einschließlich aller Glasfalze und zugehörigen Leisten mit einer Grund- und einer Zwischenbeschichtung allseitig zu versehen.
Nur kleinere Schadstellen sind beizuspachteln, z. B. Nagellöcher. Fenster und Außentüren müssen auch innen mit einer Außenlackfarbe beschichtet werden.

3.2.2.1.5 Vor der Verarbeitung von Dichtstoffen (Kitten oder elastischen Dichtstoffen) und vor dem Verglasen sind mindestens zwei Beschichtungen erforderlich.

Um das Auswandern von Bindemitteln aus Dichtstoffen in den Untergrund zu verhindern, dürfen Dichtstoffe erst nach Ausführung von mindestens zwei Beschichtungen aufgetragen werden.

3.2.2.1.6 Falze von Fenstern oder Türen sind im Farbton der zugehörigen Seite zu beschichten. Die nach außen gerichteten Falze gehören zur Außenbeschichtung, die nach innen gerichteten Falze zur Innenbeschichtung. Bei Verbundfenstern gehört nur die Außenseite zur Außenbeschichtung, die drei anderen Seiten gehören zur Innenbeschichtung.

Bei Fensterflügeln mit Dichtungsprofil wird die Außenseite durch das Dichtungsprofil begrenzt.

3.2.2.1.7 Kitte sind entsprechend dem sonstigen Beschichtungsaufbau mit einer Zwischen- und einer Schlußbeschichtung zu versehen.

Siehe hierzu auch den Kommentar zu 2.10.

3.2.2.1.8 Plastische und elastische Dichtstoffe sind durch die angrenzende Beschichtung bis zu 1 mm Breite zu überdecken.

Plastisch und elastisch bleibende Dichtstoffe sind nicht ganzflächig zu beschichten. Wenn eine Beschichtung nach Auftragen der Dichtstoffe erfolgt, so ist diese bis zu 1 mm Breite auf dem Dichtstoff zu begrenzen. Ein Überstreichen von elastischen Dichtstoffen mit Beschichtungsstoffen, die üblicherweise nicht die hohe Elastizität der Dichtstoffe aufweisen, führt dazu, daß nicht nur die Beschichtung reißt, sondern auch im Dichtstoff Kerbrisse auftreten können. Ein Überstreichen führt somit zu einer Schädigung des Abdichtungssystems.

Es sind nur Dichtstoffe zu verwenden, die »anstrichverträglich« sind. Die Bezeichnung »überstreichbar« ist irreführend.

Die Verträglichkeit von Dichtstoff und Beschichtung muß gewährleisten, daß es nicht zu Verlauf- und Haftungsbeeinträchtigung kommt. Es dürfen keine Bestandteile aus dem Dichtstoff auswandern, die zu beschichtungstechnischen Schwierigkeiten, z. B. Haftstörungen, Verfärbungen, Erweichungen, führen. Sie müssen den üblichen Temperaturwechseln standhalten und innerhalb des vorkommenden Temperaturbereiches standfest bleiben. Die Beschichtungsverträglichkeit ist durch den Dichtstoffhersteller sicherzustellen. Sie kann mit baustellenüblichen Prüfmethoden nicht festgestellt werden.

3.2.2.2 Deckende Beschichtungen

Sie sind bei Verwendung nachstehender Stoffe wie folgt auszuführen:

3.2.2.2.1 Alkydharzlackfarbe für Innen
- eine Grundbeschichtung aus Alkydharzlackfarbe,
- eine Zwischenbeschichtung aus Vorlackfarbe (Alkydharzlackfarbe),
- eine Schlußbeschichtung aus Alkydharzlackfarbe;

Die Grundbeschichtung kann mit Beschichtungsstoffen nach DIN 68 805, pigmentiert, durchgeführt werden.

3.2.2.2.2 Alkydharzlackfarbe für Innen und Außen für Fenster und Außentüren

vor dem Einbau und Verglasen
- eine Grundbeschichtung aus Bläueschutz-Grundbeschichtungsstoff nach Abschnitt 2.2.2,
- eine Zwischenbeschichtung aus Alkydharzlackfarbe,

nach dem Einbau und Verglasen
- eine zweite Zwischenbeschichtung aus Alkydharzlackfarbe,
- eine Schlußbeschichtung aus Alkydharzlackfarbe;

3.2.2.2.3 Alkydharzlackfarbe für Außen
- eine Grundbeschichtung aus Bläueschutz-Grundbeschichtungsstoff,
- eine Zwischenbeschichtung aus Alkydharzlackfarbe,
- eine zweite Zwischenbeschichtung aus Alkydharzlackfarbe,
- eine Schlußbeschichtung aus Alkydharzlackfarbe;

Für die Grundbeschichtung sind Grundbeschichtungsstoffe nach DIN 68 805 zu verwenden.

3.2.2.2.4 Dispersionslackfarbe
- eine Grundbeschichtung aus Bläueschutz-Grundbeschichtungsstoff,
- eine Zwischenbeschichtung aus Dispersionslackfarbe,
- eine Schlußbeschichtung aus Dispersionslackfarbe;

Für die Grundbeschichtung sind Beschichtungsstoffe nach DIN 68 805 zu verwenden.

3.2.2.3 Lasierende Beschichtungen

Sie sind bei Verwendung nachstehender Stoffe wie folgt auszuführen:

3.2.2.3.1 Dispersionslasur für Innen
- eine Grundbeschichtung,
- eine Zwischenbeschichtung aus Dispersionslasur,
- eine Schlußbeschichtung aus Dispersionslasur;

Für Innenbeschichtungen mit Dispersionslasuren ist ein Zusatz chemischer Holzschutzmittel zu den Grundbeschichtungsstoffen nicht erforderlich.

3.2.2.3.2 Imprägnier-Lasur, Dünnschichtlasur für Innen und Außen
- eine Grundbeschichtung aus Imprägnier-Lasurbeschichtungsstoff,
- eine Zwischenbeschichtung,
- eine Schlußbeschichtung;

Kommentar zur DIN 18 363   3.2.2.4.3

3.2.2.3.3 Lacklasurfarben, Dickschichtlasuren für Innen und Außen
      – eine Grundbeschichtung aus Imprägnier-Lasurbeschichtungsstoff,
      – eine Zwischenbeschichtung aus Lack-Lasurbeschichtungsstoff,
      – eine Schlußbeschichtung aus Lack-Lasurbeschichtungsstoff;

Siehe hierzu auch BFS-Merkblatt Nr. 18 »Technische Richtlinien für Beschichtungen auf Fenstern und Außentüren sowie anderen maßhaltigen Außenbauteilen aus Holz.«

3.2.2.3.4 Imprägnier-/Lacklasur als kombinierter Beschichtungsaufbau für Innen und Außen bei Fenstern und Außentüren

vor dem Einbau und Verglasen
      – eine Grundbeschichtung aus Imprägnier-Lasur,
      – eine erste Zwischenbeschichtung,

nach dem Einbau und Verglasen
      – eine zweite Zwischenbeschichtung aus Lacklasur,
      – eine Schlußbeschichtung aus Lacklasur.

Siehe hierzu auch BFS-Merkblatt Nr. 18.

3.2.2.4 Farblose Innenbeschichtungen

Sie sind bei Verwendung nachstehender Stoffe wie folgt auszuführen:

3.2.2.4.1 Alkydharzlack
      – eine Grundbeschichtung,
      – eine Zwischenbeschichtung,
      – eine Schlußbeschichtung;

3.2.2.4.2 Polyurethanlack
      – eine Grundbeschichtung,
      – eine Zwischenbeschichtung,
      – eine Schlußbeschichtung;

Die Grundbeschichtung ist mit Zwei-Komponenten-Polyurethanharzlack, in Lösemittel gelöst, oder mit Ein-Komponenten-Polyurethanharzlack, feuchtigkeitstrocknend, durchzuführen.

3.2.2.4.3 Epoxidharzlack
      – eine Grundbeschichtung,
      – eine Zwischenbeschichtung,
      – eine Schlußbeschichtung.

Farblose Beschichtungen mit Epoxidharzlack auf Holz neigen zur Vergilbung.

3.2.3 auf Metall

3.2.3.1 Allgemeines

3.2.3.1.1 Metallflächen sind zu entfetten. Rost und Oxidschichten sind zu entfernen und unmittelbar danach mit einer dem Beschichtungsaufbau entsprechenden Grundbeschichtung zu versehen. In Feuchträumen ist eine weitere Grundbeschichtung aus Korrosionsschutz-Grundbeschichtungsstoff auszuführen.

In der Leistungsbeschreibung vorgesehene Spachtelarbeiten sind nach der Grundbeschichtung auszuführen.

Für Außenflächen ist eine zweite Zwischenbeschichtung erforderlich.

Stahlflächen, die eine Grundbeschichtung aus Zinkstaub-Beschichtungsstoffen erhalten, sind nach DIN 55 928 Teil 4 »Korrosionsschutz von Stahlbauten durch Beschichtungen und Überzüge; Vorbereitung und Prüfung der Oberflächen« Norm-Reinheitsgrad Sa 2 ½ zu entrosten.

3.2.3.1.2 Zinkblech und verzinkter Stahl sind durch ammoniakalische Netzmittelwäsche unter Verwendung von Korund-Kunststoffvlies vorzubehandeln und unmittelbar danach mit einem Grundbeschichtungsstoff eines für Zink empfohlenen Beschichtungssystems zu grundieren.

Siehe hierzu BFS-Merkblatt Nr. 5 »Beschichtungen auf Zink und verzinktem Stahl«.

3.2.3.1.3 Aluminiumflächen sind zu reinigen. Werkseits nicht chemisch nachbehandelte Aluminiumflächen und korrodierte Stellen (Weißrost) sind mit Korund-Kunststoffvlies zu schleifen; Schleifrückstände sind zu entfernen.
Die gereinigten Flächen sind mit einem Grundbeschichtungsstoff für Aluminium zu grundieren.

Siehe auch BFS-Merkblatt Nr. 6 »Beschichtungen auf Bauteilen aus Aluminium«.

3.2.3.2 Deckende Beschichtungen

Sie sind bei Verwendung nachstehender Stoffe wie folgt auszuführen:

3.2.3.2.1 auf Stahlteilen und Stahlblech

Vor Auftragen der Grundbeschichtung müssen Stahlteile und Stahlblech entrostet werden.

Kommentar zur DIN 18 363

3.2.3.2.1.1 Alkydharzlackfarbe für Innen
- eine Grundbeschichtung aus Korrosionsschutz-Grundbeschichtungsstoff,
- eine Zwischenbeschichtung aus Alkydharzlackfarbe,
- eine Schlußbeschichtung aus Alkydharzlackfarbe;

3.2.3.2.1.2 Alkydharzlackfarbe für Außen
- eine Grundbeschichtung aus Korrosionsschutzgrund,
- eine erste Zwischenbeschichtung aus Alkydharzlackfarbe,
- eine zweite Zwischenbeschichtung aus Alkydharzlackfarbe,
- eine Schlußbeschichtung aus Alkydharzlackfarbe;

Die erste Zwischenbeschichtung kann auch mit Korrosionsschutz-Grundbeschichtungsstoff ausgeführt werden.
Es ist zweckmäßig, den Farbton der einzelnen Beschichtungen unterschiedlich zu wählen.

3.2.3.2.1.3 Polymerisatharz-Dickschichtsystem für Innen
- eine Grundbeschichtung aus Korrosionsschutz-Dickschicht-Grundbeschichtungsstoff,
- eine Schlußbeschichtung aus Polymerisatharz-Dickschicht-Beschichtungsstoff;

3.2.3.2.1.4 Polymerisatharz-Dickschichtsystem für Außen
- eine Grundbeschichtung aus Dickschicht-Grundbeschichtungsstoff,
- eine Zwischenbeschichtung aus Polymerisatharz-Dickschicht-Beschichtungsstoff,
- eine Schlußbeschichtung aus Polymerisatharz-Dickschicht-Beschichtungsstoff;

3.2.3.2.1.5 Heizkörperlackfarbe auf Heizflächen, die nicht grundiert sind, nach Entrosten
- eine Grundbeschichtung aus Beschichtungsstoff DIN 55 900 – G,
- eine Schlußbeschichtung aus Beschichtungsstoff DIN 55 900 – F,
in Feuchträumen eine Zwischenbeschichtung, DIN 55 900 – F;

3.2.3.2.1.6 Heizkörperlackfarbe auf Heizflächen, die mit einer Grundbeschichtung DIN 55 900 – GW versehen sind
- beschädigte Grundbeschichtung DIN 55 900 – G ausbessern,
- eine Schlußbeschichtung DIN 55 900 – F;
mit Pulverlacken grundbeschichtete (pulverbeschichtete) Heizkörper sind vor dem weiteren Beschichten gründlich aufzurauhen;

3.2.3.2.1.7 Chlorkautschuk-Lackfarbe für Innen
- eine Grundbeschichtung aus Zwei-Komponenten-Zinkstaubfarbe,
- eine Zwischenbeschichtung aus Chlorkautschuk-Lackfarbe,
- eine Schlußbeschichtung aus Chlorkautschuk-Lackfarbe;

In Abstimmung mit dem Werkstoffhersteller kann die Grundbeschichtung auch mit Chlorkautschuk-Grundbeschichtungsstoff ausgeführt werden.

3.2.3.2.1.8 Chlorkautschuk-Lackfarbe für Außen
- eine Grundbeschichtung aus Zwei-Komponenten-Zinkstaubfarbe,
- eine erste Zwischenbeschichtung aus Chlorkautschuk-Lackfarbe,
- eine zweite Zwischenbeschichtung aus Chlorkautschuk-Lackfarbe,
- eine Schlußbeschichtung aus Chlorkautschuk-Lackfarbe;

In Abstimmung mit dem Werkstoffhersteller kann die Grundbeschichtung auch mit Chlorkautschuk-Grundbeschichtungsstoff ausgeführt werden.

3.2.3.2.1.9 Cyklokautschuk-Lackfarbe für Innen, z. B. Filterkessel, Rohrleitungen
- eine Grundbeschichtung aus Korrosionsschutz-Grundbeschichtungsstoff,
- eine erste Zwischenbeschichtung aus Korrosionsschutz-Grundbeschichtungsstoff,
- eine zweite Zwischenbeschichtung aus Cyklokautschuk-Lackfarbe; gefüllt,
- eine Schlußbeschichtung aus Cyklokautschuk-Lackfarbe;

3.2.3.2.1.10 Reaktionslackfarbe für Innen
- eine Grundbeschichtung aus Grundbeschichtungsstoff,
- eine Zwischenbeschichtung,
- eine Schlußbeschichtung;

Für den Beschichtungsaufbau sind nur Stoffe eines Systems zu verwenden.

3.2.3.2.1.11 Reaktionslackfarbe für Außen
- eine Grundbeschichtung aus Grundbeschichtungsstoff,
- eine erste Zwischenbeschichtung,
- eine zweite Zwischenbeschichtung,
- eine Schlußbeschichtung;

Für den Beschichtungsaufbau sind nur Stoffe eines Systems zu verwenden.

Kommentar zur DIN 18 363　　　　　　　　　　　　　　　　3.2.3.2.2.5

3.2.3.2.1.12 Bitumenlackfarbe
– eine Grundbeschichtung,
– eine Zwischenbeschichtung,
– eine Schlußbeschichtung;

3.2.3.2.2　auf Zink und verzinktem Stahl

Die Oberfläche von Zink bzw. verzinktem Stahl muß frei von Korrosionsprodukten – z. B. Salze – sein.
Siehe hierzu BFS-Merkblatt Nr. 5 »Beschichtungen auf Zink und verzinktem Stahl«.

3.2.3.2.2.1 Zinkhaftfarbe, Kunstharz-Kombinationsfarbe
– eine Grundbeschichtung aus Zinkhaftfarbe,
– eine Schlußbeschichtung aus Zinkhaftfarbe;

3.2.3.2.2.2 Reaktionslackfarben auf Basis von Polyisocynatharz oder Epoxidharz
– eine Grundbeschichtung,
– eine Schlußbeschichtung;

Bei Reaktionslackfarben auf Basis von Polyisocanatharz handelt es sich um Polyurethanlackfarbe.

3.2.3.2.2.3 Polymerisatharzlackfarbe, Dickschichtsystem
– eine Grundbeschichtung,
– eine Schlußbeschichtung;

3.2.3.2.2.4 Dispersionsfarbe
– eine Grundbeschichtung,
– eine Schlußbeschichtung,
nur für helle Farbtöne geeignet;

Die Schlußbeschichtung kann auch mit Dispersionslackfarbe ausgeführt werden. Sie ergibt höheren Glanz und damit lackartigeres Aussehen bei größerer Farbtonauswahl.

3.2.3.2.2.5 Dispersionslackfarbe
– eine Grundbeschichtung aus Dispersionslackfarbe,
– eine Schlußbeschichtung aus Dispersionslackfarbe,
nur für helle Farbtöne geeignet;

Die Grundbeschichtung kann auch mit Dispersionsfarbe ausgeführt werden.

3.2.3.2.3 auf Aluminium und Aluminiumlegierungen

Siehe BFS-Merkblatt Nr. 6 »Beschichtungen auf Bauteilen aus Aluminium«.

3.2.3.2.3.1 Alkydharzlackfarbe
- eine Grundbeschichtung aus Haftgrundbeschichtungsstoff,
- eine Schlußbeschichtung aus Alkydharzlackfarbe;

Die Grundbeschichtung sollte mit Grundbeschichtungsstoffen nach Angabe des Herstellers der nachfolgenden Beschichtung ausgeführt werden.
Für Außenbeschichtungen auf Aluminium empfiehlt sich eine zusätzliche Zwischenbeschichtung mit Alkydharzlackfarbe.

3.2.3.2.3.2 Reaktionslackfarbe auf der Basis von Polyisocyanatharz oder Epoxidharz
- eine Grundbeschichtung,
- eine Schlußbeschichtung;

Bei Reaktionslackfarben auf der Basis von Polyisocyanatharz handelt es sich um Polyurethanlackfarbe.

3.2.3.2.3.3 Polymerisatharzlackfarbe, Dickschichtsystem
- eine Grundbeschichtung aus Haftgrundbeschichtungsstoff,
- eine Schlußbeschichtung aus Polymerisatharzlackfarbe;

Die Grundbeschichtung sollte mit Grundbeschichtungsstoffen nach Angabe des Herstellers erfolgen.

3.2.3.3 Farblose Beschichtung auf Edelstahl und Aluminium ist mit 2-Komponenten-Lack einschichtig auszuführen.

3.2.4 auf Kunststoff

Für Beschichtungen auf Kunststoff sind nur Beschichtungsstoffe zu verwenden, die ausdrücklich für die Beschichtung des vorliegenden Kunststoffes empfohlen werden.
Die Vorbehandlung des Kunststoffes ist nach Angabe des Beschichtungsstoffherstellers durchzuführen.

3.2.4.1 Kunststoff-Flächen sind zu reinigen und mit feinem Schleifvlies anzurauhen.

In Abstimmung mit dem Beschichtungsstoff-Hersteller können auch andere Vorbehandlungsverfahren angewendet werden.

Kommentar zur DIN 18363

3.2.4.2 Die gereinigten Flächen sind mit einem Grundbeschichtungsstoff und einem Schlußbeschichtungsstoff zu beschichten. Der Auftragnehmer hat die Beschichtungsstoffe mit dem Angebot dem Auftraggeber bekannt zu geben, wenn sie in der Leistungsbeschreibung nicht vorgesehen sind.

3.2.5 Besondere Beschichtungsverfahren

3.2.5.1 Belegen mit Blattmetallen

Überzüge aus Blattmetallen sind auf vorbehandelten Untergründen gleichmäßig deckend herzustellen. Fehlstellen sind nachzuarbeiten. Überzüge aus Blattsilber und Schlagmetall sind mit einem farblosen Lack gegen Korrosion zu schützen.

3.2.5.2 Bronzieren

Die zu bronzierenden Flächen sind zu entfetten und zu reinigen. Die mit Bronzetinktur oder Lacken angesetzten Bronzen sind gleichmäßig aufzutragen.

3.2.5.3 Herstellen von Metalleffektlackierungen

Metalleffektlackierungen sind im Spritzverfahren auszuführen.

3.2.5.4 Brandschutzbeschichtungen

Schaumschichtbildende Brandschutzbeschichtungen sind entsprechend den Anforderungen des Brandschutzes auszuführen. Die Beschichtungsstoffe hat der Auftragnehmer mit dem Angebot dem Auftraggeber bekannt zu geben, wenn sie in der Leistungsbeschreibung nicht vorgesehen sind.
Über die ordnungsgemäße Herstellung der Brandschutzbeschichtung und/ oder eine Kennzeichnung der Brandschutzbeschichtung ist dem Auftraggeber eine Abnahmebescheinigung zu liefern.
Auf die Brandschutzbeschichtung dürfen weitere Beschichtungen nicht aufgebracht werden.

Die in dem Zulassungsbescheid bzw. Prüfzeichen für den verwendeten Beschichtungsstoff angegebenen Verbrauchsmengen sind gewissenhaft einzuhalten.

3.2.5.5 Fahrbahnmarkierungen

Fahrbahnmarkierungen sind wie folgt auszuführen:
- Reinigen der zu behandelnden Flächen,
- Beschichten mit Fahrbahnmarkierungsstoff.

Verwendet werden ein- oder mehrkomponentige Beschichtungsstoffe. Die Applikation muß gleichmäßig unter Einhaltung der geforderten Schichtdicke erfolgen. Nachstreumittel müssen gleichmäßig verteilt und ausreichend tief eingebettet sein. Die Werkstoffe müssen gemäß den Herstellervorschriften verarbeitet werden.

3.3 Überholungsbeschichtungen

Überholungsbeschichtungen sind dann erforderlich, wenn die Beschichtung verschmutzt, unansehnlich, teilweise schadhaft ist, ihre Funktion nicht mehr erfüllt und/oder im Farbton verändert werden soll. Dies bedingt, daß die vorhandene Beschichtung als Untergrund geeignet ist und nur teilweise schadhafte Stellen zu entfernen sind.

Sie sind wie folgt auszuführen:

3.3.1 auf mineralischen Untergründen

3.3.1.1 Allgemeines

3.3.1.1.1 Beschichtungen aus Kalk-, Kalk-Weißzement, Silikatfarben, Dispersionssilikatfarben und Silikat-Lasurfarben sind nur auf mineralischem Untergrund oder auf Beschichtungen mit mineralischen Beschichtungsstoffen auszuführen.

Untergründe, die mit organischen Beschichtungsstoffen behandelt waren, können durch Abbeizen der Altbeschichtung nicht so gründlich gereinigt werden, daß sie für Beschichtungen mit den vorgenannten Beschichtungsstoffen geeignet sind.
Da diese Stoffe nicht mehr ausreichend in den Untergrund eindringen können, ist die chemische Reaktion zwischen den Beschichtungsstoffen und dem mineralischen Untergrund nicht ausreichend gewährleistet.
Eine ausreichende Vorbereitung dieses Untergrundes ist nur durch Strahlen möglich.

3.3.1.1.2 Leimfarbenanstriche dürfen weder mit Leimfarbe noch mit anderen Beschichtungsstoffen beschichtet werden. Vorhandene Leimfarbenanstriche sind durch Abwaschen zu entfernen.

3.3.1.2 Vorbehandlung

Kommentar zur DIN 18 363

3.3.1.2.1 Die vorhandene Beschichtung muß gut haften und tragfähig sein; sie ist zu reinigen, anzulaugen oder durch Schleifen aufzurauhen. Gerissene und nicht fest haftende Beschichtungsteile und Tapeten sind zu entfernen. Der freigelegte Untergrund ist zu reinigen und gegebenenfalls aufzurauhen.

3.3.1.2.2 Bei schadhaftem Untergrund ist eine Vorbehandlung notwendig. Sind die erforderlichen Maßnahmen im Vertrag nicht vorgesehen, so sind sie besonders zu vereinbaren (siehe Abschnitt 4.2.1), z. B.:
- Putz
  Ausbessern schadhafter Putzstellen, Beispachteln der Übergänge, Fluatieren der ausgebesserten Stellen, Nachwaschen und Grundieren;
- Beton
  Ausbessern schadhafter Stellen in der Oberfläche, Grundieren nachgebesserter und nichtbeschichteter Flächen;
- Gasbeton
  Ausbessern schadhafter Stellen in der Oberfläche, Grundieren nachgebesserter Stellen;
- Faserverstärkte Zementplatten
  Grundieren freigelegter Flächen, Beispachteln der Übergänge;
- Wärmedämm-Verbundsystem, kunstharzbeschichtet
  Reinigen kunstharzbeschichteter Oberflächen mit Heißwasser-Hochdruckreiniger, Ausbessern schadhafter Stellen in der Oberfläche;
- Kunstharzputz nach DIN 18 558
  Grundieren ausgebesserter Stellen mit wasserverdünnbarem Grundbeschichtungsstoff;
- Kalksandsteinmauerwerk
  Ausbessern schadhafter Stellen in der Oberfläche, Grundieren ausgebesserter Stellen

3.3.1.3 Deckende Beschichtungen

3.3.1.3.1 Putz
- eine Zwischenbeschichtung nach den Abschnitten 3.2.1.2.1 bis 3.2.1.2.9,
- eine Schlußbeschichtung nach den Abschnitten 3.2.1.2.1 bis 3.2.1.2.9;

Überholungsbeschichtungen sollten in der Regel auf der gleichen Bindemittelbasis ausgeführt werden wie die Altbeschichtung. Entsprechend sind die zu verwendenden Beschichtungsstoffe zu wählen.

3.3.1.3.2 Beton
- eine erste Zwischenbeschichtung aus Polymerisatharz-Elastikfarbe,
- eine zweite Zwischenbeschichtung aus Polymerisatharz-Elastikfarbe,
- eine Schlußbeschichtung aus Polymerisatharz-Elastikfarbe;

3.3.1.3.3

Bei Überholungsbeschichtungen mit Polymerisatharz-Lackfarbe auf Beton kann je nach Beschaffenheit der Altbeschichtung auf die zweite Zwischenbeschichtung verzichtet werden.

Nach der Richtlinie des Deutschen Ausschusses für Stahlbeton »Schutz- und Instandsetzung von Betonbauteilen« ist für Beschichtungen mindestens eine diffusions-äquivalente Luftschichtdicke für Kohlendioxid von $>$ 50 m zu fordern. Diese Werte müssen durch den Beschichtungsstoff-Hersteller für Beschichtungen auf Beton sichergestellt werden.

Dies gilt auch für Betonschutz-/Betoninstandsetzungsbeschichtungen mit Dispersionsfarben, die hierfür ebenfalls verwendet werden.

Nach dem Grad der Abwitterung der Altbeschichtung sollte die erste Zwischenbeschichtung sowohl bei Polymerisatharzlackfarben als auch bei Dispersionsfarben mit einer lösemittelverdünnbaren Grundbeschichtung auf der Bindemittelbasis von Polymerisatharzen (Tiefgrund) nach Abschnitt 2.2.1 durchgeführt werden.

3.3.1.3.3 Gasbeton
- eine Zwischenbeschichtung aus Gasbetonbeschichtungsstoffen nach den Abschnitten 3.2.1.2.18 und 3.2.1.2.19;
- eine Schlußbeschichtung aus Gasbetonbeschichtungsstoff nach den Abschnitten 3.2.1.2.18 und 3.2.1.2.19;

3.3.1.3.4 Faserverstärkte Zementplatten
- eine Zwischenbeschichtung nach den Abschnitten 3.2.1.2.3, 3.2.1.2.6 und 3.2.1.2.10,
- eine Schlußbeschichtung nach den Abschnitten 3.2.1.2.3, 3.2.1.2.4, 3.2.1.2.6 und 3.2.1.2.10;

3.3.1.3.5 Wärmedämm-Verbundsystem, kunstharzbeschichtet
- eine Grundbeschichtung,
- eine Zwischenbeschichtung aus gefüllter Dispersionsfarbe,
- eine Schlußbeschichtung aus gefüllter Dispersionsfarbe;

Die Beschichtungsstoffe sind in Abstimmung mit dem Hersteller des Wärmedämm-Verbundsystems festzulegen.

3.3.1.3.6 Kunstharzputz nach DIN 18558
- eine Zwischenbeschichtung aus gefüllter Dispersionsfarbe,
- eine Schlußbeschichtung aus gefüllter Dispersionsfarbe;

Kommentar zur DIN 18363

3.3.1.3.7 Kalksandsteinmauerwerk
- eine Zwischenbeschichtung nach den Abschnitten 3.2.1.2.6, 3.2.1.2.11,
- eine Schlußbeschichtung nach den Abschnitten 3.2.1.2.4, 3.2.1.2.6, 3.2.1.2.11.

3.3.1.4 Lasierende Beschichtungen

3.3.1.4.1 Beton
- eine Zwischenbeschichtung,
- eine Schlußbeschichtung nach den Abschnitten 3.2.1.3.1 bis 3.2.1.3.3.

3.3.2 auf Holz und Holzwerkstoffen

3.3.2.1 Vorbehandlung

3.3.2.1.1 Die vorhandene Beschichtung muß gut haften und tragfähig sein; sie ist zu reinigen, anzulaugen oder durch Schleifen aufzurauhen. Gerissene und nicht festhaftende Beschichtungsteile sind zu entfernen. Der freigelegte Untergrund ist zu reinigen und gegebenenfalls aufzurauhen.

3.3.2.1.2 Bei schadhaftem Untergrund ist eine Vorbehandlung notwendig. Sind die erforderlichen Maßnahmen im Vertrag nicht vorgesehen, so sind sie besonders zu vereinbaren (siehe Abschnitt 4.2.1), z. B.:
- Beischleifen der Übergänge zur Altbeschichtung,
- Grundieren mit Grundbeschichtungsstoffen von freigelegten und/oder abgewitterten Flächen, bei Nadelholz mit fungiziden, bläuepilzwidrigen Zusätzen,
- Ausspachteln von Fugen, Löchern und Rissen, ausgenommen Leistungen nach Abschnitt 4.1.7,
- Beispachteln der Übergänge,
- Entfernen von losem und schadhaftem Kitt der Kittfalze bei Fenstern und Außentüren, Grundieren freigelegter Teile und Ausbessern der Kittfalze.

3.3.2.2 Deckende Beschichtungen
- eine Zwischenbeschichtung nach den Abschnitten 3.2.2.2.1 bis 3.2.2.2.4,
- eine Schlußbeschichtung nach den Abschnitten 3.2.2.2.1 bis 3.2.2.2.4;

3.3.2.3 Lasierende Beschichtungen
- eine Zwischenbeschichtung nach den Abschnitten 3.2.2.3.1 bis 3.2.2.3.4,
- eine Schlußbeschichtung nach den Abschnitten 3.2.2.3.1 bis 3.2.2.3.4;

3.3.2.4 Farblose Innenbeschichtungen
- eine Zwischenbeschichtung nach den Abschnitten 3.2.2.4.1 bis 3.2.2.4.3,
- eine Schlußbeschichtung nach den Abschnitten 3.2.2.4.1 bis 3.2.2.4.3.

3.3.3 auf Metall

3.3.3.1 Vorbehandlung

3.3.3.1.1 Die vorhandene Beschichtung muß gut haften und tragfähig sein; sie ist zu reinigen, anzulaugen oder durch Schleifen aufzurauhen. Gerissene und nicht festhaftende Beschichtungsteile sind zu entfernen. Der freigelegte Untergrund ist zu reinigen, gegebenenfalls zu entrosten und aufzurauhen.

3.3.3.1.2 Bei schadhaftem Untergrund ist eine Vorbehandlung notwendig. Sind die erforderlichen Maßnahmen im Vertrag nicht vorgesehen, so sind sie besonders zu vereinbaren (siehe Abschnitt 4.2.1), z. B. bei:
- Stahl
  Entfernen von Rost,
  Grundieren freigelegter und entrosteter Stellen mit Korrosionsschutz-Grundbeschichtungsstoff,
  Beispachteln von Unebenheiten;
- Zink und verzinktem Stahl
  Entfernen von schlechthaftenden Teilen und von Korrosionsprodukten und Salzen,
  Grundieren freigelegter und entrosteter Stellen, bei freiliegendem Stahl mit Korrosionsschutz-Grundbeschichtungsstoff,
  Grundieren mit Grundbeschichtungsstoff für Zink;
- Aluminium und Aluminiumlegierungen
  Entfernen von Korrosionsprodukten und Salzen,
  Grundieren freigelegter Flächen mit Zwei-Komponenten-Grundbeschichtungsstoff.

3.3.3.2 Deckende Beschichtungen

3.3.3.2.1 Stahl
- eine Zwischenbeschichtung nach den Abschnitten 3.2.3.2.1.1 bis 3.2.3.2.1.12,
- eine Schlußbeschichtung nach den Abschnitten 3.2.3.2.1.1 bis 3.2.3.2.1.12;

3.3.3.2.2 Zink und verzinkter Stahl
- eine Zwischenbeschichtung,
- eine Schlußbeschichtung nach den Abschnitten 3.2.3.2.2.1 bis 3.2.3.2.2.5;

3.3.3.2.3 Aluminium und Aluminiumlegierungen
- eine Zwischenbeschichtung,
- eine Schlußbeschichtung nach den Abschnitten 3.2.3.2.3.1 bis 3.2.3.2.3.3.

Kommentar zur DIN 18 363 — 3.4.2

3.3.4 auf Kunststoff

3.3.4.1 Vorbehandlung

3.3.4.1.1 Die vorhandene Beschichtung muß gut haften und tragfähig sein; sie ist zu reinigen und durch Schleifen aufzurauhen. Gerissene und nicht festhaftende Beschichtungsteile sind zu entfernen.
Übergänge zur Altbeschichtung sind beizuschleifen.

3.3.4.1.2 Bei schadhaftem Untergrund ist eine Vorbehandlung notwendig. Sind die erforderlichen Maßnahmen im Vertrag nicht vorgesehen, so sind sie besonders zu vereinbaren (siehe Abschnitt 4.2.1).

3.3.4.2 Deckende Beschichtungen

Die gereinigten Flächen sind mit einem Grundbeschichtungsstoff und mit einem Schlußbeschichtungsstoff zu beschichten.
Der Auftragnehmer hat die Beschichtungsstoffe mit dem Angebot dem Auftraggeber bekannt zu geben, wenn sie in der Leistungsbeschreibung nicht vorgesehen sind.

3.4 Erneuerungsbeschichtungen

Erneuerungsbeschichtungen sind dann auszuführen, wenn vorhandene Beschichtungen schadhaft, nicht mehr tragfähig und deshalb restlos zu entfernen sind oder grundlegend verändert werden sollen. Die Beschichtungen sind nach Abschnitt 3.2 – Erstbeschichtungen – auszuführen.

Sie sind wie folgt auszuführen:

3.4.1 Die vorhandenen Beschichtungen sind vollständig zu entfernen. Bei schadhaften Untergründen ist eine Ausbesserung notwendig. Sind die erforderlichen Maßnahmen im Vertrag nicht vorgesehen, so sind sie besonders zu vereinbaren (siehe Abschnitt 4.2.1).

3.4.2 Deckende, lasierende und farblose Beschichtungen sind wie Erstbeschichtungen nach Abschnitt 3.2 systemgerecht auszuführen.

4 Nebenleistungen, Besondere Leistungen

Gemäß VOB/A § 9 Nr. 6 brauchen Leistungen, die nach den Vertragsbedingungen, den Technischen Vertragsbedingungen oder der gewerblichen Verkehrssitte zu der geforderten Leistung gehören – also Leistungen, die als selbstverständliche Hilfsverrichtungen eingestuft werden können – nicht besonders aufgeführt zu werden. Ferner bestimmt VOB/B § 2 Nr. 1, daß mit den vereinbarten Preisen alle Leistungen abgegolten sind, die nach der Leistungsbeschreibung, den Besonderen Vertragsbedingungen, den Zusätzlichen Vertragsbedingungen, den Zusätzlichen Technischen Vertragsbedingungen, den Allgemeinen Technischen Vertragsbedingungen für Bauleistungen und der gewerblichen Verkehrssitte zur vertraglichen Leistung gehören. Damit sind also Tätigkeiten, wie Liefern von Stoffen, Vorhalten von Geräten, soweit sie zur Erbringung der geforderten Leistungen notwendig sind, mit dem vereinbarten Preis abgegolten, selbst dann, wenn sie im Leistungsverzeichnis nicht ausdrücklich erwähnt sind.

Die ATV DIN 18363 und die ATV DIN 18299 zählen die wesentlichen Nebenleistungen in Abschnitt 4.1 auf. Sie unterscheiden sich von Besonderen Leistungen, die zusätzlich in der Leistungsbeschreibung aufzuführen, vor der Ausführung zu vereinbaren und gesondert abzurechnen sind. Damit bieten die ATV mehr Rechtssicherheit und wirken strittigen Auseinandersetzungen durch eindeutige Regelungen entgegen.

4.1 Nebenleistungen

Nebenleistungen im Sinne des Abschnittes 4.1 setzen voraus, daß sie für die vertragliche Leistung des Auftragnehmers erforderlich werden. Sie können in den ATV nicht abschließend aufgezählt werden, weil der Umfang der gewerblichen Verkehrssitte nicht für alle Einzelfälle umfassend und verbindlich bestimmt werden kann. Abschnitt 4.1 trägt dem durch die Verwendung des Begriffes »insbesondere« Rechnung.

Kommentar zur DIN 18363

Damit wird zugleich verdeutlicht, daß die Aufzählung die wesentlichen Nebenleistungen umfaßt und Ergänzungen lediglich in Betracht kommen können, soweit sich dies für den Einzelfall aus der gewerblichen Verkehrssitte ergibt.

Eine Nebenleistung bleibt auch dann Nebenleistung, wenn sie besonders umfangreich und kostenintensiv ist. Sind allerdings die Kosten von Nebenleistungen erheblich, kann es zur Erleichterung einer ordentlichen Preisermittlung und -prüfung geboten sein, diese Kosten nicht in die Einheitspreise einrechnen zu lassen, sondern eine selbständige Vergütung zu vereinbaren.

Nebenleistungen sind ergänzend zur ATV DIN 18299, Abschnitt 4.1, insbesondere:

4.1.1 **Auf- und Abbauen sowie Vorhalten der Gerüste, deren Arbeitsbühnen nicht höher als 2 m über Gelände und Fußboden liegen.**

Erforderliche Gerüste, deren Arbeitsbühne nicht höher als 2 m über dem Gelände, Fußboden, von Rostabdeckungen und dergleichen liegt, sind eine Nebenleistung des Auftragnehmers. Dies gilt für alle Arbeiten von Stand- und fahrbaren Gerüsten und Bühnen. Die Nebenleistung schließt den An- und Abtransport sowie das Aufstellen, Abbauen und Vorhalten der Gerüste und Bühnen mit ein.

Das Stellen von Gerüsten, deren Arbeitsbühne höher als 2 m ist, ist eine Besondere Leistung (siehe Abschnitt 4.2.3).

4.1.2 **Maßnahmen zum Schutz von Bauteilen, z. B. von Fußböden, Treppen, Türen, Fenstern und Beschlägen, sowie von Einrichtungsgegenständen vor Verunreinigung und Beschädigung während der Arbeiten durch loses Abdecken, Abhängen oder Umwickeln einschließlich anschließender Beseitigung der Schutzmaßnahmen, ausgenommen Leistungen nach Abschnitt 4.2.5.**

Die in diesem Abschnitt angesprochenen Nebenleistungen beziehen sich auf den Schutz des Eigentums des Auftraggebers und der Bauleistungen anderer Unternehmen, d. h. auf die pflegliche Behandlung und den Schutz der Bauteile, mit denen der Auftragnehmer bei der Ausführung seiner Leistungen und beim Lagern der dazu benötigten Stoffe direkt in Berührung kommt.

Nebenleistungen im Sinne dieser ATV sind nur einfache Abdeckungen (Teilabdeckungen) mit Papier oder dünner Folie und das lose Umwickeln von Beleuchtungskörpern, Armaturen und dergleichen, die eine Schutzfunktion lediglich für die Zeit der unmittelbaren Arbeiten zu haben brauchen. Die in diesem Abschnitt genannten Bauteile und

Einrichtungsgegenstände sind dabei soweit abzudecken und zu schützen – besonders an den Anschlußstellen –, daß eine Verunreinigung und Beschädigung der zu schützenden Teile ausgeschlossen ist. Bei Außenbeschichtungen sind unter Umständen auch Teile gärtnerischer Anlagen in diese Schutzmaßnahmen einzubeziehen.

Blanke Beschlagteile, Schloßfallen sowie bewegliche Beschlagteile, die keine Beschichtung erhalten sollen, sind in geeigneter Weise zu schützen. Schloßriegel sollen – wenn überhaupt – so beschichtet werden, daß sie nicht festkleben. Durch die Verwendung von Leiterschuhen aus Gummi oder Kunststoff können Beschädigungen von Fußböden, Treppen usw. verhindert werden.

Zu den Nebenleistungen gehören weiterhin Teilabdeckungen unter Türblättern und Heizkörpern, gegebenenfalls das Abnehmen oder Abdecken von Schalter- und Steckdosenblenden, das Abdecken von sanitären Armaturen und Elementen sowie das Abnehmen und Abdecken von Spiegeln einfacher Bauart. Abdeckarbeiten im Zusammenhang mit dem Begrenzen bei mehrfarbigem Absetzen der Flächen, das Abdecken von fest montierten Schildern, Hausnummern und Lampen an Fassaden und ähnliche, wenig aufwendige Schutzmaßnahmen zählen gleichfalls dazu.

Schutzabdeckungen, die über eine *längere* Zeitdauer, etwa während der Fertigstellung ganzer Bauabschnitte, liegen- bzw. hängenbleiben sollen, oder Abdeckungen mit aufwendigen Abdeckstoffen wie Pappe, Filzpappe, starke Folie, Dielen, Preßspanplatten und dergleichen, die auch vor mechanischen Beschädigungen und/oder Verätzungen schützen sollen, fallen unter Abschnitt 4.2.5 und sind als Besondere Leistungen zu vergüten.

Ebenfalls als Besondere Leistung nach Abschnitt 4.2.5 ist das Abhängen von Wänden mit Abdeckpapier, Folie oder dergleichen zu vergüten, wenn bei fertiger oder vorhandener Wandbeschichtung bzw. bei vorhandener Tapezierung der Wände nur die Deckenfläche zu beschichten ist.

Werden jedoch in einem Raum nur die Wände beschichtet und wird dabei zum Schutz des Fußbodens nur am Wandansatz ein Papierstreifen ausgelegt, ist dies eine Nebenleistung. Wird aber die Deckenfläche beschichtet und muß der Fußboden eine Ganzabdeckung erhalten, ist dies keine Nebenleistung, sondern eine Besondere Leistung.

Alle für die Schutzmaßnahmen im Rahmen dieses Abschnittes benötigten Stoffe sind vom Auftragnehmer ohne besonderes Entgelt zu stellen und nach Beendigung der Arbeiten zu entfernen bzw. zu beseitigen.

4.1.3 Aus- und Einhängen der Türen, Fenster, Fensterläden und dergleichen zur Bearbeitung sowie ihre Kennzeichnung zum Vermeiden von Verwechslungen.

Das Aus- und Einhängen beweglicher Bauteile für Beschichtungsarbeiten ist meist unerläßlich. Es handelt sich deshalb um Nebenleistungen, die nicht besonders vergütet werden. Zur Beurteilung der Erschwernisse müssen gemäß Abschnitt 0.2.13 Bauart und Abmessung angegeben sein. Ist in der Ausschreibung auf die Bauart nicht besonders hingewiesen, kann der Auftragnehmer davon ausgehen, daß es sich um Normalfenster, normale Türen und Fensterläden handelt, die ohne Schwierigkeiten auszuhängen sind.

Ist das Aushängen von Fenstern, Türen, Fensterläden, Schranktüren und dergleichen nur durch Abschrauben der Beschläge möglich, handelt es sich um eine Besondere Leistung nach Abschnitt 4.2.7.

Beim Aushängen sind die beweglichen Bauteile so zu kennzeichnen, daß sie an derselben Stelle nach Fertigstellen der Beschichtung wieder angebracht werden können. Kennzeichnungen sollen an Stellen erfolgen, die nach dem Schließen dieser Bauteile nicht sichtbar sind. Sollen Fenster, Türen und dergleichen zu anderen Zwecken, also nicht für Vor- und Beschichtungsarbeiten ausgehängt werden, z. B. zum Schutz vor Verschmutzung und vor Schäden oder zum Reinigen, ist dies keine Nebenleistung.

4.1.4 Entfernen von Staub, Verschmutzungen und lose sitzenden Putz- und Betonteilen auf den zu behandelnden Untergründen, ausgenommen Leistungen nach Abschnitt 4.2.4.

Zu den Nebenleistungen gehört das Entfernen von Mörtel- und Putzspritzern sowie anderen fest haftenden Stoffen nur dann, wenn sich diese leicht mit der Spachtel ohne Beschädigung des Untergrundes entfernen lassen.

Werden zusätzliche Leistungen notwendig zum Abstoßen oder Abschleifen von groben Verschmutzungen, Entfernen von Teer-, Öl- bzw. Fettflecken, von Kennzeichnungen mit Fettstiften und ähnlichem, handelt es sich um Besondere Leistungen nach Abschnitt 4.2.4.

4.1.5 Ausbessern einzelner kleiner Putz- und Untergrundbeschädigungen, ausgenommen Leistungen nach Abschnitt 4.2.1.

Als Untergrundschäden geringen Umfanges sind auf dem Untergrund nur vereinzelt je Einzelfläche auftretende Beschädigungen anzusehen. Eine genaue Abgrenzung der Nebenleistungen nach diesem Abschnitt ist im Rahmen der ATV DIN 18363 nicht möglich und führt in der

Praxis häufig zu Unstimmigkeiten. Folgende Beispiele sollen daher für die Einordnung als Nebenleistungen in Abgrenzung zu Abschnitt 4.2.1 dienen.

1. Auf Putz
   – Entfernen vereinzelt vorhandener Putzspritzer durch leichtes Schaben mit der Spachtel,
   – Ausbessern vereinzelt vorhandener Löcher, die zum Beispiel durch Stoß entstanden sind. Dagegen sind keine Nebenleistungen z. B. das Ausbessern von Druckstellen, wie sie beim Suchen von unter Putz verlegten Leitungen oder Verteilerdosen entstehen, das Schließen von Fugen zwischen der Bekleidung von Tür- und Fensterstöcken und den Putz-, Beton- oder Gipskartonflächen.
2. Auf Beton
   – Verspachteln oder Ausbessern vereinzelt vorhandener kleiner Löcher und Schadstellen, jedoch nicht Poren und Lunker oder das Entfernen und Ausbessern von Schalungsgraten und Schalungsabsätzen.
3. Holzwerk
   – Beispachteln oder Verkitten vereinzelter Schadstellen.
4. Metall
   – Entfernen von Flugrost an vereinzelten Stellen.

4.1.6 Schleifen von Holzflächen und – soweit erforderlich – von mineralischen Untergründen und Metallflächen zwischen den einzelnen Beschichtungen sowie Feinsäubern der zu streichenden Flächen.

Die beim Beschichtungsaufbau erforderlichen Schleifarbeiten zwischen den einzelnen Beschichtungen zur Beseitigung vereinzelter Staubkörner, Flusen usw., zum Aufrauhen von Flächen zur besseren Haftung der nachfolgenden Beschichtung sowie das Feinsäubern z. B. von Schleifstaub, Schleifbrei und Schleifwasser beim Naßschliff sind Nebenleistungen.

Nicht unter diesen Abschnitt fallen Schleifarbeiten vor der ersten Beschichtung, die dazu bestimmt sind, Mängel im Untergrund zu beseitigen, z. B. ganzflächiges Schleifen oder Abschaben von grobkörnigem Putz oder Beton, Entfernen von Spachtelgraten an Gipskartonplatten, Schleifen von rauhen Oberflächen bei Holz und Holzwerkstoffen, Abrunden von scharfen Kanten an Fenster, Türen und dgl.

Schleif- und Polierarbeiten zur Erzielung eines bestimmten Oberflächeneffektes, zum Beispiel »Seidenschliff« und »dekorative Einschleifarbeiten«, gelten nicht als Nebenleistung.

4.1.7 **Verkitten einzelner kleiner Löcher und Risse, ausgenommen Leistungen nach Abschnitt 4.2.1.**

Das Verkitten von Löchern und Rissen beschränkt sich auf die Untergründe Holz und Metall.
Folgende Beispiele sollen für die Einordnung als Nebenleistungen in Abgrenzung zu Abschnitt 4.2.1 dienen.
1. Holz und Holzwerkstoffe
   Verkitten kleiner Löcher und Risse
   Keine Nebenleistung ist das Verkitten von Fugen an Deckleisten und Glashalteleisten oder zwischen Füllung und Rahmen sowie das Verkitten von Nagellöchern an Leisten und ähnlichem und das Ausbessern von Kittfasen.
2. Metall
   Verkitten einzelner Schraubenlöcher und geringfügiger Stoßfugen, jedoch nicht das Verkitten von Schraubenlöcherreihen.

4.1.8 **Lüften der Räume, soweit und solange es für das Trocknen von Beschichtungen erforderlich ist.**

Maßnahmen, die durch Lüften von Räumen zum Trocknen der Beschichtungen erforderlich werden, sind Nebenleistungen. Geöffnete Fensterflügel müssen ordnungsgemäß gegen Luftzug gesichert sein; nach Beendigung des erforderlichen Lüftens sind vom Auftragnehmer oder einem Beauftragten die Fenster wieder zu schließen, gegebenenfalls täglich, jeweils nach Arbeitsschluß. Beim Lüften ist zu beachten, daß es nicht zu Schäden an den Leistungen anderer Gewerke kommt. In der kalten Jahreszeit muß die Möglichkeit von Frostschäden in die Überlegungen einbezogen werden (siehe auch DIN 18 299, Abschnitt 4.1.10).

4.1.9 **Ansetzen von Musterflächen für die Schlußbeschichtung bis zu 2% der zu beschichtenden Fläche, jedoch höchstens bis zu drei Musterflächen.**

Zur Beurteilung des Farbtones und der Oberflächenwirkung kann der Auftraggeber Farbproben und Probebeschichtungen bis zu 2% der zu beschichtenden Flächen ohne besondere Vergütung als Nebenleistung verlangen.
Die Begrenzung der Probebeschichtung auf 2% bezieht sich nicht auf die einzelne, sondern auf die gesamte Fläche aller Probebeschichtungen – d.h. bei der Gesamtfläche von 100 m^2 rechnen alle Farbproben bis höchstens 2 m^2 als Nebenleistung. Außerdem ist die Anzahl der Musterflächen (Farbtöne) auf drei beschränkt. Sollten weitere Farb-

proben erforderlich oder gewünscht werden, sind dies Besondere Leistungen, die zusätzlich zu vergüten sind.
Mit der Angabe von 2% ist nicht eine zu fordernde Größe bestimmt, sondern es soll damit für Leistungen geringeren Umfanges eine noch ausreichende Beurteilungsmöglichkeit der Probe geschaffen sein. Die 2% bilden dabei die obere Grenze, die jedoch nicht ausgenutzt zu werden braucht.
Bei vielen Beschichtungstechniken und Beschichtungsstoffen empfiehlt es sich, Probebeschichtungen nicht auf den Bauteilen selbst auszuführen, sondern auf geeigneten Ersatzflächen, z. B. Karton, Holzwerkstoffplatten.
Farbproben mit Lasurbeschichtungsstoffen, besonders auf Holz und Beton, die sich nicht mehr entfernen lassen und sich bei ganzflächiger Lasur abzeichnen würden, sind auf Ersatzflächen anzusetzen.

4.2 Besondere Leistungen

Anders als die Nebenleistungen gehören Besondere Leistungen nur dann zum Vertragsinhalt, wenn sie in der Leistungsbeschreibung ausdrücklich aufgeführt worden sind. Erweisen sich im Vertrag nicht vorgesehene Besondere Leistungen nachträglich als erforderlich, so sind sie Zusätzliche Leistungen, für die Leistungspflicht und Vereinbarung der Vergütung gemäß VOB/B § 1 Nr. 4 und § 2 Nr. 6 bestehen.
Die Aufzählung enthält – anders als bei Nebenleistungen im Abschnitt 4.1 – nur einzelne Beispiele und kann entsprechend den Gegebenheiten des Einzelfalles ergänzt werden.

Besondere Leistungen sind ergänzend zur ATV DIN 18 299, Abschnitt 4.2, z. B.:

4.2.1 Zu vereinbarende Maßnahmen nach den Abschnitten 3.2.1.1, 3.2.1.2.6, 3.3.1.2.2, 3.3.2.1.2, 3.3.3.1.2, 3.3.4.1.2, 3.4.1.

Der Abschnitt 4.2.1 weist nochmals auf Maßnahmen hin, die bei schadhaften Untergründen erforderlich werden. Es handelt sich um zusätzliche Vorarbeiten, die bei einwandfreien Untergründen nicht anfallen und in der Regel nicht vorgesehen sind.
Leistungen nach diesem Abschnitt sind auch dann, wenn sie vom Auftraggeber nicht gesondert angeordnet werden, als Besondere Leistungen zusätzlich zu vergüten, sofern die Voraussetzungen nach VOB/B § 2 Nr. 6 oder Nr. 8 (2) erfüllt sind.

Nach VOB/B § 2 Nr. 6 ist der Auftragnehmer verpflichtet, seinen Anspruch auf die besondere Vergütung dem Auftraggeber anzukündigen, bevor er mit der Ausführung der Leistung beginnt. Die Vergütung wird dabei nach den Grundlagen der Preisermittlung für die im Hauptangebot vereinbarte vertragliche Leistung und den besonderen Kosten der geforderten Leistung berechnet.

Als Leistungen in diesem Sinne gelten:

Bei Erstbeschichtungen

Auf mineralischen Untergründen und Gipskartonplatten
- Fluatieren und Nachwaschen der Oberfläche bei starker Saugfähigkeit,
- Beseitigen von Ausblühungen, Pilz- und Algenbefall oder ähnlichem,
- Absperren von abgetrockneten Wasserflecken,
- Beseitigen von Schalölrückständen auf Betonflächen,
- Vorbehandeln von Kalksinterschichten mit Fluatschaumwäsche und dergleichen, ggf. mechanisches Entfernen,
- Vorätzen und Nachwaschen von nichtsaugenden Putz- und Betonflächen für Beschichtungen mit Silikatfarben,
- Vorbehandeln stark saugender Untergründe mit verdünntem Fixativ für Beschichtungen mit Silikat- und Dispersionssilikatfarben,
- Vorbehandeln stark saugender gipshaltiger Putze und Lehmputze, z. B. mit Alaun, Festigen der Oberfläche,
- Grundieren nicht vorbehandelter Gipskartonplatten in Feuchträumen mit lösemittelhaltigem Grundbeschichtungsstoff,
- Grundieren von stark saugendem Untergrund auf Innenflächen mit lösemittelhaltigem Grundbeschichtungsstoff für Beschichtungen mit Dispersionsfarbe.

Bei Überholungsbeschichtungen

Auf mineralischen Untergründen
- Putz
  Schadhafte Putzstellen ausbessern, Übergänge beispachteln, ausgebesserte Stellen fluatieren, nachwaschen und grundieren.
- Beton
  Schadhafte Stellen in der Oberfläche ausbessern, nachgebesserte und nicht beschichtete Flächen grundieren.

- Gasbeton
  Schadhafte Stellen in der Oberfläche ausbessern, ausgebesserte Stellen grundieren.
- Faserverstärkte Zementplatten
  Freigelegte Flächen grundieren und Übergänge beispachteln.
- Wärmedämm-Verbundsysteme, kunstharzbeschichtet
  Kunstharzbeschichtete Oberflächen mit Heißwasserhochdruckreiniger reinigen und schadhafte Stellen in der Oberfläche ausbessern.
- Kunstharzputz nach DIN 18558
  Ausgebesserte Stellen mit wasserverdünnbarem Grundbeschichtungsstoff grundieren.
- Kalksandsteinmauerwerk
  Schadhafte Stellen in der Oberfläche ausbessern und ausgebesserte Stellen grundieren.

Auf Holz und Holzwerkstoffen

Übergänge zur Altbeschichtung beischleifen, freigelegte und/oder abgewitterte Flächen mit Grundbeschichtungsstoff grundieren, bei Nadelholz mit fungiziden, bläuepilzwidrigen Zusätzen, Fugen, Löcher und Risse ausspachteln, ausgenommen Leistungen nach Abschnitt 4.1.7, Übergänge der Altbeschichtung beispachteln, losen und schadhaften Kitt der Kittfalze bei Fenstern und Außentüren entfernen, freigelegte Teile grundieren, Kittfalze ausbessern.

Auf Metall

- Stahl
  Entfernen von Rost, Zunder und Walzhaut, freigelegte und entrostete Stellen mit Korrosionsschutz-Grundbeschichtungsstoff grundieren, Unebenheiten beispachteln.
- Zink und verzinkter Stahl
  Schlecht haftende Teile, Korrosionsprodukte und Salze entfernen, freiliegenden und entrosteten Stahl mit Korrosionsschutz-Grundbeschichtungsstoff grundieren, grundieren mit Grundbeschichtungsstoff für Zink.
- Aluminium und Aluminium-Legierungen
  Korrosionsprodukte und Salze entfernen, freigelegte Flächen mit Zweikomponenten-Grundbeschichtungsstoff grundieren.

Auf Kunststoff

Schadhaften Untergrund vorbehandeln, z. B. schlecht haftende Beschichtungen entfernen, Übergänge von Altbeschichtungen beischlei-

Kommentar zur DIN 18 363

fen, freigelegte Flächen mit geeignetem Grundbeschichtungsstoff grundieren.

Bei Erneuerungsbeschichtungen

Schadhaften Untergrund ausbessern.
Löcher, Risse und Abplatzungen an der Oberfläche des Untergrundes ausbessern.
Schadhafte Dämmplatten im Wärmedämm-Verbundsystem ersetzen (kleben, Armierungsgewebe einbetten und mit Beschichtungsstoff beschichten).
Durch Rost sich an der Betonoberfläche abzeichnenden Bewehrungsstahl freilegen, metallisch rein entrosten und mit Korrosionsgrundbeschichtungsstoff grundieren, Vertiefungen mit Haftbrücke vorbehandeln, mit Grobspachtel ausbessern und mit Feinspachtel egalisieren, gestrahlte Betonflächen mit Feinspachtel (Zement-Spachtelmasse nach Abschnitt 2.3.1) ganzflächig spachteln, abgeplatzte Walzhaut- oder Zunderschichten entfernen, Rost entfernen.

4.2.2 **Vorhalten von Aufenthalts- und Lagerräumen, wenn der Auftraggeber Räume, die leicht verschließbar gemacht werden können, nicht zur Verfügung stellt.**

Beschichtungsarbeiten an Gebäuden werden normalerweise ausgeführt, wenn das Bauwerk weitgehend fertiggestellt ist und verschließbare Räume vorhanden sind. Der Auftraggeber wird in den meisten Fällen für das Umkleiden, Waschen und für den Aufenthalt der Arbeitnehmer während der Arbeitspausen wie auch für das Lagern der für die Ausführung der Beschichtungsarbeiten erforderlichen Werkstoffe, Werkzeuge, Geräte und Kleinmaschinen abschließbare Räume zur Verfügung stellen.
Sollten solche Räume, wie gewerbeüblich, nicht zur Verfügung stehen, z. B. bei Instandsetzungsarbeiten in bewohnten oder benutzten Räumen, in Betriebsräumen, bei Arbeiten an Fassaden, auf Dächern, so daß der Auftragnehmer gezwungen ist, Baubuden zu errichten oder Bauwagen (Container) anzufahren, so ist dafür eine besondere Position im Leistungsverzeichnis vorzusehen.

4.2.3 **Auf- und Abbauen sowie Vorhalten der Gerüste, deren Arbeitsbühnen mehr als 2 m über Gelände oder Fußboden liegen.**

Gerüste und Arbeitsbühnen sind nur für die eigenen Leistungen des Malers und Lackierers auf- und abzubauen sowie vorzuhalten.

Vorhaltung, Umbau und Ergänzung der Gerüste zum Zwecke der Benutzung durch andere Handwerker sind Besondere Leistungen.
Für Gerüstarbeiten gilt ATV DIN 18 451.
Bei der Ermittlung der Höhe der Gerüste über 2 m wird die Höhe nach Abschnitt 4.1.1 nicht abgezogen.
Für den Einsatz fahrbarer Gerüste gelten ebenfalls die Bestimmungen der ATV DIN 18 451.

4.2.4 Reinigen des Untergrundes von grober Verschmutzung durch Bauschutt, Mörtelreste, Öl, Farbreste u. ä., soweit sie von anderen Unternehmern herrührt.

Jeder Auftragnehmer ist verpflichtet, die von seinen Arbeiten herrührenden Verunreinigungen und Abfälle zu beseitigen. Wenn jeder gewissenhaft dieser Verpflichtung nachkäme, wäre dieser Abschnitt überflüssig. Die Beseitigung geringfügiger Verschmutzungen gehört zu den Nebenleistungen nach Abschnitt 4.1.4.

Zu groben Verschmutzungen gehören unter anderem festhaftende Mörtelreste, angetrockneter Kleber, Bauschutt und Abfälle, Ölrückstände oder -flecken.

Die Beseitigung grober Verschmutzungen ist durch Abkratzen, Schleifen, Abbürsten mit der Drahtbürste, Abwaschen mit Lösemittel oder durch andere aufwendige Leistungen möglich.

4.2.5 Besondere Maßnahmen zum Schutz von Bauteilen und Einrichtungsgegenständen wie Abkleben von Fenstern und Türen, von eloxierten Teilen, Abdecken von Belägen, staubdichte Abdeckung von empfindlichen Einrichtungen und technischen Geräten, Schutzabdeckungen, Schutzanstriche, Staubwände u. ä. einschließlich Liefern der hierzu erforderlichen Stoffe.

Unter diesen Abschnitt fallen aufwendige und widerstandsfähige Schutzmaßnahmen, z. B. Abkleben mit Klebebändern, staubdichtes Abdecken, Abdeckungen mit Pappe, Filzpappe, starker Kunststoffolie, Dielen und Preßspanplatten.

Ganzabdeckungen von Fußböden, Wänden und Außenanlagen, Abdeckungen von Treppen, Maschinen, Möbelstücken und anderen Einrichtungsgegenständen, gegebenenfalls mit randseitigen Verklebungen und/oder Verklebungen der Stöße – soweit die Schutzmaßnahmen dies erfordern, um die Einwirkung von Feuchtigkeit und sonstigen Verschmutzungen zu unterbinden – sind über Abschnitt 4.1.2 hinausgehende Schutzmaßnahmen.

Die Verwendung ätzender Stoffe, z. B. Silikatfarben, Kalk- und Zementfarben, Fluate, Laugen und Säuren, erfordern umfangreiche und

Kommentar zur DIN 18 363

aufwendige Maßnahmen zum Schutz von eloxiertem oder geschliffenem Leichtmetall, von Glas, Porzellan, Emaillierungen, Marmor, Steingut und Keramik (Wand- und Bodenfliesen).

Gerade dem Schutz von empfindlichen technischen Geräten vor Staub und Feuchtigkeit kommt eine besondere Bedeutung zu. Gleiches gilt für Schutzmaßnahmen von Teppichbelägen und ähnlichem bei allen Vor- und Beschichtungsarbeiten, weil Verschmutzungen durch Beschichtungen zu dauerhaften Schäden führen können.

Bei Glas und Metallen können Schutzbeschichtungen (Abziehlacke) verwendet werden, die eine Mindestschichtdicke erfordern und nach Beendigung der Leistung abgezogen werden können.

Zur Abtrennung von Arbeitsräumen können Staubwände erforderlich werden. Sei es, daß der restliche Raum weiter genutzt werden kann oder vor Staubeinwirkung geschützt werden muß, z. B. Fabrikationsräume, Trinkwasserkammern.

Alle diese Maßnahmen gehen über die Schutzmaßnahmen nach Abschnitt 4.1.2 hinaus und sind besonders zu vergüten, ebenso die erforderlichen Stoffe.

Wenn die zeitliche Folge der verschiedenen Leistungen nicht aufeinander abgestimmt werden kann, bereits ausgeführte Leistungen durch nachträgliche Anordnungen geändert oder Schutzmaßnahmen wiederholt ausgeführt werden müssen – z. B. an genutzten Maschinen oder in Treppenhäusern –, sind die Wiederholungen der Schutzmaßnahmen eigenständige Leistungen mit zusätzlichem Vergütungsanspruch.

Besondere Maßnahmen aus Gründen des Umweltschutzes, der Landes- und Denkmalpflege werden in der ATV DIN 18 299, Abschnitt 4.2.8 geregelt.

4.2.6 **Abkleben nicht entfernbarer Dichtungsprofile an Fenstern und Türzargen einschließlich der späteren Beseitigung des Schutzes.**

Dichtungsprofile an Fenstern, Türzargen und dergleichen dürfen nicht beschichtet werden.

Profile können durch Wanderung von Weichmachern zu Verfärbungen oder durch Anlösen der Kontaktflächen zu Verklebungen führen. Dichtprofile sollten daher erst nach Fertigstellung der Beschichtung eingebaut werden.

Sind sie jedoch eingebaut – vor allem bei Überholungs- und Erneuerungsbeschichtungen – und können sie aus technischen Gründen nicht entfernt werden, müssen die Dichtprofile durch Abkleben geschützt werden, was jedoch keine einwandfreie Begrenzung der Beschichtung gewährleistet.

4.2.7 Aus- und Einbauen von Dichtprofilen und Beschlagteilen an Fenstern, Türen, Zargen u. ä. auf besondere Anordnung des Auftraggebers.

Sollen Dichtprofile und Beschlagteile an Fenstern, Türen, Möbeln und ähnlichem entfernt und/oder wieder eingebaut werden, ist dies eine Besondere Leistung, die der Auftraggeber anzuordnen hat.
Dichtprofile verziehen sich in der Regel beim Ausbauen und sind daher nicht wiederverwendbar. Die Wiederbeschaffung und der Einbau neuer Profile sind Besondere Leistungen.

4.2.8 Entfernen von Trennmittel-, Fett- oder Ölschichten.

Trennmittel-, Fett- und Ölschichten sind mit Beschichtungen nicht verträglich und führen zu Fleckenbildung und/oder Haftungsstörungen. Sie müssen vom Untergrund entfernt werden.
Trennmittel sind insbesondere:
– bei Beton und Stuck: Entschalungsmittel,
– bei Holzpreßplatten: Paraffine und Wachse.
Trennmittelrückstände lassen sich durch Abwaschen mit heißem Wasser oder mit Zusatz von speziellen Reinigungsmitteln entfernen; besser eignen sich Heißwasserhochdruckreiniger, gegebenenfalls mit Reinigungsmittelzusätzen.
Öle und Fette auf verzinkten Stahlflächen und Stahl lassen sich wie vor mit heißem Wasser oder mit Lösemittel entfernen.
Öle und Fette auf Putz oder Beton, z. B. Betonböden, lassen sich mit den genannten Mitteln nicht entfernen. In der Regel ist das Abtragen der beschädigten Schicht durch Abklopfen, Ausstemmen oder Abstrahlen erforderlich.
Trennmittel, Öle und Fette oder ähnliches lassen sich von Holz und Holzwerkstoffen nicht entfernen.
Ist das Entfernen von Trennmitteln, Fett- oder Ölschichten problematisch, sind dem Auftraggeber Bedenken nach VOB/B § 4 Nr. 3 schriftlich mitzuteilen.

4.2.9 Entfernen alter Anstrichschichten oder Tapezierungen.

Das Entfernen alter Beschichtungen oder Tapezierungen sind notwendige Vorarbeiten, die einen hohen Zeitaufwand erfordern.
Beschichtungen sind je nach Beschichtungsstoff z. B. durch Abwaschen, Abkratzen, Ablaugen, Abbeizen oder Abstrahlen zu entfernen.
Alte, beschichtete und mehrfach überklebte Tapeten sind durch Abkratzen, Perforieren, Ablösen mittels Tapetenlöser, Ablösen mit Dampfgerät oder ähnlichem zu entfernen.

Das Entfernen des anfallenden Sondermülls ist eine Besondere Leistung nach ATV DIN 18299, Abschnitt 4.2.9.

4.2.10 Überbrücken von Putz- und Betonrissen mit Armierungsgewebe.

Das Armieren von Putz- und Betonrissen ist eine Vorleistung am Untergrund für spätere Beschichtungen.
Konstruktionsbedingte Risse können auch durch Armierungen nicht dauerhaft überbrückt werden. Entsprechende Vorbehalte hat der Auftragnehmer anzuzeigen (siehe Kommentar zu Abschnitt 2.6 und BFS-Merkblatt Nr. 19 »Risse in Außenputzen und ihre Überbrückung mit Beschichtungssystemen und Armierungen«).

4.2.11 Verkitten von Fußbodenfugen.

Das Verkitten von Fugen in Holzfußböden erfolgt nur bei Instandsetzungs- und Überholungsarbeiten. Fugen in anderen Böden (z. B. Beton, Estrich, Asphalt, Platten, Spachtelmasse) sind mit Dichtstoffen zu schließen.

4.2.12 Entrosten und Entfernen von Walzhaut und Zunder.

Entrostungsarbeiten sind je nach Rostgrad und gefordertem Entrostungsgrad aufwendig. Das Entfernen des Zunders (Walzhaut und Schweißzunder) sowie der Entrostungsgrad nach Sa 2, Sa 2½ und Sa 3 kann nur im Strahlverfahren erreicht werden (s. DIN 55928, Teil 4).
Diese Leistung ist gesondert auszuschreiben und abzurechnen (siehe Kommentar Abschnitt 3.2.3.1.1).

4.2.13 Ziehen von Abschlußstrichen, Schablonieren und Anbringen von Abschlußborten und dergleichen.

Für das Ziehen von Abschlußstrichen (Begrenzungsstrichen) in einer vom Untergrund abweichenden Farbe, von Strichen zu schmückenden Zwecken und für das Schablonieren von Borden oder dergleichen als Abschluß oder Schmuck sind besondere Ansätze in der Leistungsbeschreibung vorzusehen.
Dazu gehört auch das Anbringen von Zierleisten und Stuckgesimsen bzw. Hohlkehlen aus Styropor u. ä.
Arbeiten dieser Art sind mit nennenswertem Zeitaufwand verbunden. Das Einbeziehen dieser Leistungen in den Preis für die Beschichtung der übrigen Flächen läßt keine eindeutige Preisbildung zu.

4.2.14 Absetzen von Beschlagteilen in einem besonderen Farbton an Türen, Fenstern, Fensterläden und dergleichen

Für die Leistungen dieses Abschnittes gilt sinngemäß, was in Abschnitt 4.2.13 ausgeführt wurde. Gleichzusetzen mit dem Abfassen von Beschlägen in einem besonderen Farbton ist das Beschichten von Beschlägen an lasierten oder farblos beschichteten Türen, Fenstern, Fensterläden u. ä. sowie das Absetzen von Schlagleisten und Leisten in einem anderen Farbton.

4.2.15 Mehrfarbiges Absetzen eines Bauteiles.

Ein- und mehrfarbiges Absetzen von Bauteilen ist stets wegen des exakten Beschneidens und der notwendigen Nuancierung der Beschichtungsstoffe mit zusätzlichem Aufwand verbunden. Dies gilt für die Aufteilung *einer* Fläche durch unterschiedliche Farbtöne, wenn sie in verschiedenen Farbtönen zueinander beschichtet werden sollen.

Derartige Leistungen müssen in besonderen Einzelansätzen gefordert und vergütet werden (siehe auch Kommentar zu 4.2.13).

4.2.16 Reinigungsarbeiten, soweit sie über Abschntit 4.1.11 der ATV DIN 18 299 hinausgehen, z. B. Feinreinigung zum Herstellen der Bezugsfertigkeit.

Der Auftragnehmer hat gemäß Abschnitt 4.1.11 alle von der eigenen Arbeit herrührenden Verunreinigungen und Bauschutt zu beseitigen. Seine gewerbeüblichen Reinigungsmaßnahmen beziehen sich somit auf eine Grobreinigung. Dabei dürfen keine festhaftenden Verschmutzungen zurückbleiben.

Da der Auftragnehmer, der die Beschichtungen ausführt, meist als letzter Handwerker die Arbeitsstätte verläßt, ist es verständlich, wenn der Auftraggeber ihm auch die Feinreinigung zur Bezugsfertigkeit übertragen möchte. Wird die Feinreinigung verlangt, muß diese in der Leistungsbeschreibung enthalten sein oder als Besondere Leistung vor Ausführung der Arbeiten nachträglich vereinbart werden.

Zur Feinreinigung gehören z. B.:
- Putzen aller Glasscheiben an Fenster, Türen und Glastrennwänden,
- Reinigung der Wand- und Bodenflächen,
- Reinigung aller Sanitäranlagen wie Waschbecken, Spülbecken, Badewannen, Klosettspülbecken einschließlich der dazugehörigen Armaturen,

Kommentar zur DIN 18 363

- Reinigen der Fußböden und Treppen einschließlich Staubsaugen der Teppichböden, Einwachsen oder Glanzbehandlung der Bodenbeläge oder Parkettböden,
- Reinigen der Einbauschränke, Einbaumöbel und anderer Einrichtungsgegenstände,
- Reinigen der Fensterbänke, Sockelleisten, Gardinenschienen und dergleichen.

4.2.17 Aus- und Einräumen oder Zusammenstellen von Möbeln und dergleichen, Aufnehmen von Teppichen, Abnehmen von Vorhangschienen, Lampen und Gardinen.

Diese Arbeiten stehen zwar im Zusammenhang mit der Ausführung von Maler- und Lackiererarbeiten und werden durch sie notwendig, sind jedoch nicht unmittelbar für die Ausführung der Vor- und Beschichtungsarbeiten erforderlich. Sie sind keine Vorarbeiten, sondern eine Besondere Leistung, die in Auftrag gegeben werden muß und zu vergüten ist.

4.2.18 Transport von Türen, Fensterflügeln, Läden, Heizkörpern u. ä. auf besondere Anordnung des Auftraggebers

Wird der Transport von Türen, Fensterflügeln, Läden, Heizkörpern u. ä. innerhalb eines Geschosses, in ein anderes Geschoß, in ein anderes Gebäude oder in die Werkstätte erforderlich, ist dies vom Auftraggeber anzuordnen und als Besondere Leistung zu vergüten.

Transporte dieser Art können z. B. durch den Ablauf der Arbeiten am Bau oder in der Wohnung bedingt sein.

Besondere Leistungen sind gesondert auszuschreiben bzw. zu vereinbaren.

5 Abrechnung

Ergänzend zur ATV DIN 18 299, Abschnitt 5, gilt:

5.1 Allgemeines

Der Abschnitt 5 regelt, daß bei Ermittlung der Leistung
- nach Zeichnungen
  im Innenbereich Konstruktionsmaße und
  im Außenbereich die Fertigmaße sowie
- nach Aufmaß die Maße der fertigen Bauteile zugrunde zu legen sind.

Sinn und Zweck der Abrechnungsbestimmungen der ATV ist es, Richtlinien zur Ermittlung der Leistung festzulegen.

Für die Abrechnung gilt nach VOB/B § 14 Nr. 1, daß der Auftragnehmer seine Rechnung in prüfbarer Form einreichen muß. Dazu gehört, daß er Mengenberechnungen in Übereinstimmung mit etwa erhaltenen Zeichnungen der Rechnung beifügt und daß die Reihenfolge der einzelnen Positionen und deren Beschreibungen den Angeboten und Vertragsunterlagen entsprechend aufgeführt sind.

Die Abrechnung der Maler- und Lackierarbeiten erfolgt weitgehend nach Flächen- oder Längenmaßen, die bis auf zwei Stellen nach dem Komma gerechnet werden. Die dritte Stelle nach dem Komma wird gerundet, d. h. ab 5 auf- und unter 5 abgerundet.

Gemäß VOB/B § 14 Nr. 2 sind die für die Abrechnung notwendigen Feststellungen möglichst gemeinsam vorzunehmen.

Für Leistungen, die bei Weiterführung der Arbeiten später nur noch schwer, z. B. nach Bezug, oder nicht mehr feststellbar sind, hat der Auftragnehmer rechtzeitig, also vor Ausführung der Weiterarbeiten, beim Auftraggeber gemeinsame Feststellungen zu beantragen.

Kommt der Auftraggeber der Aufforderung zum gemeinsamen Aufmaß nicht nach, hat der Auftragnehmer dieses Aufmaß allein zu neh-

Kommentar zur DIN 18 363

men und sollte dann dem Auftraggeber einen Durchschlag dieser Mengenermittlungen möglichst umgehend, jedoch spätestens vor der endgültigen Zusammenstellung des Gesamtaufmaßes zuleiten.
Wünscht der Auftraggeber oder der Auftragnehmer, daß das Aufmaß von einer dritten Person, die nicht Partner des Bauvertrages ist, z. B. durch einen vereidigten Sachverständigen, genommen wird, so hat derjenige die Kosten zu tragen, der Besteller dieser Sonderleistung ist, wenn im Vertrag nichts anderes vereinbart war.
Besondere Beachtung verdient in diesem Zusammenhang noch die Bestimmung der VOB/B § 14 Nr. 4, in der es heißt:
»Reicht der Auftragnehmer eine prüfbare Rechnung nicht ein, obwohl ihm der Auftraggeber dafür eine angemessene Frist gesetzt hat, so kann sie der Auftraggeber selbst auf Kosten des Auftragnehmers aufstellen.«
Die in VOB/A § 9 geforderte Eindeutigkeit der Leistungsbeschreibung setzt nach Nr. 7 auch voraus, daß die verkehrsüblichen Bezeichnungen angewandt werden. Bei Maßbezeichnungen können aber nur noch normgerechte Bezeichnungen als verkehrsüblich angesehen werden. Es ist deshalb notwendig, daß andere, örtlich oder landschaftlich übliche Maßbezeichnungen aus dem fachlichen Sprachgebrauch verschwinden.
Folgende Schreibweisen sind verbindlich, um Nachprüfungen zu erleichtern:
1. Liegende Flächen, z. B. Tischplatte:
   (größere) Länge × (kleinere) Breite
2. Stehende Flächen, z. B. Fenster, Wandflächen:
   Grundlinie × Höhe
3. Räume:
   Maße der Straßen- oder Fensterseite zuerst schreiben.
4. Stockwerk/Wohnung:
   An der Eingangstür links beginnend im Uhrzeigersinne die Räume messen, zum Schluß den Flur.
5. Stückzahl vorne, Angabe der Beschichtungsseiten hinten,
   z. B. bei Türen: 6 × 0,98 × 2,00 × 2 (= zweiseitig),
   z. B. bei Doppelfenstern: 7 × 1,40 × 1,05 × 4 (= vierseitig).

Bei größeren Arbeiten sollte man Raum für Raum, Stockwerk für Stockwerk, Gebäude für Gebäude usw. aufnehmen und die Mengenzusammenstellung dementsprechend gliedern und gegebenenfalls mit Zwischensummen versehen.

5.1.1

Der Ermittlung der Leistung nach Zeichnungen sind zugrunde zu legen:

- auf Flächen ohne begrenzende Bauteile die Maße der ungeputzten, ungedämmten und nicht bekleideten Flächen,
- auf Flächen mit begrenzenden Bauteilen die Maße der zu behandelnden Flächen bis zu den sie begrenzenden, ungeputzten, ungedämmten beziehungsweise nicht bekleideten Bauteilen, z. B. Oberfläche einer aufgeständerten Fußbodenkonstruktion, Unterfläche einer abgehängten Decke,
- bei Fassaden die Maße der Bekleidung.

Die ATV DIN 18363 unterscheidet im Abschnitt 5 zwischen der Ermittlung der Leistung nach Zeichnungen und nach Aufmaß.

Während bei der Ermittlung der Leistung nach Zeichnungen grundsätzlich nach Rohbaumaßen zu messen ist, ausgenommen davon sind lediglich Fassaden, werden bei der Ermittlung der Leistung nach Aufmaß die Fertigmaße zugrunde gelegt.

Die Abrechnungsregelungen des Abschnittes 5.1.1 unterscheiden zwischen Innenarbeiten und Außenarbeiten.

Dabei ist, um eine eindeutige und unmißverständliche Maßbezeichnung für Abrechnungszwecke bei Innenarbeiten zu finden, der Begriff »Konstruktionsmaß« durch Umschreibung ersetzt worden, ohne den Sinn der Abrechnungsvorschrift zu verändern.

Wenn es also heißt:

»Der Ermittlung der Leistung nach Berechnungen sind zugrunde zu legen:
- auf Flächen ohne begrenzende Bauteile...
- auf Flächen mit begrenzenden Bauteilen...«

so bedeutet das nichts anderes, als daß nach den Maßen zu messen ist, die bisher als Konstruktionsmaße verstanden waren.

Für Außenarbeiten allerdings gelten nunmehr die Maße der Bekleidung, also deren Fertigmaße und nicht mehr die der zu bekleidenden Fläche.

Für die Ermittlung der Leistung nach Zeichnung im Innenbereich ist für Flächen ohne und mit begrenzenden Bauteilen der jeweils lichte Abstand bis zu den ungeputzten, ungedämmten und nicht bekleideten Bauteilen maßgebend.

Kommentar zur DIN 18 363 5.1.1

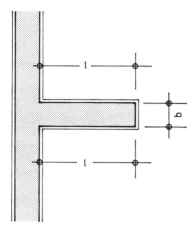

**Flächen ohne begrenzende Bauteile
(Abb. 5.1)**

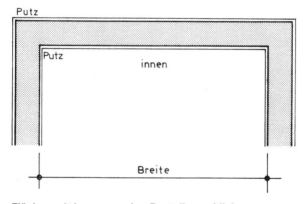

**Flächen mit begrenzenden Bauteilen seitlich
(Abb. 5.2)**

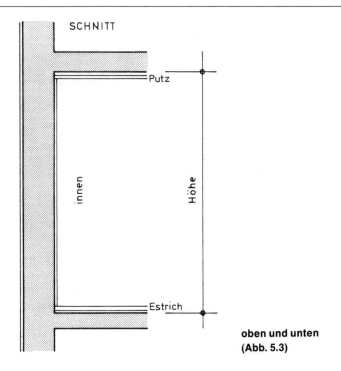

oben und unten
(Abb. 5.3)

Die Höhe beschichteter Wandflächen orientiert sich dabei an der Rohdecke.
Als Rohdecke – Ober- und Unterfläche – gelten:
- bei Holzbalkendecken die Ober- bzw. Unterseite der Holzbalken (Abb. 5.4)

HOLZBALKENDECKE

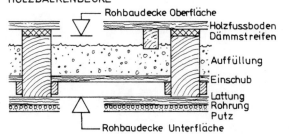

(Abb. 5.4)

Kommentar zur DIN 18 363 5.1.1

- bei Stahlbetonrippendecken die Oberseite der Betondecke bzw. die Unterseite der Planlatten (Steglatten) (Abb. 5.5)

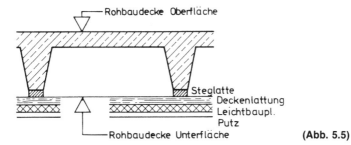

(Abb. 5.5)

- bei aufgeständerten Fußbodenkonstruktionen und abgehängten Decken die Oberseite der aufgeständerten Fußbodenkonstruktion bzw. die Unterseite der abgehängten Decke (Abb. 5.6)

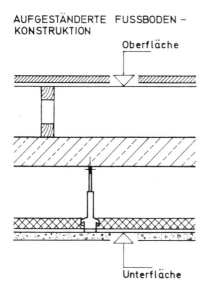

(Abb. 5.6)

- bei abgehängten Decken, die nicht unmittelbar an die Wände anschließen, die Unterseite der Rohdecke (Abb. 5.7)

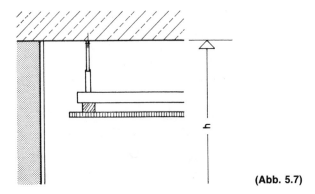

(Abb. 5.7)

Hierdurch ist grundsätzlich definiert, welches Höhenmaß anzusetzen ist. Es ist damit auch klargestellt, daß die Höhe nicht erst ab Oberfläche Estrich oder Fertigfußboden rechnet.
Bei Holzverkleidungen, Gipskartonplatten usw., die unmittelbar oder mittels nicht abgehängter Holzlatten, Metall- oder Kunststoffprofilen direkt unter der Rohdecke befestigt sind, rechnet das Höhenmaß bis zur Unterfläche Rohdecke.
Bei abgehängten Decken und aufgeständerten Fußbodenkonstruktionen jedoch zählt die Abhängung bzw. die aufgeständerte Konstruktion als begrenzendes Bauteil. Das Höhenmaß rechnet damit von der Oberfläche der Fußbodenkonstruktion bis zur Unterfläche der Konstruktion der abgehängten Decke, also jeweils bis zu den ungedämmten, unbekleideten und ungeputzten Bauteilen.
Soweit abgehängte Decken nicht unmittelbar durch die Wände begrenzt sind, rechnet die Höhe bis zur Unterfläche der Rohdecke.
Zur Vereinfachung der Abrechnung werden, wie häufig praktiziert, z. B.
- in Treppenhäusern die Wände in ihrer gesamten Höhe ohne Berücksichtigung begrenzender Bauteile, wie einbindende Podeste und Treppenläufe,
- bei Fassaden die Wände ohne Berücksichtigung begrenzender Bauteile, wie Kragplatten über Eingängen, Balkonplatten, gemessen.

Diese Vereinfachung ist jedoch im Bauvertrag zu vereinbaren.

Flächen frei endend

Bei Wandbeschichtungen oberhalb von umlaufenden Wandbekleidungen (z. B. Wandfliesen, Holzverkleidung) rechnet die Höhe ab dieser Bekleidung.

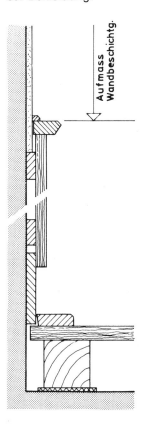

(Abb. 5.8)

5.1.2

Fußbodenbeschichtungen werden bis zu den sie begrenzenden, ungeputzten und nicht bekleideten Bauteilen gemessen. Dabei werden die Flächen der Nischen zuzüglich gerechnet und der Vorsprung, falls > 0,5 m², abgezogen (Abb. 5.9)

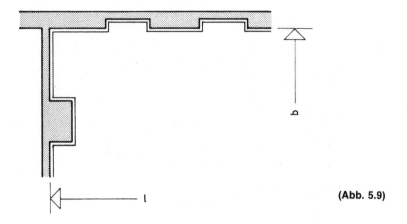

(Abb. 5.9)

Außenwandbeschichtungen werden nach den fertigen Maßen der erbrachten Leistung gemessen.

Leistungen, die miteinander im Zusammenhang stehen und gleiche Flächen betreffen, werden – auch wenn sie in getrennten Positionen erfaßt sind – wie die nachfolgende Hauptposition aufgemessen. Hierzu gehören z. B. Untergrundvorbehandlungen, ganzflächige Ausgleichsspachtelungen auf Putz, Dampfsperren, Beschichtungsarmierungen, Unterlagstoffe sowie Dämmschichten bei Wärmedämm-Verbundsystemen oder einfacher Dämmung (raum- oder außenseitig).

5.1.2 **Der Ermittlung der Leistung nach Aufmaß sind die Maße des fertigen Bauteils, der fertigen Öffnung und Aussparung zugrunde zu legen.**

Die Abrechnungsregeln des Abschnittes 5.1.2 betreffen Leistungen, die nach Aufmaß zu ermitteln sind, insbesondere also Leistungen, für die keine entsprechenden Zeichnungen vorhanden sind, z. B. bei Überholungs- und Erneuerungsbeschichtungen.

Fertigmaße sind die sichtbaren Maße der erbrachten Leistung. Bei der Ermittlung der Fertigmaße gelten die Bestimmungen der nun folgenden Abschnitte sinngemäß.

Kommentar zur DIN 18 363

Die Festlegung, ob nach bestimmten Zeichnungen oder nach Aufmaß abgerechnet werden soll, ist jedoch bereits in der Leistungsbeschreibung zu treffen, um entsprechend kalkulieren zu können. Nachträgliche Änderungen der Abrechnungsart haben eine neue Preisgestaltung zur Folge.

5.1.3 **Die Wandhöhen überwölbter Räume werden bis zum Gewölbeanschnitt, die Wandhöhe der Schildwände bis zu ⅔ des Gewölbestichs gerechnet.**

Die Berechnung von Wandhöhen überwölbter Räume und die der Schildwände ist aus Abb. 5.10 ersichtlich.

WANDHÖHEN ÜBERWÖLBTER RÄUME

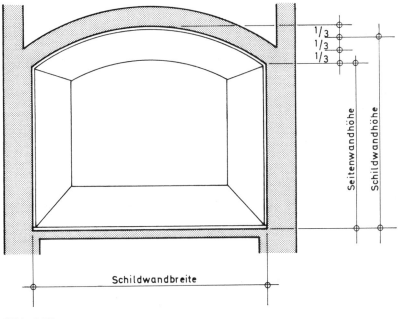

(Abb. 5.10)

5.1.4 Kommentar zur DIN 18363

Danach rechnet die Höhe der Seiten- und Schildwände von der Rohdecke-Oberfläche bis zum Gewölbeanschnitt bzw. bis zum Gewölbescheitel, reduziert um ⅓ des Gewölbestichs.
Die Breite und die Länge rechnen jeweils bis zu den ungeputzten, ungedämmten bzw. unbehandelten Bauteilen.

5.1.4 **Bei der Flächenermittlung von gewölbten Decken mit einer Stichhöhe unter ⅙ der Spannweite wird die Fläche des überdeckten Raumes berechnet. Gewölbe mit größerer Stichhöhe werden nach der Fläche der abgewickelten Untersicht gerechnet.**

Die Abb. 5.11 zeigt die Flächenermittlung von gewölbten Decken.

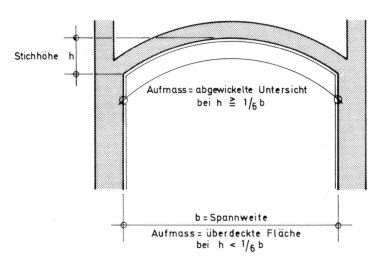

(Abb. 5.11)

Kommentar zur DIN 18 363 5.1.5

5.1.5　In Decken, Wänden, Decken- und Wandbekleidungen, Vorsatzschalen, Dämmungen, Dächern und Außenwandbekleidungen werden Öffnungen, Aussparungen und Nischen bis zu 2,5 m² **Einzelgröße übermessen.**

Die Abzugsgröße von Öffnungen, Aussparungen und Nischen ist nicht mehr davon abhängig, ob diese mit Leibungen ausgestattet sind oder nicht.
Entscheidend ist allein die Größe der Öffnung, der Aussparung, der Nische.
Öffnungen sind Durchbrechungen in Wand- und Deckenflächen, dazu zählen Fenster, Türen, Deckenoberlichte, Durchbrüche, geschoßhohe Durchgänge und dergleichen.
Die Abmessungen dafür sind in Abb. 5.12 und 5.16 dargestellt.

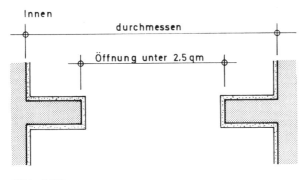

(Abb. 5.12)

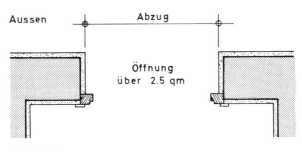

(Abb. 5.13)

233

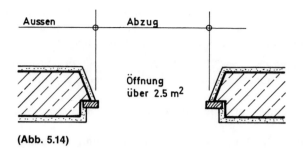

(Abb. 5.14)

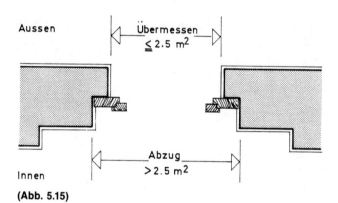

(Abb. 5.15)

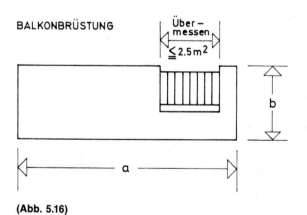

(Abb. 5.16)

Kommentar zur DIN 18 363 5.1.5

Öffnungen als Wanddurchbrechungen werden je Raum getrennt gemessen und bis 2,5 m² Einzelgröße übermessen.
Die Leibungen solcher Öffnungen über 2,5 m² werden gemäß Abschnitt 5.1.11 ebenso je Raum übermessen.
Begrenzendes Bauteil geschoßhoher Wanddurchbrechungen ist die seitliche Rohbauwand (Abb. 5.17).

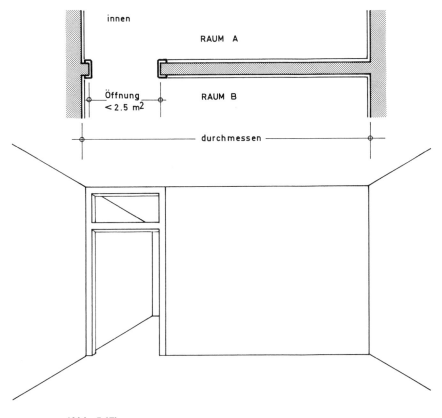

(Abb. 5.17)

5.1.5

Aussparungen sind Teilflächen der Wand- und Deckenflächen, die entweder unbehandelt sichtbar bleiben und/oder mit anderen Stoffen behandelt sind oder werden, z. B. Fliesenbeläge, Naturwerkstein, Fenster- und Türgewandungen aus Naturwerkstein, Flächen unter Doppelböden, Flächen über abgehängten Decken (Abb. 5.18 und 5.19).

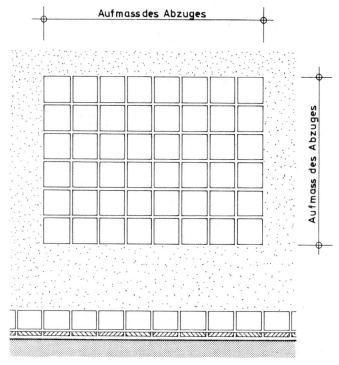

(Abb. 5.18)

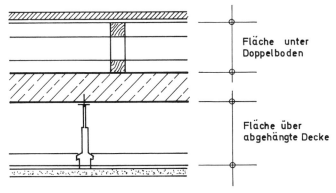

(Abb. 5.19)

Fenster- und Türeinfassungen aus Naturwerkstein oder ähnlichem werden zusammenhängend mit der Öffnung als Aussparung gerechnet (Abb. 5.20).

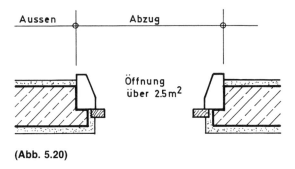

(Abb. 5.20)

5.1.5

Kommentar zur DIN 18363

Öffnungen, Aussparungen und Nischen werden bis zu 2,5 m² Einzelfläche übermessen. Auch Pfeilervorlagen, Kamine, Stützen, Rohrdurchführungen und dergleichen zählen als Aussparungen in Decken- und Bodenflächen.
Nicht als Aussparungen zählen dagegen Konstruktionsflächen im Boden und in der Decke, die z. B. durch konventionell errichtete Raumtrennwände. entstehen (Abb. 5.21).

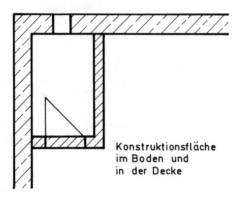

(Abb. 5.21)

Flächen, die mit anderen Beschichtungsstoffen zu behandeln sind, sind gesondert zu berechnen.
Öffnungen und Aussparungen, die in unterschiedlich behandelten Flächen liegen, sind bei dem jeweiligen Beschichtungsstoff anteilig zu berücksichtigen.
Z. B.: Eine Öffnung, Größe 2,00 × 2,00 m in einer Wand, deren Flächen unten mit Lackfarbe h = 1,00 m und oben mit Dispersionsfarbe beschichtet sind, wird in beiden Flächen übermessen, da die Einzelgrößen dieser Aussparungen jeweils unter 2,5 m² liegen.
Über Eck reichende Öffnungen und Aussparungen werden nicht zusammen, sondern je Wandfläche getrennt gemessen (Abb. 5.22, 5.23, 5.24).

Kommentar zur DIN 18 363

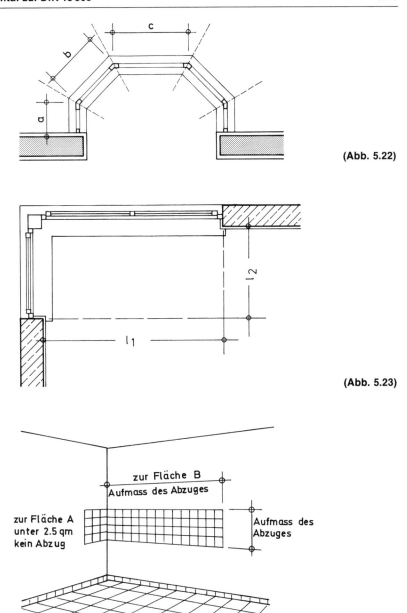

(Abb. 5.22)

(Abb. 5.23)

(Abb. 5.24)

5.1.5 Kommentar zur DIN 18 363

Nischen sind Vertiefungen in der Wand, wobei die Nischentiefe kleiner als die Wanddicke ist. Die obere und untere Begrenzung kann durch die Decke bzw. durch den Fußboden gebildet sein. Dabei ist es gleichgültig, ob die Leibungen behandelt sind oder nicht. Nischen werden bis 2,5 m² Einzelgröße übermessen (Abb. 5.25).

NISCHEN

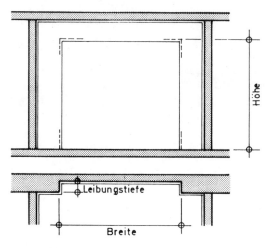

(Abb. 5.25)

Für die Abrechnung von Öffnungen, Aussparungen und Nischen ist allein die jeweilige Größe entscheidend (Abschnitte 5.26, 5.27).

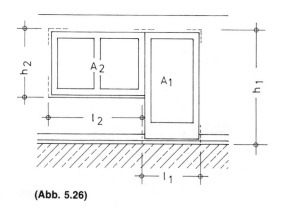

$A_1 = l_1 \times h_1 < 2{,}5 \text{ m}^2$
$A_2 = l_2 \times h_2 < 2{,}5 \text{ m}^2$

(Abb. 5.26)

Kommentar zur DIN 18 363 5.1.5

Es handelt sich um *eine* Öffnung.
Die Fläche A ist maßgebend für die Bestimmung der Übermessungsgröße und, falls größer als 2,5 m², abzuziehen. Sie setzt sich zusammen aus Fläche A_1 und A_2.
Die Leibungen sind gemäß Abschnitt 5.1.11 gesondert zu rechnen.

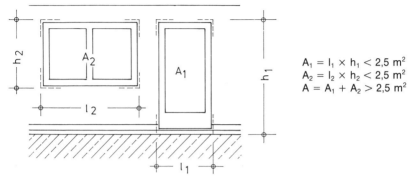

$A_1 = l_1 \times h_1 < 2{,}5\ m^2$
$A_2 = l_2 \times h_2 < 2{,}5\ m^2$
$A = A_1 + A_2 > 2{,}5\ m^2$

(Abb. 5.27)

Es handelt sich um zwei Öffnungen.
Beide Flächen sind, da kleiner als 2,5 m², zu übermessen.
Die Leibungen werden nicht gerechnet, siehe Abschnitt 5.1.11. Dabei ist gleichgültig, ob die Öffnungen durch Mauerwerk, Beton oder Stahl getrennt sind.
Öffnungen, Aussparungen und Nischen über 2,5 m² Einzelgröße werden abgezogen, ihre Leibungen, soweit sie ganz oder teilweise behandelt sind, gemäß Abschnitt 5.1.11 gesondert gerechnet.
In Böden werden Öffnungen, Aussparungen und Nischen bis zu einer Einzelgröße von 0,5 m² übermessen (Abschnitt 5.2.1).

5.1.6 Kommentar zur DIN 18 363

5.1.6 Fußleisten, Sockelfliesen und dergleichen bis 10 cm Höhe werden übermessen.

Entscheidend hierfür ist die sichtbare Höhe des Sockels und nicht der Abstand der Oberkante Sockelleiste von der Rohdecke Oberfläche (Abb. 5.28 und 5.29).

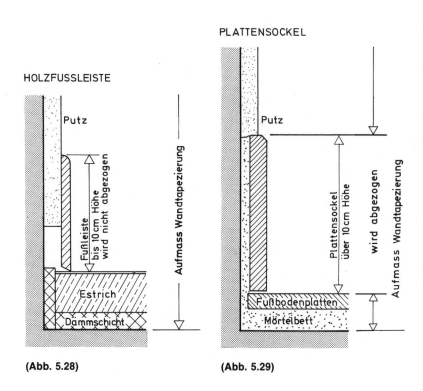

(Abb. 5.28)   (Abb. 5.29)

Die Höhe einer beschichteten Wandfläche, die gemäß Abschnitt 5.1.1 von Oberfläche Rohdecke bis Unterfläche Rohdecke zu berechnen ist, ist demnach bei einer Sockelleistenhöhe von mehr als 10 cm um das Maß der sichtbaren Sockelleiste zu reduzieren.

5.1.7 Rückflächen von Nischen werden unabhängig von ihrer Einzelgröße mit ihrem Maß gesondert gerechnet.

Nischen werden nach Abschnitt 5.1.5 bis zu 2,5 m² Einzelgröße übermessen. Darüber hinaus wird, unabhängig von der Einzelgröße der Nische, deren Rückfläche, falls sie wie die Wandfläche selbst oder aber in anderer Weise behandelt ist, stets gesondert gerechnet.
Dabei ist es gleichgültig, ob nur eine, zwei oder drei Leibungsflächen ganz, teilweise oder überhaupt nicht behandelt sind.
Nischen, deren Rückflächen mit anderen Beschichtungsstoffen wie die Wandfläche selbst behandelt sind, sind bis zu 2,5 m² zu übermessen. Die Rückflächen sind dabei gesondert zu rechnen und in einer gesonderten Position zu erfassen, selbst dann, wenn die Nische bis zu 2,5 m² ist.
Die Leibungen jedoch werden erst dann gerechnet, wenn die Nische über 2,5 m² ist (Abschnitt 5.1.10).

Zusammenfassend ist demnach festzustellen:
- Nischen bis 2,5 m² Einzelgröße werden übermessen (siehe Abschnitt 5.1.5), gleichgültig, ob Leibungen ganz, teilweise oder gar nicht behandelt sind.
- Nischen über 2,5 m² Einzelgröße werden abgezogen, die Leibungen, soweit sie ganz oder auch nur teilweise beschichtet sind, nach Abschnitt 5.1.10 gesondert gerechnet.
- Unabhängig von der Größe der jeweiligen Nische wird die Rückfläche, soweit sie beschichtet ist, gesondert gerechnet.

5.1.8 Öffnungen, Nischen und Aussparungen werden auch, falls sie unmittelbar zusammenhängen, getrennt gerechnet.

Liegt eine Nische unter einem Fenster, so werden Nische und Fenster nicht als eine zusammenhängende Öffnung behandelt (Abb. 5.30).

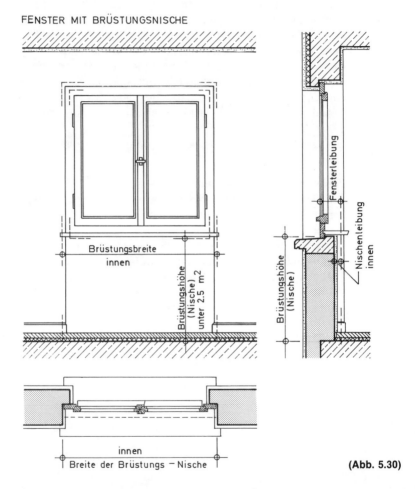

(Abb. 5.30)

Die Nische $< 2{,}5\ m^2$ wird übermessen (Abschnitt 5.1.5), die Leibungen bleiben unberücksichtigt (Abschnitt 5.1.19), die Rückfläche jedoch wird, falls sie beschichtet ist, zusätzlich gerechnet (Abschnitt 5.1.7).
Die Fensteröffnung $> 2{,}5\ m^2$ wird abgezogen (Abschnitt 5.1.5), die Leibungen gesondert gerechnet (Abschnitt 5.1.10).

5.1.9　Gesimse, Umrahmungen und Faschen von Füllungen oder Öffnungen werden beim Ermitteln der Fläche übermessen.
Gesimse und Umrahmungen werden unter Angabe der Höhe und Ausladung, bei Faschen der Abwicklung, zusätzlich gerechnet. Sie werden in ihrer größten Länge gemessen.

Beschichtete Gesimse, Gurtgesimse auf Fassadenflächen, Tür- und Fensterumrahmungen, Faschen u. ä. werden übermessen (Abb. 5.31, 5.32, 5.33).

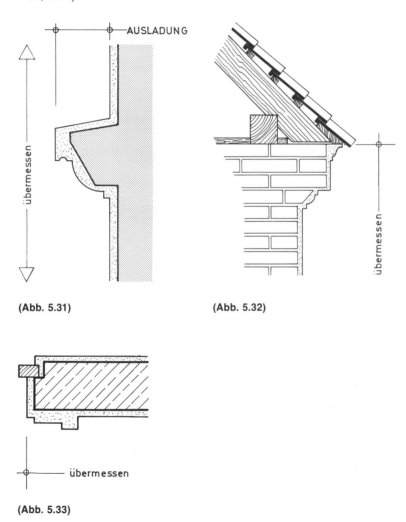

(Abb. 5.31)　　　　　(Abb. 5.32)

(Abb. 5.33)

5.1.9 Kommentar zur DIN 18363

Sie werden zusätzlich zur Wand- und Deckenfläche gerechnet. Dabei sind Gesimse, Umrahmungen und Faschen unter Angabe der Höhe und Ausladung in ihrer größten Länge zu messen. Unterbrechungen bis 1 m Einzellänge bleiben dabei unberücksichtigt. Die Umrahmung ist in ihrer größten Länge unter Angabe ihrer Abwicklung zu rechnen. Die durch die Umrahmung verdeckte Wandfläche ist zu übermessen. Gesimse werden in ihrer größten Länge, bei Innenecken die unterste Kante, bei Außenecken die oberste Kante, gemessen (Abb. 5.34 und 5.35).

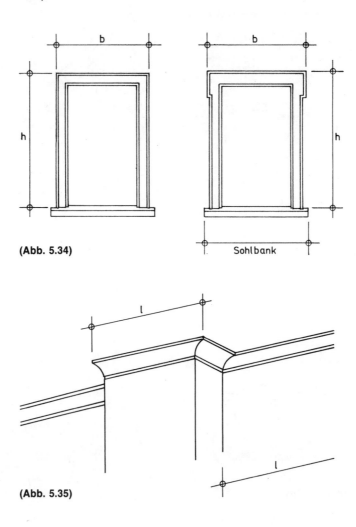

(Abb. 5.34)

(Abb. 5.35)

5.1.10 Ganz oder teilweise behandelte Leibungen von Öffnungen, Aussparungen und Nischen über 2,5 m² Einzelgröße werden gesondert gerechnet.
Leibungen, die bei bündig versetzten Fenstern und Türen und dergleichen durch Dämmplatten entstehen, werden ebenso gerechnet.

Leibungen sind unter Angabe der Tiefe in einer gesonderten Position zu erfassen, gleichgültig ob sie nach Länge oder nach Fläche berechnet werden (Abschnitt 0.5.2).

Leibungen gelten selbst dann als behandelt, wenn sie nur teilweise behandelt sind.

Die Tiefe der Leibung ist durch die Wanddicke begrenzt. Die Leibungstiefe muß innerhalb der Wanddicke liegen, auch wenn sie schräg verläuft und dadurch die Leibungstiefe größer ist als die anteilige Wanddicke. Ragt die Leibungstiefe über die Wanddicke hinaus, z. B. bei Innenbeschichtungen vorgesetzter Blumenfenster, ist sie nicht als Leibung, sondern als behandelte Wandfläche zu rechnen (Abb. 5.36).

GEPUTZTE LEIBUNGEN

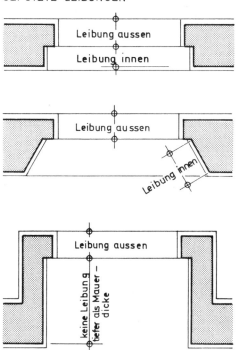

(Abb. 5.36)

Vorsprünge, die bei vormals bündig eingebauten Fenstern, Türen und dergleichen nachträglich durch Aufbringen von Dämmungen, z. B. Wärmedämm-Verbundsysteme, entstehen, sind Leibungen (Abb. 5.37).

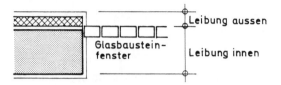

(Abb. 5.37)

Leibungen sind in einer gesonderten Position zu erfassen, gleichgültig, ob sie nach Länge (Abschnitt 0.5.2) oder nach Fläche berechnet werden.

5.1.11 **Rahmen, Riegel, Ständer, Deckenbalken, Vorlagen und Fachwerkteile aus Holz, Beton oder Metall bis 30 cm Einzelbreite werden übermessen; deren Beschichtung in anderem Farbton oder anderer Technik wird zusätzlich gerechnet.**

In die Regelung über die Abrechnung von Rahmenwerk und Fachwerkdecken ist auch die Abrechnung von Fachwerkteilen aus Holz, Beton oder Metall, soweit sie 30 cm Einzelbreite nicht überschreiten, einbezogen.
Dabei sind die Fachwerkhölzer, -stahlkonstruktionen und -betonteile, wenn sie mit anderen Beschichtungsstoffen oder in anderen Farbtönen oder in anderer Technik als die ausgefachten Flächen behandelt sind, zusätzlich zur gesamten Wand- oder Deckenfläche zu rechnen. Eine zu behandelnde Holzbalkendecke z. B., deren Balken mit einem anderen Beschichtungsstoff zu behandeln sind, ist in der gesamten Fläche zu übermessen, d. h. die von den Balken bedeckten Grundflächen werden nicht abgezogen, die Holzbalken jedoch werden in ihrer Abwicklung zusätzlich berücksichtigt (Abb. 5.38).

Kommentar zur DIN 18 363 5.1.13

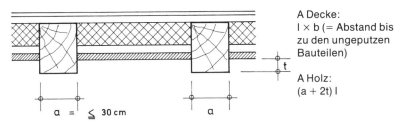

(Abb. 5.38)

5.1.12 Fenster, Türen, Trennwände, Bekleidungen und dergleichen werden je beschichtete Seite nach Fläche gerechnet; Glasfüllungen, kunststoffbeschichtete Füllungen oder Füllungen aus Naturholz und dergleichen werden übermessen.

Zu Bekleidungen zählen auch Außenschalungen, Balkonverkleidungen, und -verbretterungen o. ä.

5.1.13 Bei Türen und Blockzargen über 60 mm Dicke sowie Futter und Bekleidungen von Türen und Fenstern, Stahlzargen und dergleichen wird die abgewickelte Fläche gerechnet.

Fenster, Türen, Trennwände, Bekleidungen und dergleichen sollten grundsätzlich nach ebener Fläche berechnet werden.
Dabei ist jede beschichtete Seite mit ihrem jeweiligen Maß bis zu den sie begrenzenden, ungeputzten Bauteilen zu berücksichtigen (siehe Abschnitt 3.2.2.1.6).
Glasfüllungen, Füllungen und dergleichen werden unabhängig von ihrer Größe übermessen. Stirnseiten sowie Vor- und Rücksprünge bleiben unberücksichtigt.
Ausgenommen davon sind Türen und Blockzargen (Stockrahmen) über je 60 mm Dicke, Futter und Bekleidungen von Türen und Fenstern, Stahltürzargen und dergleichen. Diese Konstruktionen sind in ihrer abgewickelten Fläche zu rechnen, wobei auch hier die Breite und die Höhe bis zu den sie begrenzenden, ungeputzten, ungedämmten und nicht bekleideten Bauteilen rechnen (Abb. 5.39).

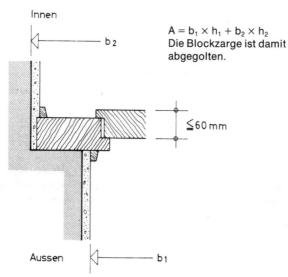

$A = b_1 \times h_1 + b_2 \times h_2$
Die Blockzarge ist damit abgegolten.

(Abb. 5.39)

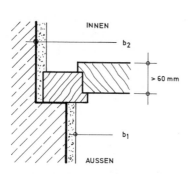

$A = b_1 \times h_1 + b_2 \times h_2$
zuzüglich Stirnseiten der Türe und der Zarge in der Abwicklung.

(Abb. 5.40)

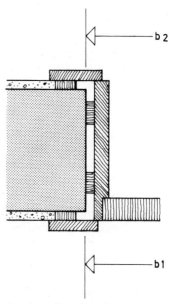

$A = b_1 \times h_1 + b_2 \times h_2$
zuzüglich Futter und Bekleidung in der Abwicklung.

(Abb. 5.41)

Kommentar zur DIN 18 363

Sonderausführungen, z. B. Schutzraumtüren, Kühlraumtüren mit Dicken über 60 mm werden in ihrer abgewickelten Fläche wie folgt gerechnet (Abb. 5.42):

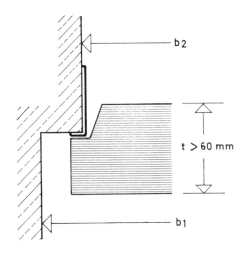

$A = b_1 \times h_1 + b_2 \times h_2$
zuzüglich Stirnseiten der Türe und Abwicklung der Zarge.

(Abb. 5.42)

Ist eine Leistung nach Aufmaß zu ermitteln, sind die Maße des fertigen Bauteils, also Breite und Höhe der zu beschichtenden Seiten zugrunde zu legen (Abb. 5.43).

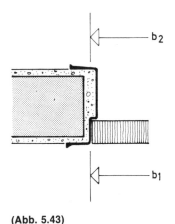

$A = b_1 \times h_1 + b_2 \times h_2$
zuzüglich Abwicklung der Zarge.

(Abb. 5.43)

5.1.14 Treppenwangen werden in der größten Breite gerechnet.

Die größte Breite einer Treppenwange ist bestimmt durch den senkrechten Abstand der Oberkante von der Unterkante an der breitesten Stelle der Wange (Abb. 5.44)

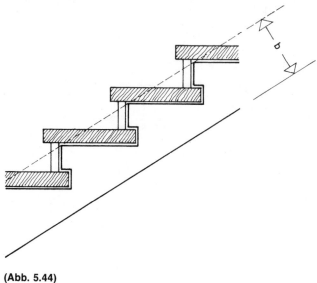

(Abb. 5.44)

5.1.15 Die Untersichten von Dächern und Dachüberständen mit sichtbaren Sparren werden in der Abwicklung gerechnet.

Im Außenbereich werden Beschichtungen aller Art nach den fertigen Maßen der erbrachten Leistungen gemessen (siehe Abschnitt 5.1.1). Diese Regelung trifft auch für Dachuntersichten und Dachüberstände zu.
Es ist deshalb folgerichtig, z. B. Dachüberstände mit sichtbaren Sparren, nunmehr im Gegensatz zur bisherigen Regelung in der Abwicklung zu rechnen.

5.1.16 **Fenstergitter, Scherengitter, Rollgitter, Roste, Zäune, Einfriedungen und Stabgeländer werden einseitig gerechnet.**

Gitter, Roste und Zäune werden unabhängig vom jeweiligen Material zwar beidseitig beschichtet, jedoch nur einseitig gerechnet; maßgebend dafür ist im Außenbereich die größte Sichtfläche; im Innenbereich die Fläche bis zu den unbekleideten begrenzenden Bauteilen. Bei der Preisermittlung ist dies entsprechend zu berücksichtigen.

5.1.17 **Rohrgeländer werden nach Länge der Rohre und deren Durchmesser gerechnet.**

Rohrgeländer sind nach Länge der Rohre abzurechnen, dazu ist der äußere Rohrdurchmesser anzugeben. Dabei sind die Rohre getrennt nach ihren Durchmessern und der ausgeführten Beschichtungsart zu erfassen.

5.1.18 **Flächen von Profilen, Heizkörpern, Trapezblechen, Wellblechen und dergleichen werden, soweit Tabellen vorhanden sind, nach diesen gerechnet. Sind Tabellen nicht vorhanden, wird nach abgewickelter Fläche gerechnet.**

Die Flächen der Profile, Bleche und dergleichen können in der Regel aus Tabellen entnommen werden. Für Profile ist dann die erfaßte Länge nur noch mit der Fläche laut Tabelle zu multiplizieren.
Heizkörper sind nach Heizfläche abzurechnen. Diese Fläche ist in Tabellen nach Bauhöhe, Nabenabstand und Bautiefe pro Glied als Heizfläche festgelegt. Wellbleche sind ebenfalls in ihrer Oberfläche in Tabellen bestimmt und nach diesen Werten abzurechnen. Soweit Tabellenwerte nicht vorhanden sind, ist grundsätzlich nach abgewickelter Fläche zu rechnen.

5.1.19 **Bei Rohrleitungen werden Schieber, Flansche und dergleichen übermessen.**

Rohrleitungen sind nach Länge unter Angabe des äußeren Rohrdurchmessers zu rechnen. Dabei werden Schieber, Flansche usw. übermessen. Diese sind nach Abschnitt 0.5.3 gesondert auszuschreiben.

5.1.20	Werden Türen, Fenster, Rolläden und dergleichen nach Anzahl (Stück) gerechnet, bleiben Abweichungen von den vorgeschriebenen Maßen bis jeweils 5 cm in der Höhe und Breite sowie bis 3 cm in der Tiefe unberücksichtigt.

Maßgebend dafür ist das Bestreben nach Vereinfachung der Abrechnung. Abweichungen von vorgeschriebenen Maßen, sowohl in der Höhe als auch in der Breite, lassen sich jedoch in der Regel nicht vermeiden. Es werden deshalb zulässige Abweichungen von den vorgeschriebenen Maßen festgelegt, und zwar in der Höhe und Breite bis jeweils 5 cm und in der Tiefe bis 3 cm.
Abweichungen innerhalb dieser Toleranzgröße bleiben demnach unberücksichtigt.

5.1.21	**Dachrinnen werden am Wulst, Fallrohre unabhängig von ihrer Abwicklung im Außenbogen gemessen.**

Die Länge der Dachrinne (rund oder kastenförmig) ist am Wulst zu messen (Abb. 5.45).

(Abb. 5.45)

Wird nach Länge ausgeschrieben, ist der Rinnenquerschnitt anzugeben.
Fallrohre werden in ihrer Länge gemessen; Rohrbogen werden dabei im Außenbogen gerechnet.
Wird nach Länge ausgeschrieben, ist der Rohrdurchmesser anzugeben.
Die Länge eines »Schwanenhalses«, Verbindungsstück zwischen Vorhangrinne und Fallrohr, ist wie folgt zu rechnen (Abb. 5.46).

Kommentar zur DIN 18 363

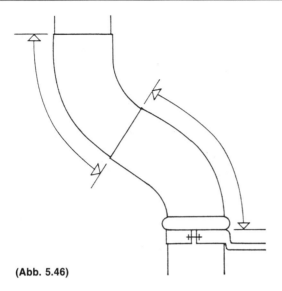

(Abb. 5.46)

5.2 Es werden abgezogen:

5.2.1 Bei Abrechnung nach Flächenmaß (m²):

Öffnungen, Aussparungen und Nischen über 2,5 m² Einzelgröße, in Böden über 0,5 m² Einzelgröße.

5.2.2 Bei Abrechnung nach Längenmaß (m):

Unterbrechungen über 1 m Einzellänge.

Anhang

Zusammenstellung von DIN-Normen, die in diesem Kommentar erwähnt werden

mit Angabe der Fassung nach dem Stand Oktober 1993

EN	19*	Kennzeichnung von Industriearmaturen für allgemeine Verwendung, September 1977
RAL	820 A	Fluate, Begriffsbestimmung, Ausgabe April 1970
RAL	840 HR	
RAL	849 B2	Gütebedingungen und Bezeichnungsvorschriften für reinen Leinölkitt
DIN	1060	Baukalk, Ausgabe November 1982
DIN	1164	Portland-, Eisenportland-, Hochofen- und Traßzement, Ausgabe März 1990
DIN	1960	VOB Verdingungsordnung für Bauleistungen Teil A: Allgemeine Bestimmungen für die Vergabe von Bauleistungen, Ausgabe Dezember 1992
DIN	1961	VOB Verdingungsordnung für Bauleistungen Teil C: Vertragsbedingungen für die Ausführung von Bauleistungen, Ausgabe Dezember 1992
DIN	2403	Kennzeichnung von Rohrleitungen nach dem Durchflußstoff, Ausgabe März 1984
DIN	2404*	Kennfarben für Heizungsrohrleitungen
DIN	2405	Rohrleitungen in Kälteanlagen, Kennzeichnung, Ausgabe Juli 1967; (ist mit Änderungen identisch mit ISO 4067 Ausgabe Juni 1985)
DIN	4102	Brandverhalten von Baustoffen und Bauteilen; Beiblatt 1: Inhaltsverzeichnisse, Ausgabe Mai 1981 Teil 1: Baustoffe; Begriffe, Anforderungen und Prüfungen, Ausgabe Mai 1981 Teil 2: Bauteile; Begriffe, Anforderungen und Prüfungen, Ausgabe September 1977 Teil 3: Brandwände und nichttragende Außenwände, Begriffe, Anforderungen und Prüfungen, Ausgabe September 1977
DIN	6164	DIN-Farbkarten
DIN	18 299	VOB Verdingungsordnung für Bauleistungen Teil C: Allgemeine Regelungen für Bauleistungen jeder Art, Ausgabe Dezember 1992
DIN	18 353	VOB Verdingungsordnung für Bauleistungen Teil C: Allgemeine Technische Vorschriften Estricharbeiten, Ausgabe Dezember 1992
DIN	18 355	VOB Verdingungsordnung für Bauleistungen Teil C: Allgemeine Technische Vorschriften Tischlerarbeiten, Ausgabe Dezember 1992
DIN	18 356	VOB Verdingungsordnung für Bauleistungen Teil C: Allgemeine Technische Vorschriften Parkettarbeiten, Ausgabe Dezember 1992
DIN	18 363	VOB Verdingungsordnung für Bauleistungen Teil C: Maler- und Lackiererarbeiten, Ausgabe Dezember 1992

DIN	18 364	VOB Verdingungsordnung für Bauleistungen Teil C: Allgemeine Technische Vorschriften Korrosionsschutzarbeiten an Stahl- und Aluminiumbauten, Ausgabe September 1988
DIN	18 367	VOB Verdingungsordnung für Bauleistungen Teil C: Allgemeine Technische Vorschriften Holzpflasterarbeiten, Ausgabe Dezember 1992
DIN	18 451	VOB Verdingungsordnung für Bauleistungen Teil C: Allgemeine Technische Vorschriften Gerüstarbeiten, Ausgabe Dezember 1992
DIN	18 540	Abdichten von Außenwandfugen im Hochbau mit Fugendichtungsmassen Teil 1: Konstruktive Ausbildung der Fugen Teil 2: Fugendichtungsmassen, Anforderungen und Prüfung Teil 3: Baustoffe, Verarbeiten von Fugendichtungsmassen Ausgaben Oktober 1988
DIN	18 545	Abdichten von Verglasungen mit Dichtstoffen; Teil 1: Anforderung an Glasfalze Teil 3: Verglasungssysteme, Ausgabe Februar 1992
DIN	18 550	Putz; Teil 1: Begriffe und Anforderungen Teil 2: Putze aus Mörteln mit mineralischen Bindemitteln; Ausführung Ausgaben Januar 1985
DIN	18 558	Kunstharzputze; Begriffe, Anforderungen, Ausführung, Ausgabe Januar 1985
DIN	18 559 V	Wärmedämm-Verbundsysteme, Ausgabe Dezember 1988
DIN	51 632	Testbenzine, Anforderungen, Ausgabe Januar 1988
DIN	53 159*	Prüfung von Anstrichstoffen und ähnlichen Beschichtungsstoffen; Bestimmung des Kreidungsgrades von Anstrichstoffen und ähnlichen Beschichtungsstoffen nach Kempf, Ausgabe September 1977
DIN	53 210*	Bezeichnung des Rostgrades von Anstrichen und ähnlichen Beschichtungen, Ausgabe Mai 1990
DIN	53 220* E	Verbrauch zum Beschichten einer Fläche; Begriffe, Einflußfaktoren; Ausgabe Mai 1983
DIN	53 248	Lösemittel für Anstrichstoffe; Terpentinöle und Kienöl; Anforderungen, Prüfung, Ausgabe April 1977
DIN	53 778	Kunststoff-Dispersionsfarben, Ausgabe August 1983
DIN	55 900	Beschichtungen für Raumheizkörper; Teil 1: Grundbeschichtungsstoffe Teil 2: Deckbeschichtungsstoffe Ausgaben Februar 1980

DIN 55928 Korrosionsschutz von Stahlbauten durch Beschichtungen und Überzüge; Ausgabe Mai 1991
DIN 55945 Beschichtungsstoffe, Ausgabe Januar 1989
DIN 55947 Anstrichstoffe und Kunststoffe, Gemeinsame Begriffe, Ausgabe August 1973
DIN 68800 Holzschutz im Hochbau;
Teil 1: Allgemeines, Ausgabe Mai 1974
Teil 2: Vorbeugende Bauliche Maßnahmen, Ausgabe Januar 1984
Teil 3: Vorbeugender chemischer Schutz von Vollholz, Ausgabe April 1990
Teil 4: Bekämpfungsmaßnahmen gegen Pilz- und Insektenbefall, Ausgabe November 1992
Teil 5: Vorbeugender chemischer Schutz von Holzwerkstoffen, Ausgabe Mai 1978

Technische Richtlinien und Merkblätter des Bundesausschuß Farbe und Sachwertschutz, Frankfurt/M

Merkblatt Nr. 1: Betonschutz und -instandsetzung von Außenflächen im Hochbau, Stand 1986
Merkblatt Nr. 2: Beschichtungen und Imprägnierungen auf Kalksandstein-Sichtmauerwerk, Stand 1982
Merkblatt Nr. 3: Lasierende Behandlung von Außenverkleidungen, Fenstern und Außentüren aus Holz, Stand 1991
Merkblatt Nr. 4: Zinkstaub-Anstrichmittel und Anstriche auf Zinkstaub-Grundanstrichen, Stand 1984
Merkblatt Nr. 5: Beschichtungen auf Zink und verzinktem Stahl, Stand 1982
Merkblatt Nr. 6: Anstriche auf Bauteilen aus Aluminium, Stand 1972
Merkblatt Nr. 7: Prüfrichtlinien für Tapeten vor der Verarbeitung, Stand 1991
Merkblatt Nr. 8: Beschichtungen (Anstriche), Tapezier- und Klebearbeiten auf Beton mit geschlossenem Gefüge, innen, Stand 1972
Merkblatt Nr. 9: Beschichtungen auf Außenputzen, Stand 1987
Merkblatt Nr. 10: Beschichtungen (Anstriche), Tapezier- und Klebearbeiten auf Innenputzen, Stand 1986
Merkblatt Nr. 11: Beschichtungen, Tapezier- und Klebearbeiten auf Gasbeton, Stand 1981
Merkblatt Nr. 12: Verarbeitung und Oberflächenbehandlung von Gipskartonplatten in der Innenausbautechnik, Stand 1972
Merkblatt Nr. 13: Beschichtungen auf Ziegel-Sichtmauerwerk, Stand 1975
Merkblatt Nr. 14: Beschichtungen auf Asbestzement
Merkblatt Nr. 15: Brandschutzbeschichtungen auf Holzbaustoffen und Stahlbauteilen, Stand 1975

Merkblatt Nr. 16:	Technische Richtlinien für Tapezier- und Klebearbeiten, Stand 1991
Merkblatt Nr. 17:	Beschichtungen, Tapezier- und Klebearbeiten auf Wänden aus »Wandbauplatten aus Gips«, Stand 1976
Merkblatt Nr. 18:	Technische Richtlinien für Beschichtungen auf Fenster und Außentüren sowie anderen maßhaltigen Außenbauteilen aus Holz, Stand 1989
Merkblatt Nr. 19:	Risse in Außenputzen und ihre Überbrückung mit Beschichtungssystemen und Armierungen, Stand 1978
Merkblatt Nr. 191:	Risse in unverputztem und verputztem Mauerwerk und ähnlichen Stoffen auf Unterkonstruktionen, Ursachen und Bearbeitungsmöglichkeiten, Ausgabe 1991
Merkblatt Nr. 20:	Beurteilung des Untergrundes für Beschichtungs- und Tapezierarbeiten; Maßnahmen zur Beseitigung von Schäden, Stand 1992
Merkblatt Nr. 201:	Beurteilen des Untergrundes für Putzarbeiten; Maßnahmen zur Beseitigung von Schäden, Stand 1991
Merkblatt Nr. 21:	Wärmedämmung im Verbundsystem an Fassaden und anderen Bauteilen, Stand 1982
Merkblatt Nr. 22:	Beschichtungen auf Kunststoff im Hochbau, Stand 1984
Merkblatt Nr. 23:	Technische Richtlinien für das Abdichten von Fugen im Hochbau und von Verglasungen, Stand 1991
Merkblatt Nr. A:	Schönheitsreparaturen und was dazu gehört für Vermieter, Mieter und Maler- und Lackiererbetriebe, Stand 1984
Merkblatt Nr. B:	Leistungsverzeichnis für die Ausschreibung von Anstrich- und Tapezierarbeiten mit Leistungsbeschreibungen für Regelleistungen, Stand 1976
Merkblatt Nr. C:	Anwendungsmöglichkeiten und Eigenschaften von Beschichtungen (Anstrichen), Tapeten und Belägen, Stand 1976
Merkblatt Nr. D:	Umweltratgeber für Maler- und Lackiererarbeiten, Stand 1989
Merkblatt Nr. E:	Umweltratgeber und Entsorgungsleitfaden für Fahrzeuglackierbetriebe, Stand 1990

Hinweise auf wichtige Gesetze und Verordnungen

1. Gesetz über die Vermeidung und Entsorgung von Abfällen (Abfallgesetz) vom 27. 8. 1986 mit den entsprechenden Rechtsverordnungen; außerdem die Abfallgesetze der Länder
2. Arbeitsschutz-Vorschriften z. B.
   - Arbeitssicherheitsgesetz vom 12. 12. 1973 (BGBl. I S. 1885) i. d. F. vom 12. 4. 1976 (BGBl. I S. 965)
   - Arbeitszeitordnung vom 30. 4. 1938 (RGBl. I S. 447), zuletzt geändert am 10. 3. 1975 (BGBl. I S. 685)
   - Jugendarbeitsschutzgesetz vom 12. 4. 1976 (BGBl. I S. 965), zuletzt geändert am 24. 4. 1986 (BGBl. I S. 560)
   - Mutterschutzgesetz i. d. F. vom 18. 4. 1968 (BGBl. I S. 315), zuletzt geändert am 6. 12. 1985 (BGBl. I S. 2154)

- Winterbaustellen-Arbeitsschutzverordnung vom 1. 8. 1968 (BGBl. I S. 901) i. d. F. vom 23. 7. 1974 (BGBl. I S. 1569) und 20. 3. 1975 (BGBl. I S. 729)
- Arbeitsstättenverordnung vom 20. 3. 1975 (BGBl. I S. 729), zuletzt geändert am 1. 8. 1983 (BGBl. I S. 1057)
3. Bauordnungen der Länder mit zahlreichen Ausführungsbestimmungen
4. Bundes-Immissionsschutzgesetz vom 15. 3. 1974 (BGBl. I S. 721) mit den entsprechenden Rechtsverordnungen und Verwaltungsvorschriften; außerdem Immissionsschutzgesetze der Länder
5. Denkmalschutzgesetze der Länder
6. Feuerschutzgesetze, -verordnungen und -richtlinien der Länder
7. Gefahrstoffverordnung vom 26. 8. 1986 (BGBl. I S. 1470), letzte Änderung 16. 12. 1987 (BGBl. I S. 2721)
8. Wasserhaushaltsgesetz vom 23. 9. 1986 (BGBl. I 1986 S. 1529 und 1654), letzte Änderung 8. 10. 1986
9. Gewerbeordnung i. d. F. vom 1. 1. 1987 (BGBl. I S. 425)
10. Handwerksordnung i. d. F. vom 28. 12. 1965 (BGBl. I 1966 S. 1), i. d. F. vom 18. 12. 1987 (BGBl. I S. 2807)
11. Straßenverkehrsgesetz vom 19. 12. 1952 (BGBl. I S. 837), i. d. F. vom 28. 1. 1987 (BGBl. I S. 486)
12. Straßenverkehrsordnung vom 16. 11. 1970 (BGBl. I S. 1565 ber. 1971 S. 38), i. d. F. vom 22. 3. 1988 (BGBl. I S. 405)
13. Verordnung über Anlagen zur Lagerung, Abfüllung und Beförderung brennbarer Flüssigkeiten zu Lande (VbF) i. d. F. vom 3. 5. 1982 (BGBl. I S. 569)
14. Verordnung über Druckbehälter, Druckgasbehälter und Füllanlagen (DruckbehV) i. d. F. vom 27. 2. 1980 (BGBl. I S. 184)
15. Verordnung über elektrische Anlagen in explosionsgefährdeten Räumen i. d. F. vom 26. 8. 1986
16. Sicherheitslehrbrief für Spritzlackierer
17. Sicherheitstechnische Richtlinien für die Lagerung von Behältern für Propan und Butan

AbfG	Abfallgesetz
ATV	Allgemeine Technische Vorschriften für Bauleistungen
BBauG	Bundesbaugesetz
BGB	Bürgerliches Gesetzbuch
BGBl.	Bundesgesetzblatt
BISchG	Bundes-Immissionsschutzgesetz
DruckbehV	Druckbehälterverordnung
DIN	Deutsche Industrie Norm
GewO	Gewerbeordnung
HGB	Handelgesetzbuch
RAL	Ausschuß für Lieferbedingungen und Gütesicherung
RGBl.	Reichsgesetzblatt
VbF	Verordnung über brennbare Flüssigkeiten
VOB	Verdingungsordnung für Bauleistungen
WHG	Wasserhaushaltsgesetz

DK 667.61:001.4   DEUTSCHE NORM   Dezember 1988

Beschichtungsstoffe
(Lacke, Anstrichstoffe und ähnliche Stoffe)
Begriffe

DIN

55 945

Coating materials (paints, varnishes and similar materials); terms and definitions
Produits d'enduction (peintures, vernis et produits assimilés); termes et définitions

Ersatz für Ausgabe 08.83
Mit DIN 55 958/12.88
Ersatz für DIN 55 947/08.73

An der Aufstellung dieser Norm waren auch Fachleute aus Österreich und der Schweiz beteiligt.

1 Anwendungsbereich

Die Begriffe nach dieser Norm gelten im Sinne der Lackindustrie und der Verbraucher (Industrie, Handwerk, nichtgewerbliche Endverbraucher, die die Erzeugnisse der Lackindustrie verarbeiten. Sie sollen darüber hinaus auch Grundlage für den Behördenverkehr, für Gutachten und ähnliches sein.

Die Begriffe Antistatikum, Beschleuniger, Härtung, Kunststoffdispersion, Polyester, Strahlenvernetzung, Vernetzung und Weichmacher betreffen gleichermaßen das Gebiet der Kunststoffe und gelten auch für dieses Gebiet (siehe auch Erläuterungen).

Anmerkung: Eine Erweiterung der Norm durch Begriffe für weitere Erzeugnisse, die traditionell mit dem „Streichen und Lackieren" in Zusammenhang gebracht werden, ist vorgesehen. Darüber hinaus sollen Begriffe für solche Erzeugnisse genormt werden, die erst im Laufe der letzten Jahre in das Fabrikationsprogramm der Lackindustrie aufgenommen worden sind.

In den Definitionen sind diejenigen Benennungen, für die an anderer Stelle in dieser Norm Definitionen gegeben sind, durch * gekennzeichnet. Begriffe, die mit DIN-Nummer und Ausgabedatum zitiert sind, z. B. „aus: DIN 5033 Teil 1/03.79", sind aus diesen Normen übernommen worden.

Nach den Begriffsdefinitionen wird auf weitere Normen hingewiesen, die Begriffe für Beschichtungsstoffe sowie für Eigenschaften von Beschichtungsstoffen und Beschichtungen enthalten. In den Erläuterungen wird außerdem eine Gegenüberstellung der in dieser Norm vorkommenden synonymen Benennungen gebracht. Diese Gegenüberstellung enthält – soweit zutreffend – auch Hinweise, welche der Benennungen jeweils bevorzugt angewendet werden soll.

2 Begriffe

Abbeizmittel

Abbeizmittel ist ein alkalisches, saures oder neutrales Mittel, das, auf eine getrocknete Beschichtung* aufgebracht, diese so erweicht, daß sie von ihrem Untergrund entfernt werden kann. Die Abbeizmittel können flüssig oder pastenförmig sein.

Anmerkung: Die alkalischen Abbeizmittel werden auch „Ablaugemittel" und die neutralen (lösenden) Abbeizmittel auch „Abbeizfluide" genannt.

Abdampfrückstand

Abdampfrückstand ist der unter definierten Prüfbedingungen ermittelte nichtflüchtige Anteil von Löse*- und Verdünnungsmitteln*.

Anmerkung: Der Begriff gilt nicht für Beschichtungsstoffe*, siehe „nichtflüchtiger Anteil".

Abdunsten

Abdunsten, auch Ablüften genannt, ist das teilweise oder völlige Verdunsten der flüchtigen Anteile, ehe die Filmbildung* vollendet ist und/oder eine weitere Beschichtung* aufgebracht werden kann.

Abkreiden

siehe „Kreiden"

Abscheideäquivalent

Abscheideäquivalent ist die Elektrizitätsmenge beim Elektrotauchlackieren*, die notwendig ist, um 1 g eines gehärteten Film* auf dem zu beschichtenden Objekt zu erhalten (Angabe des Abscheideäquivalentes in A · s/g oder A · s/cm^3).

Abscheiden

siehe unter „Elektrotauchlackieren"

Abscheidespannung

Abscheidespannung ist die beim Elektrotauchlackieren* erforderliche Spannung.

Anmerkung: Die Abscheidespannung hängt von verschiedenen Parametern ab und kann sich während des Beschichtungsvorganges ändern.

Absperrmittel

Absperrmittel ist ein Mittel, um Einwirkungen von Stoffen aus dem Untergrund auf die Beschichtung* oder umgekehrt von der Beschichtung auf den Untergrund oder zwischen einzelnen Schichten einer Beschichtung zu verhindern.

Anmerkung: Die hierfür noch gebrauchte Benennung „Isoliermittel" sollte vermieden werden, um Verwechselungen mit Wärme- und Schalldämmstoffen und elektrischen Isolierstoffen zu vermeiden.

Additiv

Additiv ist eine Substanz, die einem Beschichtungsstoff* in geringen Mengen zugesetzt wird, um diesem oder der daraus hergestellten Beschichtung* spezifische Eigenschaften zu verleihen.

Anmerkung: Die Ausdrücke Zusatzstoff und Hilfsstoff werden in gleichem Sinne gebraucht.

Alkydharz

siehe DIN 53 183

Alkydharzlack

Alkydharzlack ist ein Lack*, der als charakteristischen Filmbildner* Alkydharze* enthält.

Die Filmbildung* kann nach verschiedenen Mechanismen erfolgen. Lufttrocknende Alkydharzlacke trocknen* oxidativ; wärmehärtende Alkydharzlacke (Einbrennlacke) härten unter Beteiligung anderer Filmbildner.

Fortsetzung Seite 2 bis 17

Normenausschuß Anstrichstoffe und ähnliche Beschichtungsstoffe (FA) im DIN Deutsches Institut für Normung e.V.
Normenausschuß Kunststoffe (FNK) im DIN

Anlaufen

Anlaufen ist die unerwünschte Veränderung des Aussehens der Oberfläche einer Beschichtung* infolge äußerer Einflüsse, verursacht durch Trübung innerhalb des Films* oder an seiner Oberfläche. Siehe auch „Schleier".

Anstrich

Anstrich ist eine aus Anstrichstoffen* hergestellte Beschichtung*. Bei mehrschichtigen Anstrichen spricht man auch von einem Anstrichaufbau („Anstrichsystem").

Zur näheren Kennzeichnung des Anstriches sind z. B. folgende Benennungen gebräuchlich:

a) **nach der Art des Bindemittels*:**
   z. B. Alkydharzanstrich, Chlorkautschukanstrich, Dispersionsfarbenanstrich
b) **nach der Art des zu beschichtenden Untergrundes:**
   z. B. Holzanstrich, Betonanstrich
c) **nach der Art der Anwendung im Anstrichaufbau:**
   z. B. Grundanstrich*, Deckanstrich*
d) **nach der Art des zu beschichtenden Objektes:**
   z. B. Fensteranstrich, Schiffsanstrich, Brückenanstrich
e) **nach der Art der Funktion des Anstriches:**
   z. B. Korrosionsschutzanstrich, Brandschutzanstrich.

Hat der Anstrichstoff eine zusammenhängende Schicht gebildet, so spricht man auch von einem Anstrichfilm (naß oder trocken).

Anstrichfarbe

Anstrichfarbe ist eine im Handwerk noch gebräuchliche Benennung für einen pigmentierten Anstrichstoff*.

Anmerkung: Im österreichischen Sprachgebrauch ist der Ausdruck „Anstrichfarbe" nicht üblich.

Anstrichfilm

siehe „Anstrich"

Anstrichmittel

siehe „Anstrichstoff"

Anstrichstoff

Anstrichstoff ist ein flüssiger bis pastenförmiger Beschichtungsstoff*, der vorwiegend durch Streichen, Rollen oder Spritzen aufgetragen wird.

Anstrichstoffe, die nach dem Bindemittel* benannt sind, müssen soviel von diesem Bindemittel enthalten, daß dessen charakteristische Eigenschaften im Anstrichstoff und im Anstrich* vorhanden sind.

Antistatikum

Antistatikum ist eine Substanz, die eine elektrostatische Aufladung der Oberfläche eines Materials vermindert.

Applikationsverfahren

Applikationsverfahren ist ein synonymer Ausdruck für Beschichtungsverfahren (siehe unter „Beschichtung", b)).

Aufschwimmen

Aufschwimmen ist das Anreichern von Pigmenten* an der Oberfläche eines Beschichtungsstoffes* oder einer Beschichtung* (bei Metalleffektpigmenten ist dieses Phänomen erwünscht und wird auch „leafing" genannt). Der Begriff Ausschwimmen* soll hierfür synonym nicht verwendet werden.

Ausbleichen

Ausbleichen ist die Verringerung der Sättigung der Farbe* einer Beschichtung*.

Anmerkung: Ausbleichen darf nicht mit Kreiden* verwechselt werden.

Ausbluten

Ausbluten bei Beschichtungen* ist das Durchschlagen* von Farbmitteln*.

Ausschwimmen

Ausschwimmen ist das sichtbare Entmischen der Pigmente* im Beschichtungsstoff* beim Lagern oder in der Beschichtung* bei der Filmbildung*.

Ausschwitzen

Ausschwitzen ist das Wandern von Weichmachern* oder anderen Bestandteilen der Beschichtung* auf die Beschichtungsoberfläche.

Außenanstrich

Außenanstrich ist ein Anstrich*, der bestimmungsgemäß der Witterung ausgesetzt ist, wenn nicht für ihn eine besondere Anwendung genannt wird.

Anmerkung: Besondere Anwendungen, bei denen von Außenanstrich (oder Außenbeschichtung) gesprochen wird, sind z. B. Anstriche auf der Außenseite von Behältern, Rohrleitungen, Konservendosen.

Beizen

Beizen ist
a) eine bestimmte färbende Behandlung von Holz oder
b) eine ätzende Vorbereitung von Metallen und Kunststoffen zur Verbesserung der Haftfestigkeit* von nachfolgenden Beschichtungen*. Siehe aber auch DIN 50 902.

Beschichtung

Beschichtung ist der Oberbegriff für eine oder mehrere in sich zusammenhängende, aus Beschichtungsstoffen* hergestellte Schichten auf einem Untergrund. Der Beschichtungsstoff kann mehr oder weniger in den Untergrund eindringen. Bei mehrschichtigen Beschichtungen spricht man auch von einem Beschichtungsaufbau („Beschichtungssystem").

Anmerkung 1: Beschichtungen im Sinne dieser Norm sind
Lackierungen*,
Anstriche*,
Kunstharzputze*,
Spachtel- und Füllerschichten
sowie ähnliche Beschichtungen.
Die Begriffe Beschichtung, Anstrich und Lackierung werden zum Teil alternativ verwendet.

Die Beschichtung kann nach unterschiedlichen Kriterien näher gekennzeichnet werden, z. B.:

a) **nach der Art des Beschichtungsstoffes:**
   Anstrich*, Lackierung*, Pulverbeschichtung (Pulverlackierung);
b) **nach der Art des Beschichtungsverfahrens:**
   Anstrich, Spritzlackierung (Spritzbeschichtung), Tauchlackierung (Tauchbeschichtung), Gießlackierung, Spachtelschicht usw.

Hat der Beschichtungsstoff eine zusammenhängende Schicht gebildet, so spricht man auch von einem Beschichtungsfilm (naß oder trocken).

Anmerkung 2: Der Zusammenhang zwischen dem Oberbegriff Beschichtung und einer Reihe von Unterbegriffen wird anhand von Beispielen in dem nachstehenden Begriffssystem mit 3 Unterteilungsstufen veranschaulicht. In der Unterteilungsstufe nach dem Oberbegriff Beschichtung befinden sich – gleichberechtigt – unter anderem die wichtigen Begriffe Anstrich und Lackierung. In der letzten Unterteilungsstufe sind Begriffe aufgeführt, die von den Begriffen der darüberliegenden Stufe abgeleitet sind.

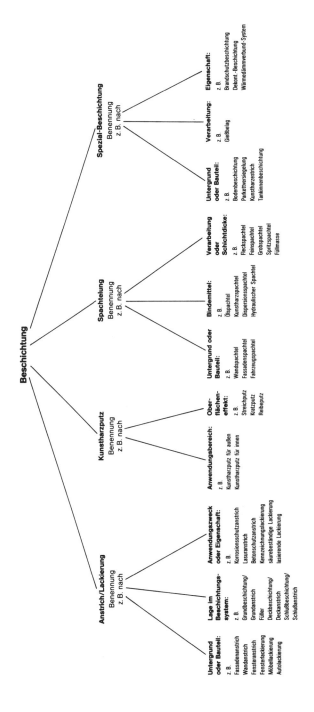

Beschichtungspulver
Beschichtungspulver ist ein pulverförmiger Beschichtungsstoff*.

Beschichtungsstoff
Beschichtungsstoff im Sinne dieser Norm ist der Oberbegriff für flüssige bis pastenförmige oder auch pulverförmige Stoffe, die aus Bindemitteln* sowie gegebenenfalls zusätzlich aus Pigmenten* und anderen Farbmitteln*, Füllstoffen*, Lösemitteln* und sonstigen Zusätzen bestehen.

Beschichtungsstoffe, die nach dem Bindemittel benannt sind, müssen soviel von diesem Bindemittel enthalten, daß dessen charakteristische Eigenschaften im Beschichtungsstoff vorhanden sind. Siehe z. B. auch DIN 55 928 Teil 9.

Anmerkung: Beschichtungsstoffe im Sinne dieser Norm sind
Lacke*,
Anstrichstoffe*,
Beschichtungsstoffe für Kunstharzputz,
Spachtelmassen*,
Füller, Bodenbeschichtungsmassen
sowie ähnliche Beschichtungsstoffe.

Die Begriffe Beschichtungsstoff, Anstrichstoff und Lack werden zum Teil alternativ verwendet.

Der Zusammenhang zwischen dem Oberbegriff Beschichtungsstoff und einer Reihe von Unterbegriffen wird anhand von Beispielen in dem nachstehenden Begriffssystem mit 3 Unterteilungsstufen veranschaulicht. In der Unterteilungsstufe nach dem Oberbegriff Beschichtungsstoff befinden sich
– gleichberechtigt – unter anderem die wichtigen Begriffe Anstrichstoff und Lack. In der letzten Unterteilungsstufe sind Begriffe aufgeführt, die von den Begriffen der darüberliegenden Stufe abgeleitet sind.

Beschleuniger
Beschleuniger ist eine Substanz, die, in kleinen Mengen zugesetzt, Reaktionen, z. B. die Vernetzungs*reaktion, beschleunigt.

Beständigkeit
Beständigkeit ist die Eigenschaft von Stoffen, einer Beanspruchung ohne Minderung des Gebrauchswertes zu widerstehen.

Anmerkung: Zur Kennzeichnung der Beanspruchung wird der Begriff Beständigkeit in Wortkombinationen gebraucht, wie Wetter..., Wärme..., Säure..., Abrieb..., Korrosions..., Steinschlag..., Wasch..., Scheuer... usw.

Bindemittel
Bindemittel ist der nichtflüchtige Anteil eines Beschichtungsstoffes* ohne Pigment* und Füllstoff*, aber einschließlich Weichmachern*, Trockenstoffen* und anderen nichtflüchtigen Hilfsstoffen. Das Bindemittel verbindet die Pigmentteilchen untereinander und mit dem Untergrund und bildet so mit ihnen gemeinsam die fertige Beschichtung*. In pigment- und füllstofffreien Beschichtungsstoffen umfaßt das Bindemittel die nichtflüchtigen Bestandteile.

Auch reaktive flüchtige Stoffe gehören zum Bindemittel, soweit sie durch chemische Reaktion Bestandteil der Beschichtung werden (siehe auch „Lösemittel").

Biolack und Wortkombinationen mit **Bio** . . . siehe Anmerkung zu „Naturlack".

Brillanz
Brillanz ist ein Ausdruck für die besonderen Reflexionseigenschaften einer hochglänzenden, schleierfreien Oberfläche.

Buntton (Farbton)
Der Buntton (bisher Farbton) beschreibt die Art der Buntheit einer Farbe*. Er wird im täglichen Leben mit Wörtern wie rot, gelb, grün, blau, violett usw. bezeichnet (aus: DIN 5033 Teil 1/03.79).

Anmerkung: Die Benennung Buntton wird vorwiegend in der Farbmetrik benutzt (Einzelheiten siehe DIN 5033 Teil 1). Das Wort Farbton wird in der Praxis häufig für Farbe, Färbung, farbiges Aussehen und nicht im Sinne der hier für Buntton gegebenen Definition benutzt.

Cold-check-test
Cold-check-test ist eine Benennung für verschiedenartige Hitze-Kälte-Prüfungen mit schroffem Temperaturwechsel.

Dämmschichtbildende Brandschutzbeschichtung
Dämmschichtbildende Brandschutzbeschichtung ist eine Beschichtung*, die bei Hitzeeinwirkung unter Aufschäumen eine Dämmschicht ausbildet und so thermisch empfindliche Untergründe wie z. B. Holzbaustoffe und Stahlbauteile eine begrenzte Zeit vor Schädigung oder Zerstörung schützt.

Deckanstrich
Deckanstrich ist die Deckbeschichtung* aus einem Anstrichstoff*.

Deckbeschichtung
Die Deckbeschichtung besteht aus einer oder mehreren Schicht(en) aus für den jeweiligen Anwendungszweck geeigneten und auf die darunterliegenden Schichten abgestimmten Beschichtungsstoffen*. Die Deckbeschichtung hat die Aufgabe, die unter ihr liegenden Schichten zu schützen und dem Beschichtungssystem die geforderten Oberflächeneigenschaften zu geben.

Anmerkung: Der Begriff „Deckbeschichtung" sagt nichts über das Deckvermögen* der Beschichtung* aus.
Die letzte Schicht des Beschichtungssystems wird auch Schlußbeschichtung genannt.

Deckvermögen
Deckvermögen eines pigmentierten Stoffes ist sein Vermögen, die Farbe* oder Farbunterschiede des Untergrundes zu verdecken.

Anmerkung: Die Begriffe „Deckkraft" und „Deckfähigkeit" sollten vermieden werden (aus: DIN 55 943/09.84).

Dehnbarkeit
Dehnbarkeit ist die Eigenschaft eines Körpers, unter der Einwirkung einer Kraft seine Länge und/oder Form gegebenenfalls bis zum Bruch zu ändern (siehe auch Elastizität).
Unter Dehnbarkeit versteht man im eingeschränkten Sinne auch das Vermögen einer Beschichtung*, Formänderungen des Untergrundes zu folgen.

Dekontaminierbarkeit
Dekontaminierbarkeit ist die Eigenschaft einer Beschichtung*, sich von einer Kontamination* ganz oder teilweise befreien zu lassen.

Dicköl
Dicköl ist der Oberbegriff für alle Öle von künstlich erhöhter Viskosität. Dicköl umfaßt sowohl Standöle* als auch „geblasene Öle" und die nach anderen chemischen Verfahren eingedickten Öle.

Dispersionsfarbe
Siehe Anmerkung zu „Kunststoffdispersionsfarbe"

Dispersionslackfarbe
Dispersionslackfarbe ist ein Beschichtungsstoff* auf der Grundlage einer wäßrigen Kunststoffdispersion*, der eine Beschichtung* mit dem Aussehen einer Lackierung* ergibt.

Anmerkung: Im österreichischen Sprachgebrauch ist der Ausdruck „Dispersionslackfarbe" nicht üblich.

DIN 55 945 Seite 5

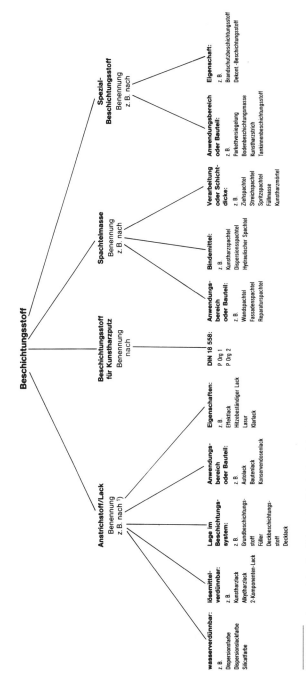

[1]) Wortkombinationen mit dem Begriff Anstrichstoff sind nicht gebräuchlich.

Durchhärtung oder Durchtrocknung
Durchhärtung oder Durchtrocknung einer Beschichtung* ist das Erreichen ihrer Gebrauchshärte in der gesamten Schicht, wobei die Benennungen „Durchhärtung" und „Durchtrocknung" sinngemäß für die Begriffe Härtung* und Trocknung* verwendet werden.

Durchschlagen
Durchschlagen bei Beschichtungsstoffen* bzw. Beschichtungen* ist
a) das Sichtbarwerden von Bestandteilen, die aus dem Untergrund oder einer vorhandenen Beschichtung in die darüberliegende Schicht einwandern,
b) das Sichtbarwerden von Bestandteilen der Beschichtung auf der Rückseite des Untergrundes (z. B. Papier).

Effektlackierung
Effektlackierung ist eine Lackierung*, bei der eine gewollte, visuell erfaßbare Unregelmäßigkeit gleichmäßig über die Oberfläche verteilt ist.
Anmerkung: Beispiele für Lacke*, die Effektlackierungen ergeben, sind Strukturlack, Tupflack, Noppenlack, Sprenkellack, Tröpfellack, Narbeneffektlack, Spinnwebenlack, Reißlack/Krakeléelack, Runzellack (Kräusellack), Hammerschlaglack, Eisblumeneffektlack, Mehrfarbeneffektlack, Metalliclack und Perlmuttlack.

Einbrennen
Einbrennen ist eine übliche Benennung für ein Verfahren zur Wärmehärtung*, bei dem die Härtungsreaktion erst nach Überschreiten einer bestimmten, für den jeweiligen Beschichtungsstoff* spezifischen Temperatur einsetzt.

Einkomponenten-Reaktionslack
Einkomponenten-Reaktionslack ist ein Reaktionslack*, bei dem die chemische Reaktion, die zur Härtung* führt, über physikalische und/oder chemische Einwirkungen erfolgt, z. B. durch UV-Strahlung oder Luftfeuchtigkeit.

Einlaßmittel
Einlaßmittel ist ein Vorbehandlungsmittel, das in einen saugfähigen Untergrund eindringt, dessen Saugfähigkeit verringert oder ganz aufhebt und ihn unter Umständen verfestigt. Ein Einlaßmittel kann auch mit einem Imprägniermittel* kombiniert sein.
Anmerkung: Im Sprachgebrauch wird ein Einlaßmittel für mineralischen Untergrund häufig auch Tiefgrund genannt.

Elastizität
Elastizität ist die Eigenschaft eines Körpers, unter der Einwirkung einer Kraft seine Länge und/oder Form zu verändern und nach Beendigung der Krafteinwirkung seine ursprüngliche Form wieder anzunehmen.
Anmerkung: Auf dem Gebiet der Beschichtungsstoffe wird der Begriff Elastizität oft fälschlicherweise anstelle des Begriffes Dehnbarkeit benutzt.

Elektrostatisches Beschichten
Elektrostatisches Beschichten (Lackieren) ist ein Verfahren zum Beschichten von Oberflächen in einem Gleichstrom-Hochspannungsfeld.

Elektrotauchlackieren (ETL)
Elektrotauchlackieren ist das Beschichten durch Abscheiden eines Beschichtungsstoffes* aus einem wäßrigen Tauchbad unter Stromfluß auf einem als Anode (ATL) oder als Kathode (KTL) geschalteten Objekt.

Ergiebigkeit
Ergiebigkeit ist die Eigenschaft eines Beschichtungsstoffes*, durch die ausgedrückt wird, welche Fläche theoretisch mit einer Beschichtung* mit einer bestimmten Schichtdicke versehen werden kann (Angabe der Ergiebigkeit in m^2/kg oder m^2/l mit zugehöriger Schichtdicke der getrockneten/

gehärteten Beschichtung in μm). Siehe auch den Unterschied zu Verbrauch*.
Anmerkung: Die in der Praxis tatsächlich erforderliche Menge Beschichtungsstoff kann aus der Ergiebigkeit allein nicht ermittelt werden. Der auch noch angewendete Begriff „Ausgiebigkeit" sollte vermieden werden.

Farbe
Farbe ist ein durch das Auge vermittelter Sinneseindruck, also eine Gesichtsempfindung (aus: DIN 5033 Teil 1/03.79).
Anmerkung: Im Sinne dieser Norm ist Farbe also nur ein über das Auge vermittelter Sinneseindruck.
Eine Farbe ist durch Buntton, Sättigung und Helligkeit gekennzeichnet (siehe DIN 5033 Teil 1). Das Wort „Farbe" wird im täglichen Sprachgebrauch auch für Pigmente*, Farbstoffe* und pigmentierte Beschichtungsstoffe* gebraucht. Es soll aber für sich allein nicht als Benennung für Stoffe benutzt werden. Siehe z. B. Kunststoffdispersionsfarbe*, Leimfarbe*, Künstlerfarbe.

Farblack
Farblack ist ein durch Fällen eines gelösten Farbstoffes* mit einem Fällungsmittel erzeugtes Pigment*, das auch Substrat* enthalten kann (aus: DIN 55 943/09.84).
Anmerkung: Farblack ist also kein Lack* im Sinne dieser Norm, sondern ein Farbmittel*. Beachte dagegen Lackfarbe*.
Im österreichischen und schweizerischen Sprachgebrauch ist der Ausdruck „Farblack" nicht üblich.

Farbmittel
Farbmittel ist der Oberbegriff für alle farbgebenden Substanzen (aus: DIN 55 943/09.84). Einteilung der Farbmittel siehe DIN 55 944 und DIN 55 949.

Farbstich
Farbstich einer nahezu weißen oder nahezu unbunten Probe ist der geringe Anteil an bunt, durch den die Farbe* einer Probe von ideal weiß oder (ideal) unbunt abweicht (aus: DIN 55 980/05.79).

Farbstoff
Farbstoff ist ein im Anwendungsmedium lösliches Farbmittel* (aus: DIN 55 943/09.84).

Farbton
siehe „Buntton"

Farbzahl
Farbzahl ist ein unter festgelegten Bedingungen ermittelter Kennwert für die Farbe* von transparenten Substanzen, der durch optischen Vergleich festgestellt wird (siehe auch Platin-Cobalt-Farbzahl, Iodfarbzahl in Abschnitt 3 „Weitere Begriffe in anderen Normen").

Fertigungsbeschichtung
Fertigungsbeschichtung (Shop Primer) ist eine Beschichtung*, welche die Aufgabe hat, Stahlteile während Transport, Lagerung und Bearbeitung im Fertigungsbetrieb nach entsprechender Oberflächenvorbereitung zeitlich begrenzt vor Korrosion zu schützen.

Festkörper
siehe „nichtflüchtiger Anteil"

Filiformkorrosion
Filiformkorrosion ist die Benennung für eine Korrosionserscheinung, die als Korrosionsform eines örtlichen Angriffs mit fadenförmiger Ausbildung vorzugsweise an Stahloberflächen meist unter dünnen Beschichtungen auftritt. Siehe auch DIN ISO 4623*) und DIN 50 900 Teil 1/04.82, fadenförmige Angriffsform.

---

*) Z. Z. Entwurf

Film
siehe „Beschichtung", „Anstrich", „Lackierung"

Filmbildner
Filmbildner ist derjenige Bestandteil des Bindemittels*, der für das Zustandekommen des Films* wesentlich ist.
Man unterscheidet selbständige und nichtselbständige Filmbildner. Selbständige Filmbildner sind solche, die allein, d. h. ohne Zusatz weiterer Substanzen, mit oder ohne Lufteinfluß (Sauerstoff und/oder Wasser) einen Film zu bilden vermögen.
Nichtselbständige Filmbildner sind solche, die nur in geeigneten Gemischen einen Film zu bilden vermögen.

Anmerkung: Man muß zwischen Filmbildner und Filmbestandteil unterscheiden. Zum Beispiel sind Pigmente* und Füllstoffe* Filmbestandteile, aber keine Filmbildner.

Filmbildung
Filmbildung ist der Übergang eines aufgetragenen Beschichtungsstoffes* vom flüssigen in den festen Zustand. Die Filmbildung erfolgt durch Trocknung* oder Härtung*. Beide Vorgänge können gleichzeitig oder nacheinander ablaufen. Ist bei der Filmbildung Härtung beteiligt, heißt der ganze Vorgang Härtung.

Filmfehler
Filmfehler sind Störungen an und in der Beschichtung*, die meist nach ihrer Form oder ihrem Aussehen benannt werden.

Anmerkung: Zur Kennzeichnung der Filmfehler werden Begriffe wie Krater, Gardinen, Läufer, Nadelstiche benutzt, wenn der Film ein Aussehen hat, wie es diese Begriffe andeuten. Siehe auch „Kochblasen (Kocher)".

Firnis
Firnis ist ein Sammelname für nichtpigmentierte Anstrichstoffe*, die aus nichteingedickten Ölen oder Harzlösungen oder Mischungen dieser Stoffe bestehen. Im Einzelfall muß deshalb die Benennung „Firnis" zusammen mit kennzeichnenden Wortzusätzen (z. B. Leinölfirnis*, Harzfirnis) gebraucht werden.
Kennzeichnend für Firnis ist seine gute Trocknungsfähigkeit. Im allgemeinen wird unter Firnis ein Öl verstanden, dessen Trocknungsfähigkeit durch Zugabe von Trockenstoffen* wesentlich erhöht ist.

Flammpunkt
Flammpunkt ist die unter festgelegten Prüfbedingungen ermittelte niedrigste Temperatur, bei der sich aus einer Flüssigkeit Dämpfe in solcher Menge entwickeln, daß sie mit der über dem Flüssigkeitsspiegel stehenden Luft ein entflammbares Gemisch ergeben. (Siehe auch Abschnitt 3 „Weitere Begriffe in anderen Normen".)

Flüssiglack
siehe unter „Lack"

Forcierte Trocknung
Forcierte Trocknung ist eine durch Wärmezufuhr beschleunigte Trocknung* eines aufgetragenen Beschichtungsstoffes*.

Füllstoff
Füllstoff ist eine aus Teilchen bestehende, im Anwendungsmedium praktisch unlösliche Substanz, die zur Vergrößerung des Volumens, zur Erzielung oder Verbesserung technischer Eigenschaften und/oder Beeinflussung optischer Eigenschaften verwendet wird.

Anmerkung: Die Benennung „Extender" sollte vermieden werden. Die Benennungen „Extenderpigment" und „Pigmentextender" sind falsch (aus: DIN 55 943/ 09.84).

Füllvermögen
Füllvermögen eines Beschichtungsstoffes* ist sein Vermögen, die Unebenheiten des Untergrundes auszugleichen.

Gardinen
siehe unter „Filmfehler"

Glanz
Glanz ist ein Sinneseindruck, bewirkt durch die mehr oder weniger gerichtete Reflexion von Lichtstrahlen an einer Oberfläche.

Anmerkung: Beispiele für Glanzstufen sind hochglänzend, glänzend, seidenglänzend, halbmatt, matt und stumpfmatt (siehe auch DIN 53 230). Unter bestimmten Bedingungen kann zur Beurteilung des Glanzes der Reflektometerwert nach DIN 67 530 herangezogen werden.

Grundanstrich
Grundanstrich ist die Grundbeschichtung* aus einem Anstrichstoff*.

Grundbeschichtung
Grundbeschichtung (Grundierung) ist eine auf den Untergrund aufgebrachte Beschichtung*, die aus einer oder mehreren Schichten bestehen kann, und zur Verbindung zwischen dem Untergrund und weiteren Schichten dient. Sie kann auch noch besondere Aufgaben wie Korrosionsschutz usw. erfüllen (siehe z. B. DIN 55 928 Teil 5).

Grundierung
siehe „Grundbeschichtung"

Härte
Härte ist die mechanische Eigenschaft der Beschichtung*, die sich im Widerstand äußert, den die Beschichtung einer mechanischen Einwirkung entgegensetzt. Einwirkungen dieser Art können z. B. Druck, Reiben und Ritzen sein. Da die Härte einen komplexen Kennwert darstellt, ist die Benennung „Härte" stets im Zusammenhang mit dem angewendeten Prüfverfahren anzuwenden, z. B. Ritzhärte, Eindruckhärte.

Härter
Härter ist ein Stoff (oder Stoffgemisch), der (das) die Härtung* bewirkt.

Härtung
Unter Härtung im allgemeinen wird die – meist engmaschige – Vernetzung* von Harzen verstanden.
Härtung von Beschichtungsstoffen* ist der Übergang aus dem flüssigen in den festen Zustand unter Molekülvergrößerung durch chemische Reaktionen.

Anmerkung: Im heutigen Sprachgebrauch wird statt der korrekten Benennung oxidative Härtung noch vielfach der Ausdruck oxidative Trocknung angewendet.

Härtungszeit
Härtungszeit ist die Zeitspanne zwischen dem Auftragen eines flüssigen Beschichtungsstoffes* und dem Erreichen eines bestimmten Zustandes während der Filmbildung* durch Härtung*.

Haftfestigkeit
Haftfestigkeit ist ein Maß für den Widerstand einer Beschichtung* gegen ihre mechanische Trennung vom Untergrund.

Harz
siehe DIN 55 958

„High Solid"-Lack
„High Solid"-Lack ist ein Lack* mit einem hohen Gehalt an nichtflüchtigen Anteilen*.

Hilfsstoff
siehe unter „Additiv"

Hochziehen
Hochziehen ist Runzel- und/oder Rißbildung infolge Quellung* einer Beschichtung*, hervorgerufen durch Lösemittel*, z. B. aus einer weiteren Schicht oder aus einem Abbeizmittel*.

Imprägniermittel
Imprägniermittel ist eine bindemittelhaltige, niedrigviskose, kapillaraktive Flüssigkeit ohne Pigmente* und Füllstoffe* zum Tränken saugfähiger Untergründe (z. B. Holz, Gewebe, Putz, Beton) um diese zu neutralisieren oder gegen schädliche Einflüsse (z. B. durch Insekten, Pilzbefall), gegen leichtes Entflammen oder Einwirken von Wasser zu schützen. Siehe auch „Einlaßmittel".

Innenanstrich
Innenanstrich ist ein Anstrich*, der bestimmungsgemäß nicht der Witterung ausgesetzt ist. Siehe auch „Außenanstrich".

Kalkfarbe
Kalkfarbe ist eine wäßrige Aufschlämmung von gelöschtem Kalk, dem gegebenenfalls Pigmente* und/oder geringe Mengen anderer Bindemittel* zugefügt sind.

Anmerkung: Der gelöschte Kalk ist gleichzeitig Bindemittel und Pigment.

Kantenflucht
Kantenflucht ist eine Benennung für eine Verringerung der Schichtdicke der Beschichtung* an Kanten.

Katalysator
Katalysator ist ein Stoff, der ohne Veränderung des chemischen Gleichgewichtes eine chemische Reaktion beschleunigt und der nach der Reaktion unverändert vorliegt.

Anmerkung: Die Benennung Katalysator wird **fälschlicherweise** auch für Beschleuniger angewendet, die nach der Reaktion nicht unverändert vorliegen.

Klarlack
Klarlack ist ein Lack* ohne Deckvermögen*, der seine Farbe* nur der Eigenschaft des Bindemittels* verdankt.

Kochblasen
Kochblasen (Kocher) sind Filmfehler*, bestehend aus Blasen unterschiedlichen Durchmessers, die bei der Filmbildung*, vorzugsweise in der Wärme, entstehen.

Kocher
siehe „Kochblasen"

Kontamination
Kontamination ist eine durch radioaktive Stoffe verursachte Verunreinigung (aus: DIN 25 415 Teil 1 /08.88).

Anmerkung: Der Begriff wird im Anwendungsbereich dieser Norm auch allgemeinfall benutzt. Im Einzelfall muß deshalb die Art der Verunreinigung besonders angegeben werden.

Körnigkeit
siehe „Mahlfeinheit"

Korrosionsschutz
Korrosionsschutz ist die Summe der Maßnahmen, um Metalle, Kunststoffe, Beton und andere Werkstoffe vor der Zerstörung durch chemische und/oder physikalische Angriffe (z. B. aggressive Medien, Witterung) zu schützen. Siehe auch DIN 50 900 Teil 1 und DIN 55 928 Teil 1.

Krater
siehe unter „Filmfehler"

Kräuseln
Kräuseln ist das Bilden feiner Falten in einer Beschichtung*.

Kreiden
Kreiden ist das Ablösen von Pigmenten* und Füllstoffen*, die infolge Abbau des Bindemittels* an der Oberfläche einer Beschichtung* freigelegt werden.

Kreidungsgrad
Kreidungsgrad ist ein Maß für ein an einer Beschichtung* aufgetretenes Kreiden* nach Menge der freigelegten Pigmentteilchen (aus: DIN 53 159/09.77 und DIN 53 223/12.73).

Kunstharz
siehe DIN 55 958

Kunstharzlack
Kunstharzlack ist ein Lack*, der Kunstharze als Bindemittel* enthält.

Anmerkung: Da es sehr unterschiedliche Kunstharze gibt, ist der Begriff „Kunstharzlack" hinsichtlich der Eigenschaften nicht eindeutig. Man sollte ihn daher vermeiden und spezifischere Begriffe verwenden, z. B. Alkydharzlack*.

Kunstharzputz
Kunstharzputze sind Beschichtungen* mit putzartigem Aussehen, für die Anforderungen in DIN 18 558 festgelegt sind.

Kunststoffdispersion
Kunststoffdispersion ist eine feine Verteilung von Polymeren oder Kunstharzen in einer Flüssigkeit, meist Wasser.

Anmerkung: Eine Kunststoffdispersion liegt in handelsüblicher Form als stabiles, kolloidales System von meist milchigem Aussehen vor. Sie kann auch Kunststofflatex genannt werden. Wenn nicht von Kunststoffdispersion als Sammelbegriff gesprochen wird, sollte die chemische Bezeichnung oder der Handelsname benutzt werden, wobei die chemische Bezeichnung vorzuziehen ist. Bei Copolymerisaten ist die Komponente, die den überwiegenden Anteil stellt, an erster Stelle zu nennen.

Kunststoffdispersionsfarbe
Kunststoffdispersionsfarbe ist ein aus Kunststoffdispersionen*, Pigmenten* und Füllstoffen* hergestellter Beschichtungsstoff*.

Anmerkung: Kunststoffdispersionsfarben werden auch Kunststofflatexfarben genannt. Im täglichen Sprachgebrauch wird anstelle der Benennung „Kunststoffdispersionsfarbe" auch die Benennung „Dispersionsfarbe" angewendet.

Läufer
siehe unter „Filmfehler"

Lack
Lack ist ein Sammelbegriff für eine Vielzahl von Beschichtungsstoffen* auf der Basis organischer Bindemittel*. Er nimmt unter den Beschichtungsstoffen eine Sonderstellung ein.

Je nach Art der organischen Bindemittel können Lacke organische Lösemittel* und/oder Wasser enthalten oder auch davon frei sein. Gegebenenfalls enthalten sie Pigmente*, Füllstoffe* und sonstige Zusätze. Pulverlacke* sind lösemittelfrei.

Aus Lacken werden Lackierungen* hergestellt, die die Aufgabe haben, die Oberfläche von z. B. Holz, Metall, Kunststoff, mineralische Untergründe gegen die Beanspruchung durch Witterungseinflüsse, Chemikalien oder mechanische Belastungen zu schützen. Es können Lackierungen mit sehr unterschiedlichem Aussehen erzielt werden.

Lacke, die nach dem Bindemittel benannt sind, müssen soviel von diesem Bindemittel enthalten, daß dessen charakteristische Eigenschaften im Lack und in der Lackierung vorhanden sind.

Lacke werden nach unterschiedlichen Kriterien näher gekennzeichnet, z. B.:

a) **nach der Art der Zusammensetzung:**
   - nach dem Bindemittel: Alkydharzlack*, Dispersionslackfarbe*, Epoxidharzlack, Polyurethanlack, Acrylharzlack, Nitrocelluloselack[2]) usw.
   - nach dem Lösemittel: Spirituslack*, Wasserlack* usw.
b) **nach der Art der Beschaffenheit:**
   Pulverlack*, „High Solid"-Lack*, thixotroper Lack usw.
c) **nach der Art des Auftragsverfahrens:**
   Spritzlack, Tauchlack, Flutlack, Gießlack usw.
d) **nach der Art der Filmbildung:**
   Einbrennlack, Zweikomponenten-Reaktionslack* usw.
e) **nach dem Glanzgrad der Lackierung:**
   Hochglanzlack, Seidenglanzlack, Mattlack usw.
f) **nach der Art des Effektes der Lackierung:**
   siehe unter „Effektlackierung".
g) **nach der Art der Anwendung im Beschichtungsaufbau (Anstrichaufbau):**
   Vorlack, Decklack, Einschichtlack usw.
h) **nach der Art der Verwendung für einen bestimmten Untergrund:**
   Holzlack, Blechlack, Papierlack, Lederlack usw.
i) **nach der Art des zu beschichtenden Objektes:**
   Fensterlack, Bootslack, Möbellack, Autolack, Emballagenlack, Coil-Coating-Lack usw.

Soll zwischen flüssigen Lacken und Pulverlacken* unterschieden werden, so ist die Benennung „Flüssiglack" zu verwenden. Der Ausdruck „Naßlack" ist zu vermeiden.

Anmerkung: Lack ist eine historisch gewachsene Bezeichnung für eine Vielzahl von Beschichtungsstoffen und Beschichtungen*, die eine logische Abgrenzung zu anderen Beschichtungsstoffen und Beschichtungen nicht in allen Fällen zuläßt. Nicht unter den Begriff Lack fallen z. B. Kunststoffdispersionsfarben*, Dispersions-Silicatfarben und Leimfarben*.

Lackfarbe

Lackfarbe ist eine meist im Handwerk noch gebräuchliche Benennung für einen pigmentierten Lack*.

Anmerkung: Das Wort „Lackfarbe" wird in ähnlichen Wortzusammensetzungen für verschiedenartige Erzeugnisse der Lackindustrie benutzt wie das Wort „Lack". Siehe die entsprechende Unterteilung unter „Lack".

Im österreichischen Sprachgebrauch ist der Ausdruck „Lackfarbe" nicht üblich.

Lackierung

Lackierung ist eine Beschichtung*, die aus Lack* hergestellt ist. Hat der Lack eine zusammenhängende Schicht gebildet, so spricht man auch von einem Lackfilm (naß oder trocken).

Lasur

Lasur im Sinne dieser Norm ist ein Beschichtungsstoff* für Holz oder mineralische Untergründe, der eine transparente Beschichtung* ergibt. Für Holz wird unterschieden zwischen Imprägnierlasuren mit niedrigem nichtflüchtigem Anteil* (**Dünnschichtlasuren**), die meist biozid ausgerüstet sind und Lacklasuren, die Filme* mit höheren Schichtdicken bilden (**Dickschichtlasuren**).

Anmerkung: Im Sprachgebrauch wird die Benennung Lasur ebenfalls für die fertige Beschichtung verwendet.

Leimfarbe

Leimfarbe ist ein Anstrichstoff* mit Leim als wasserlöslichem Bindemittel*, der seine Löslichkeit in Wasser nach dem Trocknen nicht verliert. Der Anstrich* bleibt also empfindlich gegen Nässe und Feuchtigkeit und kann durch Abwaschen entfernt werden.

Anmerkung: „Unlöslich auftrocknende Kaseinfarben" sind im Sinne dieser Definition keine „Leimfarben".
Nach DIN 16 920/06.81 ist Leim wie folgt definiert: „Klebstoff, bestehend aus tierischen, pflanzlichen oder synthetischen Grundstoffen und Wasser als Lösungsmittel."

Leinölfirnis

Leinölfirnis ist Leinöl, dem Trockenstoffe* oder ihre Grundlagen bei höherer Temperatur zugesetzt worden sind (aus: DIN 55 932/04.71).

Anmerkung: Leinölfirnis muß ausdrücklich als solcher benannt werden. Siehe „Firnis".

Lösemittel

Lösemittel im Sinne dieser Norm ist eine aus einer oder mehreren Komponenten bestehende Flüssigkeit, die Bindemittel* ohne chemische Umsetzung zu lösen vermag. Lösemittel müssen unter den jeweiligen Bedingungen der Filmbildung* flüchtig sein. Siehe auch „Reaktives Lösemittel", „Verdünnungsmittel" und „Verschnittmittel für Lösemittel".

Lösemittelarmer Beschichtungsstoff

Lösemittelarmer Beschichtungsstoff ist ein Beschichtungsstoff*, dessen Gehalt an organischen Lösemitteln* auf das nach dem jeweiligen Stand der Technik mögliche Minimum herabgesetzt ist.

Lösungsmittel

siehe „Lösemittel"

Lösemittel, reaktives

siehe „Reaktives Lösemittel"

Lufttrocknung

Lufttrocknung ist die Trocknung* eines aufgetragenen Beschichtungsstoffes* ohne zusätzliche Wärmezufuhr.

Mahlfeinheit

Mahlfeinheit ist eine Benennung, die sich auf die flächige oder räumliche Ausdehnung der größten Feststoffteilchen in einem Mahlansatz oder Beschichtungsstoff* bezieht.

Mehrkomponenten-Reaktionslack

siehe „Zwei- oder Mehrkomponenten-Reaktionslack"

Nachfallen

Nachfallen ist das Wiedersichtbarwerden von zunächst durch die Beschichtung* überdeckten Unebenheiten des Untergrundes.

Nadelstiche

siehe unter „Filmfehler"

Naßschichtdicke

Naßschichtdicke ist die Schichtdicke des flüssigen Beschichtungsstoffes* unmittelbar nach dem Auftragen.

Anmerkung: Der Begriff sollte nur in diesem Sinne verwendet werden.

---

[2]) Anstelle der richtigen Benennung „Salpetersäureester der Cellulose" haben sich im allgemeinen Sprachgebrauch die Benennungen „Nitrocellulose" und „Cellulosenitrat" eingebürgert. Dies kommt auch in Wortverbindungen wie z. B. „Nitrocelluloselack" und „Nitrokombinationslack" zum Ausdruck.

Naturharz
siehe DIN 55 958

Naturharzlack
Naturharzlack ist ein Lack, der Naturharze als Bindemittel* enthält.

Anmerkung: Da es sehr unterschiedliche Naturharze gibt, ist der Begriff Naturharzlack hinsichtlich der Eigenschaften nicht eindeutig. Man sollte ihn daher vermeiden und spezifischere Begriffe verwenden, z. B. Kolophoniumlack. Naturharzlacke sind nicht identisch mit Naturlacken*.

Naturlack
Naturlacke sind Beschichtungsstoffe* aus in der Natur entstandenen oder entstehenden Komponenten, die nachträglich weder chemisch modifiziert noch in ihrer natürlichen Struktur verändert worden sind und die keine künstlich hergestellten Komponenten und/oder Zusatzstoffe (Additive*) enthalten.

Anmerkung: Naturlacke können – wie andere Lacke* auch – Stoffe enthalten, die gesundheitsgefährdend sind. Die Bezeichnung „Biolacke" für Beschichtungsstoffe ist falsch und irreführend, ebenso auch als Bezeichnung für Naturlacke. Solche Beschichtungsstoffe können der belebten Natur nicht zugeordnet werden.

Nichtflüchtiger Anteil
Nichtflüchtiger Anteil ist der Massenanteil eines Beschichtungsstoffes*, der unter festgelegten Bedingungen als Rückstand verbleibt.

Anmerkung: Anstelle der Benennung „Nichtflüchtiger Anteil" werden im bisherigen Sprachgebrauch verschiedene Ausdrücke wie Festkörper, Trockenrückstand, Trockengehalt, Festgehalt, Einbrennrückstand benutzt. Die Benennung „Nichtflüchtiger Anteil" (nfA) soll anstelle dieser Ausdrücke verwendet werden.

Nitrokombinationslack
Nitrokombinationslack ist ein Lack*, der neben Salpetersäureestern der Cellulose[2]) noch wesentliche Mengen anderer Bindemittel* enthält.

Ölfarbe
Ölfarbe ist eine Anstrichfarbe*, deren Bindemittel* mit oder ohne Zusatz von Trockenstoffen* besteht:

entweder aus nicht eingedicktem, trocknendem, pflanzlichem Öl mit oder ohne Zusatz von Standöl*,

oder aus schwach eingedicktem, trocknendem, pflanzlichem Öl.

Wenn keine anderen Angaben zu „Ölfarbe" gemacht werden, ist unter pflanzlichem Öl Leinöl zu verstehen.

Werden andere als die obengenannten Öle als Bindemittel verwendet oder mitverwendet, so müssen diese in der Benennung zum Ausdruck kommen, z. B. bei faktisierten Ölen.

Öllack
Öllack ist ein Lack*, der als wichtigsten Bestandteil eingedickte trocknende Öle enthält, mit oder ohne Zusatz von Harzen.

Orangenschaleneffekt
Orangenschaleneffekt ist eine Benennung für das entsprechende Aussehen einer getrockneten bzw. gehärteten Beschichtung*. Der Orangenschaleneffekt kann sowohl als Filmfehler* auch als beabsichtigter Effekt („Strukturlack") auftreten.

Phenolharz
siehe DIN 55 958

Pigment
Pigment ist eine aus Teilchen bestehende, im Anwendungsmedium praktisch unlösliche Substanz, die als Farbmittel* oder wegen ihrer korrosionshemmenden oder magnetischen Eigenschaften verwendet wird.

Anmerkung: Pigmente können nach ihrer chemischen Zusammensetzung, ihren optischen oder technischen Eigenschaften näher beschrieben werden, z. B. Chromatpigment, Azopigment, Titandioxid-Pigment, Buntpigment, Weißpigment, Metalleffektpigment, Korrosionsschutzpigment, Magnetpigment.

Einteilung der Pigmente siehe DIN 55 944 und DIN 55 949 (aus: DIN 55 943/09.84).

Pilzbefall
Pilzbefall im Sinne dieser Norm ist das Auftreten von Pilzbewuchs in und auf Beschichtungen*. Man unterscheidet **Primärbefall**, bei dem sich die Pilze von Inhaltsstoffen der Beschichtung ernähren, wodurch die Beschichtung geschädigt und gegebenenfalls zerstört wird, und **Sekundärbefall**, bei dem sich die Pilze auf einem Belag von Staub und Schmutz bilden, jedoch die Beschichtung nicht schädigen.

Polyester
Polyester ist ein Polymer, dessen Struktureinheiten Estergruppen in der Kette enthalten.

Anmerkung: Je nach Aufbau unterscheidet man zwischen gesättigten und ungesättigten, linearen und verzweigten oder modifizierten Polyestern. Sind für bestimmte Gruppen von Polyestern spezielle Benennungen gebräuchlich, so sollten diese angewendet werden (z. B. Polyesterharz, ungesättigtes Polyesterharz, Alkydharz).

Polyesterharz
siehe DIN 55 958

Porenfüller
Porenfüller ist ein mit Füllstoffen* und/oder Farbmitteln* versetztes Mittel, das zum Füllen von Holzporen vor dem Lackieren dient.

Primer
Primer ist ein umgangssprachlicher Ausdruck für Grundbeschichtung*. Beachte jedoch Wash Primer* und Fertigungsbeschichtung* (Shop Primer).

Pulverlack
Pulverlack ist Beschichtungspulver*, das nach dem Auftragen und Aufschmelzen auf dem Untergrund eine Lackierung* ergibt.

Quellung
Quellung ist Volumenvergrößerung, bedingt durch Aufnahme von Flüssigkeiten, Dämpfen oder Gasen in die Beschichtung*. Die Volumenvergrößerung braucht nicht immer makroskopisch wahrnehmbar zu sein.

Reaktionslack
Reaktionslack ist ein Lack*, der durch chemische Reaktion bereits bei Raumtemperatur härtet. Man unterscheidet Einkomponenten-Reaktionslacke* und Zwei- oder Mehrkomponenten-Reaktionslacke*.

Anmerkung: Oxidativ härtende Lacke werden nicht zu den Reaktionslacken gerechnet.

Reaktives Lösemittel
Reaktives Lösemittel ist ein Lösemittel*, das bei der Filmbildung* durch chemische Reaktion Bestandteil des Bindemittels* wird und dadurch seine Eigenschaft als Lösemittel verliert.

[2]) Siehe Seite 9

Reaktives Verdünnungsmittel
Reaktives Verdünnungsmittel ist ein Verdünnungsmittel*, das bei der Filmbildung* durch chemische Reaktion Bestandteil des Bindemittels* wird und dadurch seine Eigenschaft als Verdünnungsmittel verliert.

Rostgrad
Rostgrad kennzeichnet den Anteil der von Rost durchbrochenen Fläche eines Anstriches* (aus: DIN 53 210 /02.78).

Runzeln
siehe „Kräuseln"

Schleier
Schleier im Sinne dieser Norm ist eine nicht durch äußere Einflüsse hervorgerufene Trübung, die während oder nach der Filmbildung* sichtbar wird. Siehe auch „Anlaufen".

Schlußanstrich
siehe unter „Deckanstrich"

Schlußbeschichtung
siehe unter „Deckbeschichtung"

Shop Primer
siehe „Fertigungsbeschichtung"

Sikkativ
siehe „Trockenstoff"

Spachtelmasse
Spachtelmasse ist ein pigmentierter hoch gefüllter Beschichtungsstoff*, vorwiegend zum Ausgleich von Unebenheiten des Untergrundes. Die Spachtelmasse kann zieh-, streich- oder spritzbar eingestellt werden.

Man kann die Spachtelmassen unterscheiden nach dem Auftragsverfahren, nach dem Bindemittel* und nach dem Verwendungszweck.

Spirituslack
Spirituslack ist ein Lack*, dessen Lösemittel* im wesentlichen aus Ethanol besteht.

Standöl
Standöl ist ein nur durch Erhitzen eingedicktes, trocknendes Öl.

Anmerkung: Wird von Leinöl-Standöl, Holzöl-Standöl, Rizinenöl-Standöl, Sojaöl-Standöl und dergleichen gesprochen, so darf es nur aus dem genannten Standöl bestehen.

Als „Mischstandöle" gelten solche, die aus mehreren Ölarten hergestellt sind, z.B. Leinöl-Holzöl-Standöl 80 : 20.

Der Begriff „trocknendes Öl" ist nicht an einen Mindestwert der Iodzahl gebunden, umfaßt also auch die sogenannten „halbtrocknenden Öle", soweit sie sich zum Herstellen von Standöl eignen.

Strahlenhärtung
Strahlenhärtung ist eine Härtung*, bei der die Molekülvergrößerung durch energiereiche Strahlung, z.B. UV- oder Elektronenstrahlung, bewirkt wird.

Strahlenvernetzung
siehe unter „Vernetzung"

Substrat
Substrat ist
a) ein unlöslicher, meist unbunter Stoff, der am Aufbau bestimmter Farblacke* beteiligt ist (z.B. Tonerdehydrat im Krapplack) oder
b) eine Benennung, die synonym für Untergrund verwendet wird (aus: DIN 55 943/09.84).

Tiefgrund
siehe unter „Einlaßmittel"

Topfzeit
Topfzeit (Verarbeitungszeit) ist die maximale Zeitspanne, innerhalb derer ein in getrennten Bestandteilen gelieferter Beschichtungsstoff* nach dem Vermischen zu verarbeiten ist.

Transparentlack
Transparentlack ist ein Lack* ohne Deckvermögen*, der seine Farbe* dem Zusatz von Farbstoffen* oder lasierenden Pigmenten* verdankt.

Trockenstoff
Trockenstoff ist zumeist ein in organischen Lösemitteln und Bindemitteln lösliches Metallsalz einer organischen Säure, das oxidativ trocknenden Erzeugnissen zugesetzt wird, um den Trocknungsprozeß zu beschleunigen (aus: DIN 55 901/ 03.88).

Trocknung
Trocknung eines aufgetragenen Beschichtungsstoffes* ist der Übergang vom flüssigen in den festen Zustand unter Abgabe von Lösemitteln* (physikalische Trocknung) und/ oder unter Aufnahme von Sauerstoff (oxidative Trocknung).

Anmerkung: Die oxidative Trocknung sollte korrekt als oxidative Härtung bezeichnet werden.

Trocknungszeit
Trocknungszeit ist die Zeitspanne zwischen dem Auftragen eines flüssigen Beschichtungsstoffes* und dem Erreichen eines bestimmten Zustandes während der Filmbildung* durch Trocknung*.

Anmerkung: Bestimmte Zustände sind z.B. staubtrocken, klebfrei, griffest, montagefest, stapelfest.

Überarbeitbarkeit
Überarbeitbarkeit bezeichnet die Eigenschaft, auf eine Beschichtung* eine oder mehrere weitere Schichten aufbringen zu können, ohne daß sich schädigende Wechselwirkungen zwischen den Schichten ergeben. Die Überarbeitbarkeit bezieht sich nicht auf eine Beschichtung allein, sondern auf das ganze Beschichtungssystem.

Der Begriff „Überarbeitbarkeit" kann sinngemäß auf bestimmte Auftragsverfahren (z.B. Lackieren, Spritzen, Streichen) übertragen werden.

Überlackierbarkeit
siehe unter „Überarbeitbarkeit"

Überspritzbarkeit
siehe unter „Überarbeitbarkeit"

Überstreichbarkeit
siehe unter „Überarbeitbarkeit"

Umgriff
Der Umgriff charakterisiert die Möglichkeit, während eines Auftrages in einem elektrischen Feld Flächen zu beschichten, die sich in einem durch die Form oder Lage des zu beschichtenden Gegenstandes abgeschwächten elektrischen Feld befinden (z.B. Hohlkörper oder von der Gegenelektrode abgekehrte Seiten und anderes).

Ungesättigtes Polyesterharz
siehe DIN 55 958

Unterrostung
Unterrostung ist die Bildung von Rost unter der Beschichtung*, ohne daß Rost auf der Oberfläche sichtbar sein muß.

Unterwanderung

Unterwanderung ist die von einer Fehlstelle ausgehende Veränderung in der Grenzfläche zwischen Beschichtung* und Untergrund oder zwischen einzelnen Schichten, die sich in einer Verringerung der Haftfestigkeit* bemerkbar macht und gegebenenfalls zu Korrosion führt. Siehe auch „Unterrostung".

Verarbeitungszeit

siehe „Topfzeit"

Verbrauch

Verbrauch ist diejenige Menge Beschichtungstoff*, welche erforderlich ist, um eine Fläche bestimmter Größe unter gegebenen Bedingungen mit einer Beschichtung* in bestimmter Trockenschichtdicke zu versehen.

Der Verbrauch wird in l/m^2 oder kg/m^2 zusammen mit der zugehörigen Trockenschichtdicke in µm angegeben (aus: DIN 53 220/04.78). Siehe auch „Ergiebigkeit".

Anmerkung: Es ist zwischen theoretischem und praktischem Verbrauch zu unterscheiden. Einzelheiten siehe DIN 53 220.

Verdünnungsmittel

Verdünnungsmittel ist eine aus einer oder mehreren Komponenten bestehende Flüssigkeit, die dem Beschichtungsstoff* während der Herstellung oder vor der Anwendung zugesetzt wird, um seine Eigenschaften der Verarbeitung anzupassen.

Verdünnungsmittel müssen mit dem jeweiligen Beschichtungsstoff völlig verträglich und unter den jeweiligen Filmbildungsbedingungen flüchtig sein. Siehe auch „Reaktives Verdünnungsmittel".

Verdünnungsmittel, reaktives

siehe „Reaktives Verdünnungsmittel"

Verdunstungszahl

Die Verdunstungszahl (VD) ist das Verhältnis aus der für die zu prüfende Flüssigkeit gemessenen Verdunstungszeit und der Verdunstungszeit für Diethylether ($C_2H_5OC_2H_5$) als Vergleichsflüssigkeit (aus: DIN 53 170/04.77).

Verlauf

Verlauf ist das mehr oder weniger ausgeprägte Vermögen einer noch flüssigen Beschichtung*, die bei ihrem Auftragen entstehenden Unebenheiten selbsttätig auszugleichen.

Vernetzung

Vernetzung ist die Bildung eines dreidimensionalen molekularen Netzwerkes über Hauptvalenzen. Die Vernetzung kann durch Zusatz chemischer Substanzen, durch Wärme oder durch Strahlung bewirkt werden bzw. durch Kombinationen dieser Einwirkungen.

Anmerkung: Vernetzung ist Oberbegriff für Härtung*, Vulkanisation und Strahlenvernetzung.

Verschnittmittel für Lösemittel

Verschnittmittel für Lösemittel ist eine aus einer oder mehreren Komponenten bestehende Flüssigkeit, die für sich allein das Bindemittel* nicht aufzulösen vermag und nur zusammen mit Lösemitteln* verwendet wird, ohne daß sie bei entsprechender Handhabung das Auflösen bleibend behindert oder Bestandteile der Lösung ausfällt oder chemisch umsetzt. Verschnittmittel für Lösemittel müssen unter den jeweiligen Filmbildungsbedingungen flüchtig sein. Siehe aber „Verdünnungsmittel".

Vorlack

Vorlack ist ein meist halbglänzend oder halbmatt (siehe DIN 53 230) auftrocknender Lack* mit gutem Deck*- und Füllvermögen*, der vor der Deck-/Schlußlackierung aufgetragen wird.

Anmerkung: Der Begriff Vorlack ist nur in bestimmten Anwendungsbereichen üblich, z. B. im Maler- und Lackiererhandwerk.

Wärmedämm-Verbundsystem

siehe DIN V 18 559

Wärmehärtung

Wärmehärtung ist die Härtung* eines aufgetragenen Beschichtungsstoffes* durch notwendige Zufuhr von Wärme.

Anmerkung: Der vielfach gebrauchte Ausdruck „Ofentrocknung" ist falsch und zu vermeiden.

Wash Primer

Wash Primer ist ein Mittel zur Vorbehandlung von Metalloberflächen.

Anmerkung: Der Wash Primer besteht zumeist aus zwei Komponenten. Er ist dünnflüssig, spritz- und streichbar und ergibt sehr geringe Schichtdicken. Seine passivierende und haftungsvermittelnde Wirkung beruht auf der chemischen Reaktion seiner Komponenten untereinander und mit den Metalloberflächen. Der Wash Primer hat nicht die Aufgabe zu entfetten oder zu reinigen. Er ergibt in der Regel eine lasierende Schicht, die nicht die Aufgabe hat, eine deckende Grundbeschichtung* zu ersetzen.

Wasserlack

Wasserlack ist eine Kurzbenennung für wasserverdünnbare* Lacke*. Ein Wasserlack kann organische Lösemittel* enthalten. Im Anlieferzustand kann das Wasser ganz oder teilweise fehlen.

Wasserverdünnbarkeit

Wasserverdünnbarkeit im Sinne dieser Norm ist die Eigenschaft von Beschichtungen*, sich bis zum verarbeitungsfertigen Zustand mit Wasser verdünnen zu lassen.

Weichmacher

Weichmacher sind flüssige oder feste, indifferente organische Substanzen mit geringem Dampfdruck, überwiegend solche esterartiger Natur. Sie können ohne chemische Reaktion, vorzugsweise durch ihr Löse- bzw. Quellvermögen, unter Umständen aber auch ohne ein solches, mit hochpolymeren Stoffen in physikalische Wechselwirkung treten und ein homogenes System mit diesen bilden. Weichmacher verleihen den mit ihnen hergestellten Gebilden bzw. Überzügen bestimmte angestrebte physikalische Eigenschaften, wie z. B. erniedrigte Einfriertemperatur, erhöhtes Formänderungsvermögen, erhöhte elastische Eigenschaften, verringerte Härte und gegebenenfalls gesteigertes Haftvermögen.

Wischbeständigkeit

Wischbeständigkeit ist die Eigenschaft einer Beschichtung*, bei leichtem, trockenem Reiben nicht abzufärben.

Anmerkung: Bei Kunststoffdispersionsfarben für Innen sind nur die Güteklassen „waschbeständig" und „scheuerbeständig" üblich (siehe DIN 53 778 Teil 1). Andere Angaben, z. B. „wischbeständig nach DIN 55 945", sind deshalb irreführend und unzulässig.

Zaponlack

Zaponlack ist ein Klar*- oder Transparentlack* mit nur geringem Gehalt an Bindemittel, z. B. auf der Grundlage von Salpetersäureestern der Cellulose[2]).

Anmerkung: Der Name Zaponlack ist in den USA geschützt, wird aber in Deutschland allgemein angewendet. Der Zaponlackfilm soll den Charakter des Untergrundes erkennen lassen, auch wenn der Zaponlack mit Farbstoffen* angefärbt ist.

---

[2]) Siehe Seite 9

Zusatzstoff
siehe unter „Additiv"

Zwei- oder Mehrkomponenten-Reaktionslack
Zwei- oder Mehrkomponenten-Reaktionslack ist ein Reaktionslack*, bei dem die chemische Reaktion, die zur Härtung* führt, durch Mischen von zwei oder mehr Komponenten eingeleitet wird.
Anmerkung: Die einzelnen Komponenten sind kein Lack* im Sinne dieser Norm, da sie nicht zur Filmbildung* fähig sind.

Zwischenanstrich
Zwischenanstrich ist die Zwischenbeschichtung* aus einem Anstrichstoff*.

Zwischenbeschichtung
Zwischenbeschichtung wird eine Schicht eines Beschichtungssystems genannt, die zwischen der ersten und der letzten Beschichtung* liegt, sofern sie nicht der Grundbeschichtung* oder der Deckbeschichtung* zugeordnet wird.
Anmerkung: Zwischenbeschichtungen übernehmen in einem Beschichtungssystem besondere Funktionen.

3 Weitere Begriffe in anderen Normen

(Die in diesen Normen angegebenen Begriffe sind zum Teil spezieller Art und nur für den Bereich der betreffenden Norm gültig, z. B. als Eigenschaftsbegriff an das genormte Prüfverfahren gebunden, zum Teil sind sie noch Bestandteil von Norm-Entwürfen und daher noch nicht endgültig.)

Acrylharz siehe DIN 53 186
„Airless"-Spritzen siehe DIN 55 928 Teil 6
Aktives Pigment siehe DIN 55 943
Altern siehe DIN 50 035 Teil 1
Aluminiumhydroxid (als Füllstoff) siehe DIN 55 628
Aluminiumpigment siehe DIN 55 923 und DIN 55 943
Aluminiumpigmentpaste siehe DIN 55 923
Aluminiumsilicathydrat, natürliches, siehe DIN 55 922 und DIN 55 943
Aminharz siehe DIN 53 187
Aminzahl siehe DIN 53 176
Aufhellvermögen siehe DIN 55 982 und DIN 55 943
Aufhellvermögenswert siehe DIN 55 982 und DIN 55 943
Ausblühen siehe DIN 55 943
Auslaufzeit mit dem Auslaufbecher siehe DIN 53 211 und DIN ISO 2431

Bindemittelbedarf siehe DIN 55 943
Bitumen und Zubereitungen aus Bitumen, Begriffe, siehe DIN 55 946 Teil 1
Blanc fixe siehe DIN 55 911 und DIN 55 943
Blasengrad von Beschichtungen siehe DIN 53 209
Bleichromat-Pigment siehe DIN 55 975 und DIN 55 943
Bleimennige siehe DIN 55 916 und DIN 55 943
Bleisilicochromat-Pigment, basisch, siehe DIN 55 970 und DIN 55 943
Bleiweiß siehe DIN 55 914 und DIN 55 943
Bleiweißfarbe siehe DIN 55 915
Brandschutzanstrich siehe DIN 14 011 Teil 5
Brandschutzmittel siehe DIN 14 011 Teil 5
Bunt siehe DIN 5033 Teil 1

Cadmium-Pigment siehe DIN 55 974 und DIN 55 943
Calcit siehe DIN 55 918 und DIN 55 943
Calcithaltiger Dolomit siehe DIN 55 919

Calcium carbonicum praecipitatum siehe DIN 55 918 und DIN 55 943
Carbonylzahl siehe DIN 53 173
Chromechtgrün-Pigment siehe DIN 55 972 und DIN 55 943
Chromgelb siehe DIN 55 975
Chromgrün-Pigment siehe DIN 55 973 und DIN 55 943
Chromorange siehe DIN 55 975
Chromoxid-Pigment siehe DIN 55 905 Teil 1 und DIN 55 943
Cotton-Fettsäure siehe DIN 55 965
Cristobalitmehl siehe DIN 55 927

Deckbeschichtungsstoff für Raumheizkörper
 siehe DIN 55 900 Teil 2
Deckvermögenswert siehe DIN 55 984
Dekontamination von Oberflächen siehe DIN 25 415 Teil 1
Destillierte Fettsäure des Baumwollsaatöls
 (Cotton-Fettsäure) siehe DIN 55 965
Destillierte Fettsäure des Sojaöls
 (Sojaöl-Fettsäure) siehe DIN 55 964
Destillierte Fischölfettsäure siehe DIN 55 966
Destilliertes Tallöl siehe DIN 55 941
Dipenten siehe DIN 53 249
Dispergierbarkeit siehe DIN 55 943
Dispergieren siehe DIN 55 943
Dispergierhärte von Buntpigmenten siehe DIN 53 238 Teil 22 und DIN 55 943
Dolomit siehe DIN 55 919 und DIN 55 943
Druckluftspritzen siehe DIN 55 928 Teil 6

Eigenhärte von Pigmenten und Füllstoffen siehe DIN 55 943
Eindruckwiderstand von Beschichtungen siehe DIN 53 153
Eisenblau-Pigment siehe DIN 55 906 und DIN 55 943
Eisenoxid-Pigment siehe DIN 55 913 Teil 1 und DIN 55 943
Epoxidharz siehe DIN 53 188
Erstarrungspunkt von Fettsäuren siehe DIN 53 175
Erweichungspunkt von Harzen
 siehe DIN 53 180 und DIN ISO 4625

Farbmusterung siehe DIN 6173 Teil 1
Farbabstand siehe DIN 5033 Teil 1
Farbmittel, Begriffe, siehe DIN 55 943 und DIN 55 949
Farbstärke siehe DIN ISO 787 Teil 24 und DIN 55 943
Farbtiefe siehe DIN 53 235 Teil 1 und DIN 55 943
Farbunterschied siehe DIN 53 236 und DIN 55 943
Fertiglackierung bei Raumheizkörpern siehe DIN 55 900 Teil 2
Festkörpervolumen siehe DIN 53 219
Fischölfettsäure, destillierte, siehe DIN 55 966
Flammpunkt siehe DIN 53 213 Teil 1, DIN 51 755, DIN 51 758 und DIN 55 679
Flint, gebrannter, siehe DIN 55 927

Glanzpigment siehe DIN 55 943
Grundbeschichtung für Raumheizkörper
 siehe DIN 55 900 Teil 1
Grundbeschichtungsstoff für Raumheizkörper
 siehe DIN 55 900 Teil 1

Heißspritzen siehe DIN 55 928 Teil 6
Hellbezugswert siehe DIN 5033 Teil 1 und DIN 55 943
Helligkeit siehe DIN 5033 Teil 1 und DIN 55 943
Helligkeit von Dispersionsfarbenanstrichen
 siehe DIN 53 778 Teil 3
Höchstdruckspritzen siehe DIN 55 928 Teil 6
Holzöl siehe DIN 55 936
Holzöl-Standöl siehe DIN 55 937
Hydrieriodzahl siehe DIN 53 241 Teil 2
Hydroxylzahl siehe DIN 53 240 und DIN ISO 4629

Interferenzpigment siehe DIN 55 943
Iodfarbzahl siehe DIN 6162
Iodzahl siehe DIN 53 241 Teil 1
Isocyanatharz siehe DIN 53 185

Kaliumaluminiumsilicathydrat, natürliches, siehe DIN 55 929 und DIN 55 943
Kernpigment siehe DIN 55 943
Kienöl siehe DIN 53 248
Klebstoffe, Begriffe, siehe DIN 16 920
Klebstoffverarbeitung, Begriffe, siehe DIN 16 920
Klimabegriffe siehe DIN 50 010 Teil 1 und DIN 50 019 Teil 1 bis Teil 3
Kolophonium siehe DIN 55 935
Kontrastverhältnis von Dispersionsfarbenanstrichen siehe DIN 53 778 Teil 3
Kornhärte siehe DIN 55 943
Körperfarbe siehe DIN 5033 Teil 1 und DIN 55 943
Korrosion der Metalle, Begriffe, siehe DIN 50 900 Teil 1 und Teil 2
Korrosionsschutz siehe DIN 50 900 Teil 1
Korrosionsschutz, Behandlung von Metalloberflächen, Begriffe, siehe DIN 50 902
Korrosionsschutzpigment siehe DIN 55 943
Kreide siehe DIN 55 918 und DIN 55 943
Kunststoffdispersionsfarbe für Innen siehe DIN 53 778 Teil 1

Lackleinöl siehe DIN 55 933
Lacksojaöl siehe DIN 55 938
Leinöl siehe DIN 55 930
Leinöl-Fettsäure siehe DIN 55 960
Leuchtpigment, langnachleuchtendes, siehe DIN 67 510
Lithopone siehe DIN 55 910
Lösetemperatur von Polyvinylchlorid (PVC) in Weichmachern siehe DIN 53 408
Löslichkeit eines Farbstoffes siehe DIN 55 976

Magnesiumsilicathydrat, blättchenförmiges, natürliches, siehe DIN 55 924 und DIN 55 943
Mahlfeinheit von Beschichtungsstoffen siehe DIN ISO 1524
Metalleffektpigment siehe DIN 55 943
Migration bei Farbmitteln siehe DIN 55 943
Molybdatrot siehe DIN 55 975
Muster siehe DIN 6173 Teil 1

Oberflächenbehandlung der Metalle für den Korrosionsschutz durch anorganische Schichten, Begriffe siehe DIN 50 902
Ölbleiweiß siehe DIN 55 915
Ölzahl siehe DIN 55 943 und DIN ISO 787 Teil 5

Perlglanzpigment siehe DIN 55 943
Perlmuttpigment siehe DIN 55 943
Phenolharz, Begriff, Einteilung siehe DIN 16 916 Teil 1
Platin/Cobalt-Farbzahl siehe DIN ISO 6271
Probe siehe DIN 6173 Teil 1
Probenahme, Begriffe, siehe DIN 53 242 Teil 1
Purton siehe DIN 55 983, DIN 55 985 und DIN 55 943
Purton-System siehe DIN 55 983, DIN 55 985 und DIN 55 943

Quarzgutmehl siehe DIN 55 927
Quarzmehl siehe DIN 55 926

Radioaktive Leuchtfarbe siehe DIN 5043 Teil 1
Radioaktives Leuchtpigment siehe DIN 5043 Teil 1
Reinigungsfähigkeit von Dispersionsfarbenanstrichen siehe DIN 53 778 Teil 2
Reflexionsfaktor siehe DIN ISO 787 Teil 24
Reflexionsgrad siehe DIN ISO 787 Teil 24
Relative Farbstärke siehe DIN ISO 787 Teil 24 und DIN 55 943
Relatives Streuvermögen siehe DIN 53 164, DIN ISO 787 Teil 24 und DIN 55 943

Rheologische Begriffe siehe DIN 1342 Teil 1
Rizinen-Fettsäure siehe DIN 55 962
Rizinenöl siehe DIN 55 940
Rizinusöl siehe DIN 55 939
Rohleinöl (Rohes Leinöl) siehe DIN 55 930

Sättigung siehe DIN 5033 Teil 1 und DIN 55 943
Säurezahl siehe DIN 53 402
Scheuerbeständigkeit von Dispersionsfarbenanstrichen siehe DIN 53 778 Teil 2
Schichtdicke und verwandte Begriffe siehe DIN 50 982 Teil 1
Schmelzintervall von Harzen siehe DIN 53 181
Schmelzpunkt von Harzen siehe DIN 53 181
Schwerspat siehe DIN 55 911 und DIN 55 943
Siedeverlauf und verwandte Begriffe siehe DIN 53 171
Siliciumdioxid siehe DIN 55 926, DIN 55 927 und DIN 55 943
Sinterpunkt von Harzen siehe DIN 53 181
Sojaöl-Fettsäure siehe DIN 55 964
Spritzen siehe DIN 55 928 Teil 6
Stabilisator siehe DIN 50 035 Teil 2*)
Stampfdichte siehe DIN 55 943
Stampfvolumen siehe DIN 55 943
Standardfarbtiefe siehe DIN 53 235 Teil 1 und DIN 55 943
Steinkohlenteerpech und Zubereitungen aus Steinkohlenteer-Spezialpech, Begriffe, siehe DIN 55 946 Teil 2
Strahlen siehe DIN 50 902
Strahlmittel siehe DIN 8201 Teil 1
Strahlverfahrenstechnik, Begriffe, siehe DIN 8200
Streukoeffizient siehe DIN 53 164
Streuvermögen siehe DIN 53 164, DIN ISO 787 Teil 24 und DIN 55 943
Streuvermögenswert siehe DIN 53 164
Strontiumchromat-Pigment siehe DIN 55 903 und DIN 55 943

Tallöl, destilliertes, siehe DIN 55 941
Tallöl-Fettsäure siehe DIN 55 961
Teilchen (bei Pigmenten und Füllstoffen) siehe DIN 55 943
Terpentinöl siehe DIN 53 248
Textur siehe DIN 55 943
Titandioxid-Pigment siehe DIN 55 912 Teil 1 und DIN 55 943
Trockengrad von Beschichtungen siehe DIN 53 150

Überlackierbarkeit siehe DIN 53 221
Überstreichbarkeit von Dispersionsfarbenanstrichen siehe DIN 53 778 Teil 4
Überzug siehe DIN 50 902 und DIN 55 928 Teil 1
Ultramarin-Pigment siehe DIN 55 907 und DIN 55 943
Unbunt siehe DIN 5033 Teil 1
Ungesättigtes Polyesterharz siehe DIN 53 184
Unterwanderung bei der Salzsprühnebelprüfung siehe DIN 53 167

Verseifung siehe DIN 53 401
Verseifungszahl siehe DIN 53 401
Viskosität von Weichmachern siehe DIN 53 400
Vollton siehe DIN 55 985 und DIN 55 943

Wanderung bei Farbmitteln siehe DIN 55 943
Wanderungstendenz von Weichmachern siehe DIN 53 405
Waschbeständigkeit von Dispersionsfarbenanstrichen siehe DIN 53 778 Teil 2
Wetterbeständigkeit (Witterungsbeständigkeit) siehe DIN 53 166

Zinkchromat-Pigment siehe DIN 55 902 und DIN 55 943
Zinkphosphat-Pigment siehe DIN 55 971 und DIN 55 943
Zinkstaub-Pigment siehe DIN 55 969 und DIN 55 943
Zinkweiß siehe DIN 55 943

---

*) Z. Z. Entwurf

Zitierte Normen

DIN 5033 Teil 1	Farbmessung; Grundbegriffe der Farbmetrik
DIN 16 920	Klebstoffe; Klebstoffverarbeitung; Begriffe
DIN 18 558	Kunstharzputze; Begriffe, Anforderungen, Ausführung
DIN V 18 559	Wärmedämm-Verbundsysteme; Begriffe, Allgemeine Angaben
DIN 25 415 Teil 1	Dekontamination von radioaktiv kontaminierten Oberflächen; Verfahren zur Prüfung und Bewertung der Dekontaminierbarkeit
DIN 50 900 Teil 1	Korrosion der Metalle; Begriffe; Allgemeine Begriffe
DIN 50 902	Behandlung von Metalloberflächen für den Korrosionsschutz durch anorganische Schichten; Begriffe
DIN 53 159	Prüfung von Anstrichstoffen und ähnlichen Beschichtungsstoffen; Bestimmung des Kreidungsgrades von Anstrichen und ähnlichen Beschichtungen nach Kempf
DIN 53 170	Lösungsmittel für Anstrichstoffe; Bestimmung der Verdunstungszahl
DIN 53 183	Anstrichstoffe; Alkydharze; Prüfung
DIN 53 210	Bezeichnung des Rostgrades von Anstrichen und ähnlichen Beschichtungen
DIN 53 220	Anstrichstoffe und ähnliche Beschichtungsstoffe; Verbrauch zum Beschichten einer Fläche; Begriffe, Einflußfaktoren
DIN 53 223	Prüfung von Anstrichstoffen und ähnlichen Beschichtungsstoffen; Bestimmung des Kreidungsgrades von Anstrichen und ähnlichen Beschichtungen nach der Klebebandmethode
DIN 53 230	Prüfung von Anstrichstoffen und ähnlichen Beschichtungsstoffen; Bewertungssystem für die Auswertung von Prüfungen
DIN 53 778 Teil 1	Kunststoffdispersionsfarben für Innen; Mindestanforderungen
DIN 55 901	Trockenstoffe für Lacke und Anstrichstoffe; ISO 4619 – 1980 modifiziert
DIN 55 928 Teil 1	Korrosionsschutz von Stahlbauten durch Beschichtungen und Überzüge; Allgemeines
DIN 55 928 Teil 5	Korrosionsschutz von Stahlbauten durch Beschichtungen und Überzüge; Beschichtungsstoffe und Schutzsysteme
DIN 55 928 Teil 9	Korrosionsschutz von Stahlbauten durch Beschichtungen und Überzüge; Bindemittel und Pigmente für Beschichtungsstoffe
DIN 55 932	Anstrichstoffe; Leinölfirnis; Technische Lieferbedingungen
DIN 55 943	Farbmittel; Begriffe
DIN 55 944	Farbmittel; Einteilung
DIN 55 949	Farbmittel; Begriffe nach technologischen Gesichtspunkten
DIN 55 958	Harze; Begriffe
DIN 55 980	Bestimmung des Farbstichs von nahezu weißen Proben
DIN 67 530	Reflektometer als Hilfsmittel zur Glanzbeurteilung an ebenen Anstrich- und Kunststoff-Oberflächen
DIN ISO 4623	(z.Z. Entwurf) Lacke, Anstrichstoffe und ähnliche Beschichtungsstoffe; Filiform-Korrosionsprüfung an Beschichtungen auf Stahl; Identisch mit ISO 4623 Ausgabe 1984

Weitere Normen siehe Abschnitt 3

Frühere Ausgaben

DIN 55 947: 04.68, 08.73
DIN 55 945 Teil 1: 01.57x, 03.61x, 11.68
DIN 55 945: 10.73, 04.78, 08.83

Änderungen

Gegenüber der Ausgabe August 1983 und DIN 55 947/08.73 wurden folgende Änderungen vorgenommen:
a) Titel geändert;
b) 58 neue Begriffe bzw. Stichwörter aufgenommen, u.a. Antistatikum, Härtung, Kunststoffdispersion, Strahlenvernetzung, Vernetzung und Weichmacher aus DIN 55 947;
c) Begriffssysteme zu den Begriffen Beschichtung und Beschichtungsstoff erweitert;
d) Inhalt der Norm überarbeitet.

Erläuterungen

Die vorliegende Norm wurde vom FA-Arbeitsausschuß 1 „Begriffe" ausgearbeitet. Sie ersetzt DIN 55 945, Ausgabe August 1983. Gegenüber der Ausgabe August 1983 weicht die vorliegende Norm in folgenden wesentlichen Punkten ab:
- der Titel wurde von „Lacke, Anstrichstoffe und ähnliche Beschichtungsstoffe; Begriffe" in „Beschichtungsstoffe (Lacke, Anstrichstoffe und ähnliche Stoffe); Begriffe" geändert;
- die Begriffe (bzw. Stichwörter) Abdampfrückstand, Abscheideäquivalent, Abscheiden, Abscheidespannung, Additiv, Applikationsverfahren, Ausbleichen, Beständigkeit, Brillanz, Biolack, Cold-check-test, dämmschichtbildende Brandschutzbeschichtung, Deckbeschichtung, Dekontaminierbarkeit, Effektlackierung, Einbrennen, elektrostatisches Beschichten (Lackieren), Elektrotauchlackieren (ETL), Fertigungsbeschichtung (Shop Primer), Filiformkorrosion, Filmfehler, Flüssiglack, Gardinen, Grundierung, Härter, „High Solid"-Lack, Hilfsstoff, Kantenflucht, Kochblasen (Kocher), Kontamination, Krater, Lasur, lösemittelarmer Beschichtungsstoff, Mahlfeinheit, Nachfallen, Nadelstiche, Naßschichtdicke, Naturlack, Orangenschaleneffekt, Pilzbefall, Schlußbeschichtung, Sikkativ, Strahlenhärtung, Tiefgrund, Topfzeit (Verarbeitungszeit), Vorlack, Wärmedämm-Verbundsystem, Zusatzstoff und Zwischenbeschichtung, welche zuvor in den Norm-Entwürfen DIN 55 945 A1, November 1984, und DIN 55 945 A2, Januar 1987, zur Diskussion gestellt worden waren, wurden unter Berücksichtigung der aus den Einspruchsberatungen resultierenden Änderungen und Ergänzungen neu aufgenommen;
- die Begriffe (bzw. Stichwörter) Antistatikum, Beschleuniger, Härtung (allgemein), Kunststoffdispersion, Polyester, Strahlenvernetzung, Vernetzung und Weichmacher wurden mit ihren Definitionen aus DIN 55 947, August 1973, übernommen, um diese – teilweise durch DIN 55 958 ersetzte – Norm zurückziehen zu können. Der gleichfalls in DIN 55 947 enthaltene Begriff „Stabilisator" wurde jedoch nicht übernommen, da er bereits in DIN 50 035 Teil 2 aufgeführt ist;
- die Begriffssysteme zu den Begriffen Beschichtung und Beschichtungsstoff wurden vollständig überarbeitet und durch zahlreiche weitere Beispiele ergänzt.

Zu einigen der neu aufgenommenen, gestrichenen bzw. bereits bisher genormten Begriffe ist, in der Reihenfolge vom Rohstoff über den Beschichtungsstoff zur fertigen Beschichtung, noch folgendes zu bemerken:

Bei bestimmten Lacken, z. B. auf der Grundlage von ungesättigten Polyesterharzen, werden Teile des Lösemittels durch den Härtungsvorgang in das Bindemittel eingebaut. Das gleiche gilt sinngemäß für Verdünnungsmittel. Die Definitionen der Begriffe **Bindemittel**, **Lösemittel** und **Verdünnungsmittel** tragen diesem Sachverhalt Rechnung.

Für Löse- und Verdünnungsmittel, die zu solchen Reaktionen fähig sind, sind die Begriffe „**reaktives Lösemittel**" bzw. „**reaktives Verdünnungsmittel**" festgelegt. Naturgemäß kann aber nur der Teil des Lösemittels (Verdünnungsmittels), der tatsächlich in das Bindemittel eingebaut wird, diesem zugerechnet werden, während der flüchtige Anteil noch als Lösemittel (Verdünnungsmittel) im bisher gewohnten Sinn betrachtet werden muß.

Während im Englischen zwischen colour (color) und paint klar unterschieden wird, wird im Deutschen **Farbe** für beides, also doppelsinnig gebraucht. In dieser Norm ist Farbe nur als optische Erscheinung (englisch: colour, color; französisch: couleur) definiert. Für den farbgebenden Beschichtungsstoff (englisch: paint; französisch: peinture) sind verschiedene Wortverbindungen mit -farbe, z. B. Anstrichfarbe, Lackfarbe, Kunststoffdispersionsfarbe, festgelegt.

Als Sammelname für alle farbgebenden Stoffe, wie Farblack, Farbstoff und Pigment dient der Begriff **Farbmittel**. Über die Einteilung von Farbmitteln liegt DIN 55 944 vor, und eine Reihe von einschlägigen Begriffen ist in DIN 55 943 und DIN 55 949 zusammengefaßt. Unter „Anwendungsmedium" ist in den Definitionen für **Farbstoff**, **Füllstoff** und **Pigment** das jeweilige Bindemittel zu verstehen. Bei der Anwendung des Begriffes Pigment ist zu beachten, daß dieser in einigen Fällen, z. B. in Wortzusammensetzungen wie Pigmentgehalt oder Pigmentvolumenkonzentration, alle pulverförmigen Bestandteile eines Beschichtungsstoffes umfassen kann, also dann auch Füllstoffe einschließt. Füllstoffe können in bestimmten Anwendungsmedien als Farbmittel wirken, z. B. Kreide bei Kunststoffdispersionsfarben.

Die Benennungen **Haftgrundmittel** und **Wash Primer** werden nicht mehr als synonyme Benennungen festgelegt. Der Begriff Haftgrundmittel soll bei den weiteren Arbeiten neu definiert werden. Die neue Definition soll unter anderem berücksichtigen, daß Haftgrundmittel – im Gegensatz zu den nur für Metall in Frage kommenden Wash Primern – auch bei Holz als Untergrund möglich ist.

Beschichtungsstoff und **Beschichtung** sind Oberbegriffe und **Anstrichstoff** und **Anstrich** – ebenso wie **Lack** und **Lackierung** – Unterbegriffe. Der Begriff Beschichtung bezieht sich nicht auf vorgeformte Stoffe, was auch im Einklang mit DIN 8580 „Fertigungsverfahren; Einteilung" (Ausgabe Juni 1974) steht. Danach ist Beschichten das Aufbringen einer festhaftenden Schicht aus formlosem Stoff auf ein Werkstück. Zusätzlich wird angegeben, daß der unmittelbar vor dem Beschichten herrschende Zustand des Beschichtungsstoffes maßgebend ist.

Darauf hinzuweisen ist, daß innerhalb und außerhalb des DIN-Normenwerkes ein Trend zur zunehmenden Verwendung der Oberbegriffe Beschichtung und Beschichtungsstoff besteht. Diesem Sachverhalt trägt auch der Titel der vorliegenden Norm Rechnung.

Im Interesse einer objektiven Unterrichtung des nichtgewerblichen Letztverbrauchers hatte der FA-Arbeitsausschuß 1 „Begriffe" im Jahre 1985 eine Stellungnahme zu Wortzusammensetzungen wie **Biofarbe**, **Biolack** und ähnlichem erarbeitet.[3] Die weiteren Beratungen führten zur Veröffentlichung des Begriffs **Naturlack** im Norm-Entwurf DIN 55 945 A2. Bei der Beratung der zu diesem Norm-Entwurf eingegangenen Stellungnahmen wurde festgestellt, daß zwischen dem Begriff Naturlack – mit der vorgesehenen Definition – und dem seit langem eingeführten Begriff Naturharz eine Diskrepanz besteht. Aus diesem Grunde wurde zusätzlich der Begriff **Naturharzlack** – analog zu Kunstharzlack – definiert und in die vorliegende Norm aufgenommen. Ebenfalls wieder aufgenommen wurden die Begriffe **Ölfarbe** und **Öllack**, weil den entsprechenden Produkten heute wieder eine gewisse Bedeutung zukommt.

Im folgenden wird angegeben, welche der in der vorliegenden Norm festgelegten Begriffe synonyme Begriffe darstellen. Soweit zutreffend, wird bei den Begriffspaaren durch Fettdruck kenntlich gemacht, welche Benennung zu bevorzugen ist.

Abkreiden/**Kreiden**
Additiv/Hilfsstoff/Zusatzstoff
Anstrichmittel/**Anstrichstoff**
Einbrennen/Wärmehärtung
Farbton/**Buntton**
Festkörper/**nichtflüchtiger Anteil**
Kräuseln/Runzeln
Lösemittel/Lösungsmittel
Schlußanstrich/(letzter)Deckanstrich

---

[3] farbe + lack 91 (1985), H. 4, S. 374, und DIN-Mitteilungen 64 (1985), Nr. 5, S. 257

Bei den Normungsarbeiten wurden auch andere einschlägige Begriffsnormen in Betracht gezogen.
Es liegen z. B. folgende andere einschlägige Normen beim DIN vor:
International Organization for Standardization (ISO):

ISO 4617/1 – 1987	Paints and varnishes; List of equivalent terms; Part 1: General terms (en, fr, de, nl)
ISO 4617/2 – 1982	Paints and varnishes; List of equivalent terms; Part 2 (en, fr, ru, de, nl)
ISO 4617/3 – 1986	Paints and varnishes; List of equivalent terms; Part 3 (en, fr, ru, de, nl)
ISO 4617/4 – 1986	Paints and varnishes; List of equivalent terms; Part 4 (en, fr, ru, de, nl, it)
ISO 4618/1 – 1984	Paints and varnishes; Vocabulary; Part 1: General terms (en, fr, ru, de)
ISO 4618/2 – 1984	Paints and varnishes; Vocabulary; Part 2: Terminology relating to initial defects and to undesirable changes in films during ageing (en, fr, ru, de)
ISO 4618/3 – 1984	Paints and varnishes; Vocabulary; Part 3: Terminology of resins (en, fr, ru)

Argentinien:

IRAM 1020/48	Definiciones generales para pinturas, barnices y afines

Australien:

AS 2310 – 1980	Glossary of paint and painting terms

Deutsche Demokratische Republik:

TGL 25 087	Anstrichstoffe – Anstriche; Begriffe (Dezember 1977)

Frankreich:

NF T 30-003	Peintures; classification de peintures, vernis et produits connexes (Juli 1980)
NF T 30-004	Peintures; vocables ou expressions impropres (April 1971)
NF T 36-001	Peintures; dictionnaire technique des peintures et des travaux d'application (Juni 1988)
NF T 36-002	Pigments; classification des pigments et des matières de charge (Mai 1987)
NF T 36-003	Pigments; dictionnaire des pigments et des matières de charge (April 1988)

Vereinigtes Königreich:

BS 2015:1965	Glossary of paint terms

Indien:

IS : 1303 – 1983	Glossary of terms relating to paints

Jugoslawien:

JUS H.C0.002	Boje, lakovi, njima slični proizvodi i njihove sirovine; terminologija na pet jezika i lista (1967) (Lacke, Anstrichstoffe und deren Rohstoffe; Terminologie in fünf Sprachen, „I. Aufstellung" (sh, en, fr, ru, de))
JUS H.C1.001	Pigmenti; terminologija i definicije (1966) (Pigmente; Terminologie und Definitionen)
JUS H.C1.002	Boje, lakovi, njima slični proizvodi i njihove sirovine; ulja, terminologija i definicije (1968) (Lacke, Anstrichstoffe und deren Rohstoffe; Terminologie und Definitionen)
JUS H.C1.010	Anorganski pigmenti; klasifikacija mineralnih pigmenata (1966) (Anorganische Pigmente; Einteilung von mineralischen Pigmenten)

Niederlande:

NEN 941	Benamingen op verf- and vernisgebied (1983)

Portugal:

NP 41	Tintas e vernizes. Terminologia – Definicoes (1982)
NP 42	Tintas e vernizes. Classificacao (1982)
NP 111	Tintas e vernizes. Defeitos na pintura. Terminologia e definicoes (1982)

Sowjetunion:

GOST 9825-73	МАТЕРИАЛЫ ЛАКОКРАСОЧНЫЕ ,· Термины, определения и обозначения (Lacke und Anstrichstoffe; Begriffe und Bezeichnungen)
GOST 19487-74	ПИГМЕНТЫ И НАПОЛНИТЕЛИ НЕОРГАНИЧЕСКИЕ ,· Термины и определения (Anorganische Pigmente und Füllstoffe; Begriffe)
GOST 24888-81	ПЛАСТМАССЫ, ПОЛИМЕРЫ И СИНТЕТИЧЕСКИЕ СМОЛЫ ; Химические наименования, термины и определения Kunststoffe, Polymere und Kunstharze; Chemische Namen und Begriffe

Spanien:

UNE 48 101 64	Classificación de los pigmentos empleados en la fabricación de pinturas y barnices
UNE 48 102 56	Definiciones y nomenclatura en la indústria de pinturas y barnices

Tschechoslowakei:

ČSN 67 3003	Názvosloví naterových hmot (29.4.1986) (Terminologie von Lacken und Anstrichstoffen; Allgemeine Begriffe)

Vereinigte Staaten:

ASTM D 16-84	Standard Definitions of Terms Relating to Paint, Varnish, Lacquer and Related Products

Internationale Patentklassifikation

C 08 L 1/18	C 09 D 9/00	C 09 D 15/00	C 09 D 1/10	C 09 D 3/26
C 08 L 67/00	C 09 D 5/44	C 09 D 5/18	C 09 D 5/46	C 09 D 5/34
C 08 L 91/00	C 09 D 7/00	C 09 D 5/28	C 09 D 5/36	
C 08 L 93/04	C 09 D 3/64	C 09 D 3/40	C 09 D 3/16	

Stichwortverzeichnis

Abbeizfluide 128
Abbeizmittel nach DIN 55945 127
abgehängte Decken 227, 228
Abkleben von Dichtprofilen 217
Abmessungen, Bauart und Anzahl der zu bearbeitenden Seiten 110
Abrechnung 62, 222
– nach Aufmaß 112
– nach bestimmten Tabellen 112
– nach bestimmten Zeichnungen 112
– nach Flächenmaß 246
– nach Längenmaß 246
Abrechnungseinheiten 37, 114
– Anzahl (Stück) 116
– Flächenmaß 115
– Längenmaß 115
Abschlußborten, Anbringen von 219
Abschlußstriche 219
Absetzen von Beschlagteilen 220
Absperren von Wasserflecken 213
Absperrmittel 124
Abweichungen von der ATV 113
Acrylharzlacke 148
Acryl-Lasurfarbe (Dickschichtlasur) 144
Acryllasuren 149
alkalische Untergründe 173
Alkalität 124
Alkydharzlacke 146
Alkydharzlackfarben 150, 152, 154
alte Anstrichschichten oder Tapezierungen, entfernen 218
Anbringen von Abschlußborten 219
Anforderungen an die Beschichtung 108

Anforderungen an Fahrbahnmarkierungen 108
Angaben zur Ausführung 30
Angaben zur Baustelle 26, 102
Anlaugstoffe 127
Ansetzen von Musterflächen 211
Anzahl, Bauart und Abmessung der zu bearbeitenden Seiten 110
Arbeiten in Werkstätten anderer Unternehmer 106
Arbeitsunterbrechungen, Arbeitsbeschränkungen 28
Armierungsgewebe 158
Armierungskleber 157
Armierungsstoffe 157
Armierungsvlies 158
Art und Anzahl der Musterbeschichtungen 107
Art und Beschaffenheit der zu behandelnden Oberflächen 104
Aufenthalts- und Lagerräume 215
Ausbessern einzelner kleinerer Putz- und Untergrundbeschädigungen 209
Ausbessern von Kittfasern 211
Aus- und Einbau von Dichtprofilen und Beschlagteilen 218
Aus- und Einhängen beweglicher Bauteile 209
Aus- und Einräumen von Möbeln 221
Ausblühungen 167
–, Pilz- und Algenbefall, Beseitigung 213
Ausführung 43, 162
– der Leistungen 162

279

Stichwortverzeichnis

– einer Lackierung 171
Ausführungsart 169
Ausgleichsmassen 135
Aussparungen 232

Bauart, Abmessungen und Anzahl der zu bearbeitenden Seiten 110
Baustelle, Angaben 102
Baustelle, Einrichten und Räumen 47
Bedenken 164
Behandlung nicht mehr zugänglicher Flächen 106
Behandlung von Dichtstoffen 107
Belegen mit Blattmetallen 198
Bereitstellung von Stoffen und Bauteilen 40
Beschichtung, Anforderungen an die 105, 108
Beschichtung, besondere Eigenschaften 105
Beschichtungen, farblos 188
Beschichtungen, hell 109
Beschichtungen, lasierend 187
Beschichtungen, mittelgetönt 109
Beschichtungen, Vollton 109
Beschichtungsaufbau 172
–, mehrschichtig 173
Beschichtungsstoffe, Brandschutz- 161
Beschichtungsstoffe, lösemittelhaltig, für Holz und Holzwerkstoffe 146
Beschichtungsstoffe (Beschichtungssysteme), lösemittelhaltig 145
Beschichtungsstoffe wasserverdünnbar 137
Beschichtungsstoffe, wasserverdünnbar, für Holz- und Werkstoffe 143
Beschichtungsstoffe, wasserverdünnbar, für Metalle 144
Beschichtungsstoffe, wasserverdünnbar, für mineralische Untergründe 137

Beschichtungsverfahren, besondere 198
Beschlagteile, Absetzen von 220
Beseitigung von Abfall und Schutt 60
Beseitigen von Ausblühungen 213
besondere Anforderungen an die Baustelleneinrichtung 29
besondere Anforderungen an Stoffe und Bauteile 31
besondere Beschichtungsverfahren 198
besondere Eigenschaften der Beschichtung 105
besondere Erschwernisse während der Ausführung 28
Besondere Leistungen 37, 45, 56, 206, 212
besondere Maßnahmen aus Gründen des Umweltschutzes 49
besondere Maßnahmen der Denkmalpflege 60
besondere Maßnahmen zum Schutz benachbarter Grundstücke und Anlagen 61
besondere Maßnahmen zum Schutz von Bauteilen und Einrichtungsgegenständen 216
besondere Prüfung von Stoffen und Bauteilen 58
besondere Schutzmaßnahmen 57
Besonderer Schutz der Leistung 60
Bitumenlackfarben 157, 186
Blattmetalle, Belegen 198
Bläue 167
Bläueschutz-Grundbeschichtungsstoffe nach DIN 68 805 134
Brandschutzbeschichtungen 112, 199
Brandschutz-Beschichtungsstoffe 161
Bronzelackfarben 157
Bronzieren 199

Chlorkautschuklackfarben 151, 155

Stichwortverzeichnis

Dachrinnen 246
Dampfsperren 159
Deckende Beschichtungen auf Aluminium und Aluminiumlegierungen 197
Deckende Beschichtungen auf Holz und Holzwerkstoffen 191
Deckende Beschichtungen auf Kunststoff, Überholungsbeschichtung 204
Deckende Beschichtungen auf Metall 194
Deckende Beschichtungen auf Metall, Überholungsbeschichtung 204
Deckende Beschichtungen auf mineralischen Untergründen 178
Deckende Beschichtungen auf Stahl und Stahlblech 194
Deckende Beschichtungen auf Zink und verzinktem Stahl 196
Deckende Beschichtungen für außen 192
Deckende Beschichtungen für Fenster und Außentüren 191
Deckende Beschichtungen für innen 191
Deckende Überholungsbeschichtungen auf mineralischen Untergründen 201
Dichtstoffe 160
–, Behandlung von 107
–, plastisch und elastisch 191
Dickschicht-Beschichtungsstoffe, Polymerisatharzbasis 155
Dickschichtlasuren (Lacklasuren) 150
DIN-Normen 247
Dispersionsfarbe 182, 183
–, farblos 144
–, plastoelastisch 185
–, wetterbeständig 187
Dispersionslackfarbe 142, 183
Dispersionslasur 187
Dispersionslasurfarbe 143

Dispersionssilikatfarbe 139, 182, 186
Dispersionssilikatlasuren 143, 187
Dispersionsspachtelmasse 136
Dünnschichtlasuren (Imprägnierlasuren) 149

Eignungs- und Gütenachweise 32
Einrichten und Räumen der Baustelle 47
Einzelangaben bei Abweichungen von dem ATV 35
Einzelangaben zu Nebenleistungen und Besonderen Leistungen 36, 114
Entfernen alter Anstrichschichten oder Tapezierungen 218
Entfernen von Rost, Zunder und Walzhaut 214
Entfernen von Staub, Verschmutzungen 209
Entfernen von Trennmittel-, Fett- oder Ölschichten 218
Entfettungs- und Reinigungsstoffe 128
Entrosten und Entfernen von Walzhaut und Zunder 219
Entsorgen von Sonderabfall 60
Epoxidharzlackfarben 156
erhöhte Anforderungen 105
Ermittlung der Leistungen nach Aufmaß 230
Ermittlung der Leistungen nach Zeichnungen 224
Erneuerungsbeschichtungen 205
Erstbeschichtungen 174
– auf Holz und Holzwerkstoffen 189
– auf Kunststoff 198
– auf Metall 193
– auf mineralischen Untergründen 174
Epoxidharzlacke 145, 148
Epoxidharzlackfarben 152

Fahrbahnmarkierungen 199
– Anforderungen an 108

Stichwortverzeichnis

Fahrbahnmarkierungsstoffe 161
Farblose Beschichtungen 188
– auf Metall 198
Farblose Innenbeschichtungen 193
–, Überholungsbeschichtung 203
Farbloser Dispersionslack 144
Farbproben 211
Farbtöne 109
Fäulnis 167
Fenster und Außentüren aus Holz 190
Fenster und Außentüren, deckende Beschichtungen 191
Fenster und Türen 241
Fenstergitter 244
Fläche 245
Flächenermittlung von gewölbten Decken 230
Fluatieren 213
Forderungen an den Beschichtungsaufbau 171
Fußbodenfugen, Verkitten von 219
Fußleisten 236

Gasbetonuntergründe 174
Geltungsbereich 38, 117
Geputzte Leibungen 240
Gerüste 30, 31, 207, 215
Gesetze und Verordnungen 252
Gesimse, Umrahmungen und Faschen von Füllungen oder Öffnungen 237
Gipshaltige Putze 177
Gipskartonplatten 178
Gitter 244
Grobe Verschmutzung des Untergrundes 216
Grundbeschichtungsstoffe 131
– für Aluminium 135
– für Holz und Holzwerkstoffe 134
– für mineralische Untergründe 131
– für Stahl 134
– für verzinkten Stahl 135
– für Zink und verzinkten Stahl 135

–, Haftbrücken auf Epoxidharzbasis 133
–, hydraulisch abbindend 133
–, lösemittelverdünnbar 133
–, wasserverdünnbar 132
Grundierung 131

Haftung von Beschichtung 169
Heizkörper 245
Heizkörperlackfarben 154
Herstellen von Metalleffektlackierungen 199
Hinweise für die Leistungsbeschreibung 102
Holz und Holzwerkstoffe, lasierende Beschichtung 192
Holz und Holzwerkstoffe, Erstbeschichtungen 189
Holzbalkendecke 226
Holzschutzmittel nach DIN 68 800 129
Holzschutzmittel nach DIN 68 805 130
Hydratspachtelmassen (Gipsspachtelmasse) 136

Imprägnierlasuren (Dünnschichtlasuren) 149
Imprägniermittel 129
Imprägnierungen 188
Innenbeschichtungen auf Holz und Holzwerkstoffen 191
Insekten 167

Kalkfarbe 137, 180
Kalksinterschichten 176
Kalk-Weißzementfarbe 138, 181
Kassettendecken 112
Kennzeichnungen 209
Kieselsäureester-Imprägniermittel 188
Kitte 190
Klebestoffe 159
Korrosionsschutz-Grundbeschichtungsstoffe 134

Stichwortverzeichnis

Kunstharzlackfarben (Lackfarben) 150, 185
Kunstharzputz 214
− nach DIN 18558 150, 183, 187
Kunstharz-Spachtelmasse (Lackspachtel) 136
Kunststoff, Erstbeschichtung 198
Kunststoffdispersion 140, 189
Kunststoff-Dispersionsfarbe 140
Kunststoffdispersions-Lasurfarbe 143
Kunststoff, Überholungsbeschichtung 204

Lacke 145
− für Holz und Holzwerkstoffe 149
− für Metalle 147
− für mineralische Untergründe 145
Lackfarben (Kunstharzlackfarben) 150
− für Holz und Holzwerkstoffe 152
− für Metalle 154
− für mineralische Untergründe 150
Lacklasuren (Dickschichtlasuren) 150
Lasierende Beschichtungen 187
− auf Fenstern und Außentüren 192
− auf Holz und Holzwerkstoffen 192
− für innen 193
− für innen und außen, Dickschichtlasuren 192
Lasuren 148
− für mineralische Untergründe 148
Lehmputze 177
Leibungen von Aussparungen 239
Leibungen von Nischen 239
Leibungen von Öffnungen 239
Leimfarbe 139, 182
Leim-Spachtelmassen 136
Leistungen für andere Unternehmer 33
Leistungsbeschreibung, Hinweise für die 102
Liefern 41
Lieferung der Stoffe 39

Mangel, Erkennung 165 ff.
Maßnahmen zum Schutz von Bauteilen 207
Mehrfarbeneffektlackfarben 152, 157, 186
− auf Dispersionsbasis 141
Mehrfarbiges Absetzen eines Bauteiles 220
Merkblätter der Bau-Berufsgenossenschaften 250
Messungen für das Ausführen und Abrechnen der Arbeiten 47
Metall, deckende Beschichtung 194
Metall, Erstbeschichtung 193
Metalleffektlackierungen, Herstellen von 199
Möbel, Aus- und Einräumen 221
Musterbeschichtungen, Art und Anzahl 107
Musterflächen, Ansetzen von 211

Nachkitten von Verglasungen 211
Nebenleistungen 36, 45, 47, 206
Nichtsaugende Putz-Betonflächen 213
Niederschlagswasser 55
Nischen 232
−, Rückflächen von 236
Nitrokombinationslacke 148
Nitrozelluloselacke 147
Nitrozelluloselackfarben 153

Oberfläche von Beschichtungen 170
Öffnungen 222
−, Aussparungen und Nischen 232
− in Böden 235
−, zusammenhängend 237

Plastische und elastische Dichtstoffe 191
Polymerisatharz-Dickschicht-Beschichtungsstoffe 155
Polymerisatharzlacke 145, 147
Polymerisatharzlackfarben 150, 154, 184

283

Stichwortverzeichnis

Polymerisatharzlasur 187
Polymerisatharzlösung 188
Polyurethanlacke 146, 147, 148
Polyurethanlackfarben 151, 153, 156
Profile 265
Prüfmethoden zur Feststellung eines Mangels 165 ff.
Putz- und Betonflächen, nicht saugend 177
Putz- und Betonflächen, nichtsaugender Untergrund 213
Putz- und Betonrisse, Überbrücken von 219
Putz- und Untergrundschäden, kleinere 209

Reaktionslacke, säurehärtend 147
Reinigen des Untergrundes von groben Verschmutzungen 216
Reinigungsarbeiten 220
Reinigungs- und Entfettungsstoffe 128
Rohrgeländer 245
Rückflächen von Nischen 236

säurehärtende Reaktionslacke 147
Schablonieren 219
schadhafte Betonstellen 213
schadhafte Putzstellen 213
Schalölrückstände 176
Schleifarbeiten 210
Schleifen 210
Schutzmaßnahmen 207
Schutz von Bauteilen 216
–, Maßnahmen von 207
Schutz- und Sicherheitsmaßnahmen 48
Sicherungsmaßnahmen zur Unfallverhütung 48
Sicherung von Leitungen, Kabel usw. 61
Silan-Imprägniermittel 188
Silikatfarbe 138, 181
Silikatlasur 143
Silikon-Imprägniermittel 188

Silikonharz-Emulsionsfarbe 141, 184
Silikonharzlackfarben 155
Siloxan-Imprägniermittel 188
Sinterschichten 167
Sockelfliesen 236
Sonderabfall 60
Spachtelmassen (Ausgleichsmassen) 135
– für Holz- und Holzwerkstoffe 136
– für Metalle 137
– für mineralische Untergründe 136
Spachtelungen 109, 170
–, ganzflächig 171
Stahlbetonrippen-Decke 227
stark saugender Untergrund 213
Stoffe 39, 122
– für das Vergolden 159

Technische Richtlinien und Merkblätter 249
Teerpech-Kombinationslackfarben 152, 157, 186
Teilabdeckungen 209
Transport von Türen, Fensterflügeln 221
Trennmittel-, Fett- oder Ölschichten, Entfernen von 218
Treppenwangen 244
Türen und Blockzargen 241

Überbrücken von Putz- und Betonrissen 219
Überholungsbeschichtungen 112, 199
– auf Holz und Holzwerkstoffen 202
– – lasierende Beschichtung 203
– auf Kunststoff 204
– – deckende Beschichtungen 204
– auf Metall 203
– – deckende Beschichtung 204
– auf mineralischen Untergründen 200
– – lasierende Beschichtung 202
–, Kunstharzputz 202
–, Vorbehandlung 200

Stichwortverzeichnis

–, Wärmedämmverbundsystem, kunstharzbeschichtet 202
Überholungsbeschichtungen auf Holz und Holzwerkstoffen 214
Unfallverhütungsvorschriften 250
Untergründe, stark saugend 177
Untergrundschäden kleineren Umfanges 209
Untergrundvorbehandlung, Stoffe 124
Untersichten von Dächern 244

Vergolden, Stoffe 159
Verkitten einzelner kleiner Löcher und Risse 211
Verkitten von Fußbodenfugen 219
Verschmutzungen 209
Versicherung der Leistung bis zur Abnahme 58
Vorbehandlung mineralischer Untergründe, Überholungsbeschichtung 200
Vorbehandlung, Überholungsbeschichtungen auf Kunststoff 204

Vorbehandlung, Überholungsbeschichtung auf Metall 203
Vorbehandlung von Holz und Holzwerkstoffen 202
Vorgesehene Arbeitsabschnitte 28
Vorhalten 41
– der Baustelleneinrichtung 47

Walzhaut, Entfernen von 219
Wandhöhe überwölbter Räume 230
Wärmedämmverbundsysteme, kunstharzbeschichtet 214
wasserabweisende Stoffe 130
Wasserflecken 213
wichtige Vorschriften der Unfallverhütung 49
Witterungsverhältnisse 172

Zement-Spachtelmassen 136
Zunder, Entfernen von 219
zusammenhängende Öffnungen 237
zusätzliche Maßnahmen für die Weiterarbeit bei Frost und Schnee 60
Zwischenbeschichtungen 109

Aktualisierte Neuauflagen der VOB

Rainer Franz / Michael Waibel
**Kommentar zur VOB / Teil C – DIN 18 366
Tapezierarbeiten**
160 Seiten

Die DIN 18 366 wurde 1992 völlig neu überarbeitet. Die stark veränderten Bestimmungen machten auch eine komplette Neukommentierung nötig. Mit diesem Band liegt seit langem wieder ein gültiges Nachschlagewerk für die Auftraggeber- und Auftragnehmerseite vor.

Waldemar Pfeiffer / Christian Brügmann
**Kommentar zur VOB / Teil C – DIN 18 355
Tischlerarbeiten**
180 Seiten

Die Verfasser dieses Kommentars erläutern die einschlägigen Vorschriften für die Auftraggeber und Auftragnehmer von Tischlerarbeiten sowie für Architekten und Innenarchitekten.

DVA